教育部人文社会科学重点研究基地

中国人民大学伦理学与道德建设研究中心　组编

中国伦理学年鉴

|2014年|

顾　问

罗国杰　徐惟诚

曹　刚　主　编

九州出版社　全国百佳图书出版单位
JIUZHOUPRESS

图书在版编目（CIP）数据

中国伦理学年鉴.2014年／曹刚主编.--北京：
九州出版社，2017.2
　　ISBN 978-7-5108-5028-8

　　Ⅰ.①中…　Ⅱ.①曹…　Ⅲ.①伦理学—中国—2014—
年鉴　Ⅳ.①B82-54

　　中国版本图书馆CIP数据核字（2017）第017456号

中国伦理学年鉴（2014年）

作　　者	曹　刚　主编
出版发行	九州出版社
地　　址	北京市西城区阜外大街甲 35 号 （100037）
发行电话	（010）68992190/3/5/6
网　　址	www.jiuzhoupress.com
电子信箱	jiuzhou@jiuzhoupress.com
印　　刷	北京洲际印刷有限责任公司
开　　本	710 毫米×1000 毫米　　16 开
印　　张	17.25
字　　数	280 千字
版　　次	2017 年 2 月第 1 版
印　　次	2017 年 2 月第 1 次印刷
书　　号	ISBN 978-7-5108-5028-8
定　　价	38.00 元

编委会

目　录

学术动态 ……………………………………………………… 1

一、学术会议 ……………………………………………… 1

二、出版著作 ……………………………………………… 4

伦理学基础理论与问题研究 ………………………………… 8

一、基础理论 ……………………………………………… 8

1. 研究对象及方法 ……………………………………… 8

2. 基本概念 ……………………………………………… 9

3. 道德原则 …………………………………………… 13

4. 德性与义务论 ……………………………………… 15

二、问题研究 …………………………………………… 22

1. 道德的理由 ………………………………………… 22

2. 道德可普遍化问题 ………………………………… 24

3. 德福问题 …………………………………………… 25

4. 道德冷漠 …………………………………………… 26

5. 价值论与价值观 …………………………………… 27

6. 资本的道德蕴涵 …………………………………… 28

马克思主义伦理思想研究 ………………………………… 30

一、马克思主义伦理文本研究 ………………………… 30

二、马克思主义伦理思想研究 ………………………… 31

1. 正义问题 …………………………………………… 31

2. 自由问题 …………………………………………… 36

3. 人的发展问题 ……………………………………… 37

4. 生态问题 …………………………………………… 39

三、其他马克思主义伦理思想研究 …………………… 40

1. 西方马克思主义伦理思想研究 …………………… 40

2. 中国马克思主义伦理思想研究 ……………………………… 43

中国伦理思想史研究 ………………………………………………… 46

一、基本问题 ……………………………………………………… 46

1. 义利问题 ……………………………………………………… 46

2. 幸福问题 ……………………………………………………… 48

3. 情理问题 ……………………………………………………… 51

4. 角色伦理 ……………………………………………………… 52

5. 生活伦理 ……………………………………………………… 54

6. "德"论 ……………………………………………………… 55

7. 方法论 ………………………………………………………… 58

二、基本范畴 ……………………………………………………… 59

1. 仁 …………………………………………………………… 59

2. 礼 …………………………………………………………… 61

3. 信 …………………………………………………………… 63

4. 三纲五常 ……………………………………………………… 64

5. 中庸 …………………………………………………………… 65

6. 其他 …………………………………………………………… 66

三、传统与现代 …………………………………………………… 68

1. 总体审视与当今道德困境 …………………………………… 68

2. 传统道德观念重释及当代价值 ……………………………… 72

3. 中国传统伦理思想与社会主义核心价值观 ………………… 74

4. 中国传统伦理思想与现代道德建设 ………………………… 77

四、道德教育与道德修养 ………………………………………… 81

1. 道德教育 ……………………………………………………… 81

2. 道德修养 ……………………………………………………… 84

五、家庭伦理 ……………………………………………………… 88

1. 父子间的代际关系 …………………………………………… 89

2. 夫妻间的横向关系 …………………………………………… 94

六、政治伦理 ……………………………………………………… 96

1. 制度伦理 ……………………………………………………… 96

2. 政治道德 ……………………………………………………… 99

3. 社会政治理想 ………………………………………………… 103

4. 现代反思及其他 ……………………………………………… 104

七、生态与生命伦理 ……………………………………………… 104

1. 生态伦理思想 ………………………………………………… 104

2. 生命伦理学 …………………………………………………… 107

西方伦理思想史研究 ………………………………………… 110

一、古希腊至文艺复兴伦理学(含政治哲学)研究 …………… 110

1. 前柏拉图时期 ………………………………………………… 110

2. 苏格拉底、柏拉图与色诺芬 ………………………………… 112

3. 亚里士多德 …………………………………………………… 116

4. 晚期希腊与古罗马 …………………………………………… 117

5. 中世纪 ………………………………………………………… 119

6. 文艺复兴与宗教改革 ………………………………………… 121

7. 中西比较研究 ………………………………………………… 124

二、近代西方伦理思想研究 ……………………………………… 125

1. 古典功利主义 ………………………………………………… 126

2. 道德感学派 …………………………………………………… 127

3. 霍布斯、洛克与卢梭 ………………………………………… 129

4. 康德与黑格尔 ………………………………………………… 134

三、现代西方伦理思想研究 ……………………………………… 145

1. 元伦理学 ……………………………………………………… 146

2. 功利主义 ……………………………………………………… 149

3. 以罗尔斯为代表的义务论 …………………………………… 154

4. 德性伦理 ……………………………………………………… 157

5. 其他伦理思想 ………………………………………………… 161

应用伦理学研究 ……………………………………………… 163

一、一般问题 ……………………………………………………… 163

1. 应用伦理学的前沿与热点 …………………………………… 163

2. 责任伦理的理论与应用 ……………………………………… 165

3. 道德多元化与道德冲突的解决 ……………………………… 167

4. 世界主义伦理的建构与发展 ………………………………… 168

二、经济伦理 ··· 168

  1. 马克思主义经济伦理 ·· 169

  2. 中国传统经济伦理 ·· 171

  3. 经济伦理的基本问题 ·· 176

  4. 经济伦理的现实应用问题 ·· 180

  5. 其他经济伦理思想研究 ·· 185

三、法律伦理 ··· 188

  1. 法律与道德的关系 ·· 188

  2. 司法伦理 ·· 191

  3. 中国传统法律伦理思想 ·· 195

  4. 国外法律伦理思想 ·· 196

四、环境伦理 ··· 198

  1. 规范论的环境伦理与环境美德伦理 ·································· 198

  2. 环境正义 ·· 199

  3. 中国传统文化中的生态智慧 ·· 200

  4. 环境伦理与生态文明建设 ·· 201

五、生命伦理 ··· 204

  1. 生命伦理学的新进展 ·· 204

  2. 关于生命伦理的"优生"问题 ······································ 205

  3. 关于生命伦理的临终关怀与"优死"问题 ·························· 208

  4. 关于大学生群体的"优活"问题 ···································· 209

  5. 关于医患关系的伦理问题 ·· 210

  6. 关于生命伦理学的中西结合 ·· 211

社会道德建设 ··· 215

一、社会公德 ··· 215

  1. 公德概念的发展 ·· 215

  2. 公德与私德的论争 ·· 217

  3. 社会公德缺失的成因分析 ·· 218

  4. 社会公德的培育路径 ·· 219

二、职业道德 ··· 220

  1. 媒体职业道德建设 ·· 220

2. 公共服务业道德建设 ……………………………………… 221

3. 教师职业道德建设 ………………………………………… 223

4. 网络道德建设 ……………………………………………… 224

三、家庭美德 …………………………………………………… 225

1. 新孝道 ……………………………………………………… 226

2. 新家规 ……………………………………………………… 226

3. 新型亲子关系 ……………………………………………… 227

四、个人品德建设 ……………………………………………… 228

1. 个人品德概念的发展 ……………………………………… 229

2. 个人品德建设的途径研究 ………………………………… 230

3. 个人品德建设的价值研究 ………………………………… 230

五、城市道德建设 ……………………………………………… 231

1. 城市道德建设的现状 ……………………………………… 231

2. 城市道德建设路径研究 …………………………………… 233

3. 社区道德建设的维度 ……………………………………… 234

六、乡村道德建设 ……………………………………………… 235

1. 乡村道德建设的现状 ……………………………………… 236

2. 乡村道德建设路径研究 …………………………………… 237

3. 乡贤文化建设对策 ………………………………………… 238

社会道德事件 …………………………………………………… 240

一、中央关注的问题 …………………………………………… 240

1. 全国未成年人思想道德建设 ……………………………… 240

2. 东莞扫黄 …………………………………………………… 241

3. 净网行动 …………………………………………………… 241

4. 师德建设 …………………………………………………… 242

5. 封杀劣迹艺人 ……………………………………………… 243

6. 民族团结 …………………………………………………… 244

二、全国道德模范 ……………………………………………… 245

1. 助人为乐 …………………………………………………… 245

2. 见义勇为 …………………………………………………… 246

3. 诚实守信 …………………………………………………… 248

4. 敬业奉献 ·· 250

5. 孝老爱亲 ·· 251

三、社会不道德事件 ·· 252

1. 明星吸毒 ·· 252

2. 走形的祭奠 ·· 253

3. 恶搞风气 ·· 254

4. 不文明乘机 ·· 255

5. 食品安全 ·· 256

6. "不扶"的跑客 ··· 257

附录 ·· 258

一、国家社科基金项目 ······································ 258

1. 重大项目 ·· 258

2. 重点项目 ·· 258

3. 一般项目 ·· 258

4. 青年项目 ·· 260

5. 西部项目 ·· 260

6. 后期资助项目 ·· 261

二、教育部人文社科规划项目 ································ 261

1. 规划基金项目 ·· 261

2. 青年基金项目 ·· 261

3. 重点研究基地重大项目 ···································· 262

三、博士论文题目 ·· 262

学术动态

2014年,中国伦理学界开展了多种涉及理论与实践领域的学术活动,包括推动国内外学术交流、出版科研成果、申报规划项目、建设师资队伍及培养人才等,篇幅所限,本部分仅收录了有代表性的学术会议和出版著作。在本书最后的附录中,收录了国家、教育部等主要规划项目和博士论文题目。

一、学术会议

1月11日,由北京师范大学哲学与社会学学院主办的"向善的生活:伦理学体系阐释的新尝试——《伦理学概论》学术思想座谈会"在北京师范大学举行。来自中国社会科学院、中国人民大学等部分高校的30余位专家学者围绕"《伦理学概论》作为阐释伦理学体系的尝试""当今时代的伦理学体系""德性伦理学讨论正在呈现的意义与问题"等议题进行了深入的探讨。

1月12日,由中国自然辩证法研究会环境哲学专业委员会、北京林业大学人文社科学院、北京林业大学生态文明研究中心、"生态和谐社会伦理范式阐释研究"课题组等共同举办的"生态和谐社会的伦理范式阐述研究"学术研讨会在北京林业大学举行。40多名环境哲学及伦理学知名专家和学者出席了此次会议,并围绕"生态和谐社会"的中心议题进行了讨论和交流。

3月2日,由中宣部主办,中国伦理学会、北京市委宣传部承办的第十一届中国公民道德论坛在北京举行。中共中央政治局委员、中宣部部长刘奇葆出席论坛并讲话,强调要深入学习贯彻党的十八届三中全会和习近平总书记系列讲话精神,把培育和践行社会主义核心价值观作为凝魂聚气、强基固本的基础工程和根本任务。论坛由中宣部常务副部长雏树刚主持,教育部副部长刘利民,国家卫计委副主任崔丽,北京市委常委、宣传部部长李伟,山东省委常委、宣传部部长孙守刚,黑龙江省委常委、哈尔滨市委书记林铎,南开大学党委书记薛进文等发言。

3月25日,由儒学与中华文化复兴协同创新中心主办,山东大学儒学高等研究院承办的"社会主义核心价值观与中华优秀传统文化——学习习近平总书记系列重要讲话精神学术研讨会"在京召开。来自中国社会科学院、清华大学等单位的

20 多位学者围绕弘扬中华优秀传统文化、培育社会主义核心价值观等议题展开了广泛的学术讨论。

3 月 26 日,由光明日报社、中央电视台、中国伦理学会联合主办的"以家风家教弘扬社会主义核心价值观"研讨会在京举行。与会者强调,优良的家风家教可使个人获得进入社会的基本品质,对弘扬社会主义核心价值观、促进社会和谐稳定、树立道德自信、实现中华民族伟大复兴的中国梦,具有独特作用,应在全国逐步建立起家风家教的文化研究、宣传、践行的长效、联动机制。

4 月 19 日至 21 日,由清华大学新闻与传播学院新闻研究中心、中国新闻史学会外国新闻史研究委员会联合主办的第四届"全球媒介伦理圆桌会议"在清华大学召开。来自美国、南非、印度、加拿大及中国大陆和香港、台湾学者共 15 人发表了论文。与会学者围绕全球化与本土问题、媒介素养、媒介观与权利观等问题进行了研讨。

4 月 21 日至 22 日,由中国伦理学会与韩国伦理学会共同主办的"第 22 次韩中伦理学国际学术大会"在韩国城南市韩国学中央研究院举行。来自中国伦理学会和韩国伦理学会的近百名学者参加了会议,并围绕"东西洋思想与伦理教育"的主题进行了讨论。

4 月 24 日至 25 日,由上海市医学伦理学会、中国生命关怀协会等机构举办的"临终关怀(舒缓疗护)伦理与实践国际研讨会"在上海召开。联合国教科文组织国际生命伦理委员会前副主席 Dr. Bagheri、前世界卫生组织副总干事胡庆澧教授发起并组织了这次会议,来自国际国内的专家、学者、一线医务工作者共 400 余人参加了会议,并围绕临终关怀(舒缓疗护)及无效医疗在全球的现状及面对的伦理挑战等问题进行了探讨。

5 月 6 日至 12 日,"第二届大陆及港澳台地区生命伦理与卫生法学论坛"在我国宝岛台湾举行。大陆及港澳台地区近百余位卫生法学和生命伦理学领域的资深专家参加了此次学术论坛。论坛上,与会专家就卫生法学前沿研究、卫生法学与生命伦理研究现状与特点、生命伦理研究、医疗纠纷的新特点及解决途径、卫生法学与食品安全等多个议题进行了深入研讨。

5 月 10 日,由中国伦理学会和天津社科院主办,天津社科学院伦理研究所暨《道德与文明》编辑部承办的"中华传统美德与社会主义核心价值观"论坛在天津社科院召开。与会专家围绕中华传统美德与社会主义核心价值观等相关问题进行了讨论,认为在培育和践行社会主义核心价值观的过程中继承和弘扬优秀传统美德既是重要的学术问题,更具有重大的现实意义。

5 月 24 日至 25 日,由清华大学哲学系和中国自然辩证法研究会环境哲学专业委员会主办的"全国生态伦理、生态哲学与生态文明学术研讨会"在北京举行。来自全国高校以及中国社会科学院等单位的近 30 位专家学者,就生态伦理、生态哲学、生态文明的理论与实践问题进行了深入研讨。

6 月 7 日,"全国伦理学组织联席会议"在北京中国伦理学会会议室召开。来自全国 20 个省市区伦理学组织的负责人出席。中国伦理学会会长万俊人等学会领导表示,习近平总书记近年来关于道德建设的系列讲话为我国伦理学迎来了最好的发展时期,伦理学人应当有作为、有担当,成为践行社会主义核心价值观的先行者。会议通过了《全国伦理学组织联席会议章程》,以推进全国伦理学理论研究和道德实践活动的协同创新。

9 月 1 日至 21 日,"第八届寒山寺文化论坛暨中国环境伦理和环境哲学 2014 年年会"在苏州召开。该会议由苏州市寒山寺主办,苏州和合文化基金会、中国伦理学会环境伦理学分会、中国自然辩证法研究会环境哲学专业委员会、青岛科技大学和文化研究院协办。来自全国各地的 200 多名学者,围绕"生态文明与和合天下"主题,深入研讨了生态文明建设的顶层设计与制度安排、中国特色生态哲学的自觉性建构等问题。

9 月 24 日,纪念孔子诞辰 2565 周年国际学术研讨会暨国际儒学联合会第五届会员大会在人民大会堂开幕,国家主席习近平出席会议并发表重要讲话。习近平主席强调,不忘历史才能开辟未来,善于继承才能善于创新,推进人类各种文明交流交融、互学互鉴,是让世界变得更加美丽、各国人民生活得更加美好的必由之路。

9 月 29 日至 30 日,由中国人民大学伦理学与道德建设研究中心组织,中国人民大学暨中国伦理学代表团在中心主任葛晨虹教授率领下访问俄罗斯莫斯科大学哲学系。莫大副校长兼哲学系主任米罗诺夫·弗拉基米尔·瓦西里耶维奇会见了中国代表团,双方学者围绕"社会变革时期的伦理道德问题"进行了学术讨论。此次活动由莫大伦理学教研室主任拉津教授和中国人民大学伦理学基地主任葛晨虹教授共同主持,俄罗斯国家科学院院士、著名伦理学家古谢诺夫教授发表学术报告。20 世纪后半期中俄哲学界和伦理学界保持着密切交流,此次访问即为再续前缘,加强人大与莫大以至于两国伦理学界的交流合作。

10 月 2 日至 3 日,由中国自然辩证法研究会环境哲学专业委员会和清华大学经济伦理与政治哲学研究中心主办,甘肃省社会科学院酒泉分院协办的首届"全国生态智慧与生态文明建设研讨会"于甘肃酒泉召开。来自全国高校的近 20 名专家学者,围绕"生态文明建设""生态智慧""现代性"等概念进行了深入的交流和讨论。

10 月 18 日至 19 日,由中国社会科学院应用伦理研究中心发起、山西师范大学政法学院承办的"第九次全国应用伦理学研讨会"在山西师范大学召开。来自全国40余所高校和科研单位的百余位学者参加了会议,并围绕"应用伦理学视野中的人的问题"展开了研讨。

10月19日至20日,"卫生法学与生命伦理国际研讨会"在北京国家会议中心隆重召开。本次国际研讨会由中国卫生法学会主办,世界医学法学协会和法国图卢兹萨巴·提尔大学支持。此次会议的主题"卫生法学与生命伦理——研究前沿与最新进展",分为"卫生法学科建设思考及研究""医学法学法律问题研究""医药卫生相关产品法律问题研究""医学伦理和生命伦理""伦理机构理论与实践研究""探索和研究中的医学与法学问题"六个模块共56个议题。

11月15日至16日,由中国人民大学伦理学与道德建设研究中心和中国伦理学会经济伦理专业委员会共同主办的"第八届全国经济伦理学研讨会"在中国人民大学召开。来自国内外相关单位的80余位学者参加了会议,并围绕"经济伦理与社会主义核心价值观""经济伦理与社会主义市场经济"和"企业伦理与道德资本"等议题进行了探讨。

12月4日至5日,由中国科学院学部科学道德建设委员会、地学部常委会主办,学部工作局、学部道德与科技伦理研究中心承办的"2014科技伦理研讨会"在云南临沧召开。此次会议以"生态环境伦理与可持续发展"为主题,主要分析科技发展引发的生态环境问题,讨论不同维度的环境治理机制。

12月20日至21日,由北京大学信息管理系主办,东北师范大学计算机科学与信息技术学院、《现代情报》杂志社协办的"第六届国际信息资本、产权与伦理学术研讨会"在北京大学召开。学者就信息社会的公共文化服务权利、健康信息系统设计、数字化脱贫、知识产权政策、信息安全、信息技术伦理与信息素养、政府信息资源管理等热点理论、实践及教育等问题进行了充分的交流和讨论。

12月27至28日,广西伦理学学会在南宁市状元坡大酒店召开"道德教化与法治文明"研讨会暨2014年年会。本次研讨会交流主题突出,围绕"道"和"法",阐述"德"与"律"的功效、发挥的路径、存在的不足,以及应对的举措等问题。

二、出版著作

2014年,在中国伦理学界的学术成果中,共有100余部著作出版,内容关涉众多研究领域,体现了专家学者们广泛的学术兴趣与较高的学术水平。新作主要有:

(一)专著

1. 黄进兴,《从理学到伦理学:清末民初道德意识的转化》,中华书局

2. 张霄,《20 世纪 70 年代以来英美的马克思主义伦理学研究》,北京出版社

3. 王露璐、汪洁,《经济伦理学》,人民出版社

4. 冯显德,《康德至善论及其当代意义》,人民出版社

5. 薛桂波,《科学共同体的伦理精神》,中国社会科学出版社

6. 翟玉忠,《礼之道》,中央编译出版社

7. 元君,《道德经:生命的智慧》,中央编译出版社

8. 孔维勤,《孔维勤说易经:生命谏言》,东方出版社

9. 王雨辰,《伦理批判与道德乌托邦:西方马克思主义伦理思想研究》,人民出版社

10. 罗国杰,《伦理学》(修订本),人民出版社

11. 李义天,《马克思主义与道德观念:道德、意识形态与历史唯物主义》,人民出版社

12. 刘月岭,《马克思制度伦理思想研究》,中国政法大学出版社

13. 刘琼豪,《密尔对功利原则的道德哲学辩护》,中国社会科学出版社

14. 刘卫英、王立,《欧美生态伦理思想与中国传统生态叙事》,北京师范大学出版社

15. 华启和,《气候博弈的伦理共识与中国选择》,社会科学文献出版社

16. 刘娟,《人格尊严及其实现:道德与法的双重考量》,中国政法大学出版社

17. 龙柏林,《人际交往转型与人伦生态重建》,人民出版社

18. 温海明,《儒家实意伦理学》,中国人民大学出版社

19. 耿焰,《善的自由研究》,法律出版社

20. 黄瑜,《他者的境域:列维纳斯伦理形而上学研究》,中国社会科学出版社

21. 赵宝春,《消费伦理研究:基础理论与中国实证》,中国人民大学出版社

22. 秦永洲、杨治玉,《以孝治国:孝与家国伦理》,中国国际广播出版社

23. 张任之,《质料先天与人格生成:对舍勒现象学的质料价值伦理学的重构》,商务印书馆

24. 陈桂蓉,《中国传统道德概论》,社会科学文献出版社

25. 欧阳辉纯,《中国传统儒家忠德研究》,花木兰文化出版社

26. 徐嘉,《中国近现代伦理启蒙》,中国社会科学出版社

27. 陈晓雷,《法律运行的道德基础研究》,黑龙江大学出版社

28. 弭维,《道德之维:自然法和法律实证主义视角下的德法关系研究》,知识产权出版社

29. 王正平,《环境哲学——环境伦理的跨学科研究》,上海教育出版社

30. 叶平,《环境科学及其特殊对象的哲学与伦理学问题研究》,中国环境出版社

31. 曹孟勤,《成己成物——改造自然界的道德合理性研究》,上海三联书店

32. 谢扬举,《老庄道家与环境哲学会通研究》,科学出版社

33. 陈贻健,《气候正义论——气候变化法律中的正义原理和制度构建》,中国政法大学出版社

34. 李淑文,《环境正义视角下农民环境权研究》,知识产权出版社

(二)编著

1. 王艳秀,《道德客观性及其限度——伦理学与政治哲学的边界问题研究》,中国社会科学出版社

2. 郭玉宇,《道德异乡人的"最小伦理学":恩格尔哈特的俗世生命伦理思想》,科学出版社

3. 冷罗生,《法律职业伦理》,北京师范大学出版社

4. 江畅,《价值论与伦理学研究 2014 年卷》,社会科学文献出版社

5. 张雪、尹梅,《伦理审查委员会——理论研究及实践探索》,高等教育出版社

6. 李建华,《伦理学与公共事务.第6卷》,北京大学出版社

7. 贾英健,《伦理与文明.第2辑》,社会科学文献出版社

8. 孙伟平,《伦理学之后——现代西方元伦理学思想》(修订本),中国社会科学出版社

9. 梁景和,《社会生活探索:以性伦文化等为中心》,首都师范大学出版社

10. 曲红梅,《西方伦理学选读》,北京邮电大学出版社

11. 王小锡,《中国经济伦理学年鉴.2013》,中国社会科学出版社

12. 龚群,《中国伦理学年鉴.2012 年》,九州出版社

13. 湖北省道德与文明研究中心,《价值论与伦理学研究·2013 年卷·第23 届世界哲学大会专辑》,新华出版社

(三)译著

1. [美]克劳特主编,刘玮、陈玮译,《布莱克维尔〈尼各马可伦理学〉指南》,北京大学出版社

2. [英]雷切尔斯著,杨宗元译,《道德的理由》,中国人民大学出版社

3. [美]埃姆里斯·韦斯科特著,柯珍妮译,《恶习的美德》,世界图书出版公司北京公司

4. ［澳］坎贝尔著,刘坤轮译,《法律与伦理实证主义》,中国人民大学出版社

5. ［美］弗吉尼亚·赫尔德著,苑莉均译,《关怀伦理学》,商务印书馆

6. ［美］诺丁斯著,武云斐译,《关心:伦理和道德教育的女性路径》,北京大学出版社

7. ［英］莱特著,黄龙光译,《基督教旧约伦理学:建构神学、社会与经济的伦理三角》,中央编译出版社

8. ［美］海斯著,白陈毓华译,《基督教新约伦理学:探寻群体、十架与新造的伦理意境》,中央编译出版社

9. ［美］祁斯特拉姆·恩格尔哈特著,孙慕义主译,《基督教生命伦理学基础》,中国社会科学出版社

10. ［美］史蒂文·卢坡尔著,陈燕译,《伦理学是什么》,中国人民大学出版社

11. ［印］阿马蒂亚·森著;王宇,王文玉译,《伦理学与经济学》,商务印书馆

12. ［美］克利福德·G. 克里斯琴斯著,孙有中等译,《媒介伦理:案例与道德推理》,中国人民大学出版社

13. ［丹］克尔凯郭尔著,赵翔译,《恐惧与战栗:静默者约翰尼斯的辩证抒情诗》,华夏出版社

14. ［古罗马］西塞罗著,梁玉兰等译,《西塞罗论友谊、论老年及书信集》,北京理工大学出版社

15. ［英］伯纳德·威廉斯著,吴天岳译,《羞耻与必然性》,北京大学出版社

16. ［英］亚当·斯密著,蒋自强等译,《亚当·斯密全集. 第 1 卷,道德情操论》,商务印书馆

17. ［古罗马］西塞罗著,刘勃译,《有节制的生活》,华夏出版社

18. ［英］塔拉·史密斯著,王旋,毛鑫译,《有道德的利己》,华夏出版社

19. ［美］安·兰德等著,焦晓菊译,《自私的德性》,华夏出版社

20. ［美］W·布拉德利·温德尔著,尹超译,《法律人与法律忠诚》,中国人民大学出版社

21. ［美］乔尔·范伯格著,方泉译,《刑法的道德界限(第 2 卷):对他人的冒犯》,商务印书馆

22. ［澳］汤姆·坎贝尔著,刘坤轮译,《法律与伦理实证主义》,中国人民大学出版社

伦理学基础理论与问题研究

2014 年,在中国伦理学界专家学者们取得的科研成果中,既有对一些传统学术问题的深度研究,也有对一些新问题域的开拓,表现出一些新的研究方向。学者们进一步把学理研究与实践问题结合起来,强调对基本概念、研究方法和原理的研究,并以问题为中心,整理分析古今中西思想理论,发挥学术专长,引入多种伦理学研究范式,积极探索新的研究领域。

一、基础理论

1. 研究对象及方法

伦理学以道德为研究对象,而道德主要考察的是行为的合宜性,所以研究伦理学的基本问题,应当以人的行为的合宜性作为其逻辑起点。有学者认为,作为伦理学的基本问题,应当同时满足两个条件,一是"恒定条件",即它应该是变化的道德历史中始终不变的那个问题;二是"关系条件",即应当从人与人的关系之中去寻找。对这一问题的探讨,反映了人们对伦理学这门学科的自我认知,本质是对伦理学学科性质的界定。关涉"伦理学有什么用"这个问题,有学者认为,"伦理学教人为善"这个命题颇为可疑。要让别人接受自己的愿望、想法与主张,作为系统说理的伦理学并不是最好的办法。但说理并不是都意在说服他人。说理首先是一种伦理态度,一种视对方为理性存在者的态度。持有这种态度的人希望理解他者,也希望他者理解自己。就此而言,与其问"伦理学有什么用",不如问"说理是怎么来的"。理性之人凡事要明了个道理,德性重要,所以我们想弄清德性之理。理知是文字时代的人领会世界及自我领会的一个有机部分,而各种德性必伸入理知,从而形成"理性人"的新型人格。①②

在传统理性主义伦理学看来,道德是理性认识永恒的是非标准并通过自由意志指导行为的结果。而休谟将经验主义贯彻到底,导致了伦理学方法论上的非形

① 尹强. 伦理学基本问题之批判与再思[J]. 宁夏大学学报(人文社会科学版),2014(2)
② 陈嘉映. 伦理学有什么用? [J]. 世界哲学,2014(5)

而上学转向。他认为,理性不能认识超经验的是非标准,因而自由意志和理性的能动作用就失去了依据,他进而提出情感才是道德区别的标准和伦理学研究的主要对象。有学者指出,情感代替理性成为道德评判和道德原则的主宰,扭转了古代伦理学的理性思维,开启了自我的情感世界。在休谟看来,道德的区别来源于情感,这种道德情感,对自我而言,实则是一种基于苦乐感而来的特殊情感。同时,借助于人性中共有的同情感,个体自我的道德情感与他人相互传递、产生共鸣,普遍的道德基础和原则得以确立。有学者主张,重新审视休谟理论的情感特质,不仅可以展现他对丰富和发展西方德性论道德哲学形态做出的独特贡献,也能反思当下为解决现代道德危机所提出的"非此即彼"的僵固思维模式。①②

有学者认为,伦理学作为一种实践科学,与人的意志和理性相关,建立在人的意志自由的基础上,意志自由应当是伦理学的核心问题。伦理学作为一门学科,它所研究的不是一般的道德现象,而是意志的自由规律,这种规律不同于自然规律,而是实践活动的、应当的规律。伦理学的那些规范性要求,是人们实践生活中的理想状态,伦理学是一门关于人类行为的理想状态的科学,是关于"应当"而不是"是"的科学。伦理学的目的是提升人们的道德水准,而不是提升人们的幸福水准,真正的幸福应当以道德为其前提条件。有学者则强调伦理学是对他者责任的承担,比如,勒维纳斯认为伦理学和神学有着共同的核心概念,就是对他者的责任。责任,是人与人之间的最初的关系。上帝的不在场和隐蔽,使得人只能转向邻人,通过邻人之路走向上帝,这个邻人就是他者,邻人之路就是对他者承担责任之路,因此伦理学成为第一神学。勒维纳斯的第一神学有别于一般的有神论,他注重的是独立的不依赖上帝的对他者责任的承担。③④

2. 基本概念

（1）意志自由

意志自由是西方哲学史上的一个经典话题,长期以来受到哲学家、科学家和神学家们的广泛关注并引起激烈争论。在近代伦理学中,意志自由是一个奠基性的范畴,伦理学家都强调,没有意志自由,道德选择就失去了前提与依据。善的意志概念是道德哲学的起点,然而,在如何理解善的意志上,学界一直众说纷纭。有学者指出,事实上,只要理解了意志作为一种实践理性和作为一种自由因果性的观

①　黄济鳌. 非形而上学的伦理学如何可能——休谟伦理学方法论探析[J]. 广东第二师范学院学报,2014(6)
②　赵素锦. 休谟情感主义伦理学的道德哲学解读[J]. 广西社会科学,2014(11)
③　李怡轩、张传有. 什么是伦理学?——从康德的视角看[J]. 哲学动态,2014(1)
④　宋可玉. 伦理学作为第一神学——勒维纳斯他者思想研究[J]. 甘肃理论学刊,2014(6)

念,就会发现,自律的意志概念为我们理解善的意志概念提供了最好的说明,一个善的意志就是意志在道德法则下的自律。有学者指出,康德虽然创立了自律论的道德哲学体系,但却受到了黑格尔的批判。黑格尔认为,道德虽然是主观意志的自我规定,但人的自我意志又是受到客观的伦理关系和社会规律规定的。在《实践理性批判》中,由于意识到先验自由的实在性不能从一个思辨理性设想的理知世界获取,康德先肯定道德律令的存在,再以此出发去设定自由。①②

近年来,随着神经科学的发展,有关意志自由的探讨又重新被激活了起来。针对来自某些科学家的相关质疑,伦理学家仍然坚信意志自由的基础性地位,任何生物神经科学实验的结果均不可能否定意志自由的存在。有学者认为,意志自由可以定义为我们的选择最终取决于我们自己。在"意志是否自由"这一问题上,哲学界主要有两种不同的观点:一种是决定论,另一种是非决定论。决定论认为,人的行为选择总是受到自然、环境、社会等外在因素的控制,是被决定了的,因此意志并不是自由的,它要受到因果律的制约。根据决定论,人没有意志自由,因而对道德行为也就没有责任。非决定论支持意志自由,这种观点认为,意志是绝对自由的,它没有任何限制,甚至可以超越一切、随心所欲地去选择。主流的西方道德责任理论认为,只有当一个行为是我们有意识选择的结果时,我们才对该行为负有责任。这是道德责任讨论中常提到的选择条款。哲学家乔治·谢尔形象地称之为"探照灯理论",即人们只对那些在意识聚焦下选择的作为或不作为才负有道德责任。近年来,不少学者对选择条款提出了质疑,认为这一条款与许多日常的归责实践(尤其是法律实践)相冲突。有学者对这些质疑和其中的缺陷进行分析,并尝试从举证任务这一角度给出更有说服力的拒绝选择条款的理由。③④⑤

(2)道德自主

有学者把道德和自主之间的关系概括为:心理诚实性是判断道德责任的基本条件,自愿是道德责任的必要但非充分的判断标准。主体的理性对欲望的控制强度即自主能力构成了不同层次的道德品质,主体的道德品质通过主体的自愿行动表现出来,评价主体自主的依据就是主体具备道德品质的依据。有学者考察西方生命伦理学家们对自主原则的理解,认为他们主要集中在"什么是自主"的概念上进行讨论,以德沃金为代表的学者认为自主就是自主的人,只有具有反思能力的人才是自主的人;以比彻姆等为代表的学者不否定个人的自主,但不同意将自主放在

---

① 文贤庆. 如何理解康德的"善的意志"概念[J]. 道德与文明,2014(6)
② 宋希仁、姚云. 黑格尔论自律和他律的统一[J]. 道德与文明,2014(4)
③ 甘绍平. 意志自由的塑造[J]. 哲学动态,2014(7)
④ 王延光. 意识突现论与意志自由[J]. 哲学动态, 2014(9)
⑤ 刘晓飞. 选择是否为责任的要件? ——从举证任务看归责理论[J]. 哲学动态,2014(9)

对自主的人的特征的关注上,并认为自主就是"自主的行为",而不是自主的人;以奥尼尔为代表的学者认为自主不是个人的自主,而是"原则的自主""理性的自主"。①②

有学者主张,自主是对原则的执行和对义务的践履。自主理论要求紧扣着"尊重自主原则"来考虑。自主是相对于某些关系中的自主,自主是与能力密切联系的。也有学者认为,个人自主是一个充满歧义的概念。程序性自主观反对为自主个人的行动或愿望施加任何内容方面的限定,而实质性自主观则主张施加这类限制。有学者在揭示实质观困难和回应实质观质疑的基础上,尝试用德沃金自主理论框架下的程序观对个人自主的外部影响机制做出说明,使其与人们的道德直觉相容,同时补充完善德沃金自主理论。还有学者进而指出,在对待主体哲学悖论和唯我论倾向的意识哲学时,当代哲学界普遍仍将主体间性这种"潜在的中心""脆弱的网络系统"作为先验的、先于反思活动的万能避难所。而当代最重要的德国哲学家之一曼弗莱德·弗兰克对这种主体间性思想及其代表哈贝马斯发起了批判,并深刻揭示了将某种集体理性看作先验原则的主体间性理论的内在逻辑矛盾。有学者认为在主体间性理论的社会学、哲学等不同形式盛行之际,弗兰克从主体性出发对主体间性的批判具有相当的前瞻性。③④

（3）道德权利

权利是现代社会重要的个体价值诉求,现代文明的进程在一定的意义上也是人的权利意识逐步觉醒、权利理论逐步建构和权利要求逐步明晰的过程。但是,在权利实现的实践和权利观念的理论建构中都出现了各种权利要求间的冲突和权利与其他规范或价值诉求之间的矛盾。有学者认为,这些矛盾和冲突的产生除了与社会可供资源不足、人们需求的相互重叠竞合、权利的规则基础的多样,以及制度设计上的框架性和凝固性等原因相关外,各种权利之间以及各种权利之间以及权利与其他重要的非权利诉求之间的边界的模糊性也是重要的原因。因此,明晰权利的边界对于尽可能减少或解决诸种与权利相关的矛盾和冲突有着基础性的意义。权利冲突是法治领域中的一个世界性问题,如何解决权利冲突也就成为世界各国所要竭力面对的问题,通过立法和司法是解决权利冲突问题的有效手段。有学者分析了在"解决道德权利、法律权利双重权利的冲突问题"时一些典型案例的道德推理过程及其所阐发的精彩论证,认为这些道德推理过程及其论证和论点是

①　王晓梅、丛杭青. 自主性与道德[J]. 哲学研究,2014(2)
②　庄晓平. 西方生命伦理学自主原则"自主"之涵义辨析——从比彻姆、德沃金和奥尼尔的观点看[J]. 哲学研究,2014(2)
③　肖健. 个人自主:基于实质性与程序性之争的程序观辩护[J]. 现代哲学,2014 年(4)
④　余诗琴. 弗兰克对哈贝马斯主体间性思想的批判[J]. 哲学动态,2014(10)

中国学术界和司法界在研究和解决权利冲突问题时较为缺乏的。通过这些道德推理可以解决有关道德权利法律权利双重权利的冲突问题。①②

有学者从个人主义的角度分析了权利,认为权利个人主义主要是感性的,强调个人获取和占有财产、追求幸福的权利(洛克)以及得到个人安全的权利(霍布斯)。这种个人主义实际上主张权利高于责任,权利优先于责任。而道德个人主义主要由康德建立,个人上升到了道德人格的层面,超越了欲望满足阶段,在内心中给自己制定了道德法。这种道德法是具有理性精神、获得了独立、能够自主自律的现代人给自己制定的道德准则。道德个人主义主张责任高于权利,责任优先于权利。有学者也指出,在权利社会中,道德权利是一种需要我们认真对待的权利形态。在道德权利的"法律化"过程中,我们要警惕道德权利"泛法律化"现象的出现。在司法实践层面,针对道德权利诉求,司法应该保持一种"克制"姿态。在社会纠纷解决的机制层面,对道德权利的实现和保障迫切地需要建构相关的道德权利纠纷解决机制。而在司法与舆论之间的相互关系层面,面对社会舆论当中的道德权利诉求,中国司法要防止陷入"从'司法舆论'到'舆论司法'"的逻辑怪圈当中。③④

(4)道德想象力

道德想象力研究是在德性伦理学和规范伦理学研究得到充分发展之后出现的新动向,既是多元伦理学体系交融并存的时代境遇的映射,又符合现代道德价值精神的发展方向。有学者在揭示道德想象力研究价值存在的基础上,从本体论、认识论、方法论和价值论四个维度梳理了近年来道德想象力研究的主要进展,并指出其存在的问题。该学者认为,未来的道德想象力研究,一是应着眼于观念凝练和理论体系建构;二是应着力于道德想象力实践价值的探讨,广泛开展道德想象力影响因素的实证性研究;三是应关注不同专业技术人员之间道德想象力的差异性和特殊性。同时应对中国传统道德想象的思想资源进行创造性转化。有学者认为,道德想象力既是包含社会考量的个体认知过程,又是多元辩证的社会过程。个体行为者的道德想象力未必能够直接产生富于道德想象力的结果,只有在不同立场间的矛盾博弈与辩证发展过程中,富于道德想象力的决策安排才能形成。基于道德想象力社会条件的交叉结合的不同可能性,存在六种不同方法类型的道德想象力:创

① 田广兰.权利的边界[J].哲学动态,2014(5)
② 刘作翔.解决道德权利法律权利双重权利的冲突(下)——卡尔·威尔曼等美国学者对典型案例的道德推理[J].甘肃社会科学,2014(2)
③ 陈强.权利个人主义与道德个人主义辨析——兼论当代中国的个人主义现状和趋势[J].道德与文明,2014(5)
④ 王国龙.论道德权利诉求中的司法克制主义——以浙江温岭"虐童事件"为分析背景[J].西部法学评论,2014(3)

造、强制、妥协、联合、同意和合作。①②

有学者认为,道德想象力为人们提供了一个想象的平台,使道德行为人在进行道德判断时不显得那么呆板。但是道德想象力在其发挥作用的过程中却受着惯性思维的复杂影响:惯性思维的稳定性和自觉性推动着道德想象力的发挥,惯性思维的偏见、惰性和思维定式却牵制着道德想象力的发挥和发展,并且这种牵制作用居多。通过填充生活资料、培养道德情感以及合理利用惯性思维的控制作用,打破惯性思维的刻板模式,促使道德想象得到释放,充分发挥其优势帮助人们成为一个合格的道德人。有学者通过考察想象在《实践理性批判》中的位置,得出如下结论:第一,虽然康德明确地要求在实践理性领域中排除想象,但他实际上并没有也不可能完全把想象从他的道德哲学体系中排除出去。据此,康德伦理学不完全是形式主义的,舍勒对他的指责只有在一般和不严格的意义上才是可以接受的;第二,形式主义伦理学自身有其必要性,康德伦理学的形式主义特征一方面是他最大的贡献,但另一方面也因压抑和束缚了想象力在道德实践中的根本作用而误解了实际道德行为。③④

3. 道德原则

（1）道德相对主义

道德相对主义主张,在不同的文化之间或者在不同的个人之间,当他们的道德原则发生冲突时,并不存在客观标准来评判它们的优劣。因此,道德相对主义的核心问题就是,在实践哲学领域中,是否存在客观标准? 有学者认为,任何规范性的实践原则要想具备规范有效性,如果不能获得某种普遍有效的客观性解释,就很难将其确立为指导日常生活的道德规范或其他规范,道德相对主义有可能剥夺或削弱我们进行道德谴责的权利和力度。有学者主张,我们应该拒斥"道德相对主义"。道德确实具有相对性,道德总归是特定文化中的道德。但道德源自共同生活和对理想生活的需要,而非源自逻辑。而在文化多样化和价值多元化的现代社会,既有多样化的个人道德,又有相对统一的公共道德。有学者认为,良好的社会秩序只能建立在公共道德和法制的基础上,公共道德的权威与法律的权威是互相依赖的。一个社会的道德与法律是否有权威,依赖于该社会有多少人有公德。应辩证把握道德相对性和客观普遍性,而道德相对主义在多元与一元的关系问题、工具论与目

① 杨慧民. 近年来道德想象力研究的回顾与展望[J]. 教学与研究,2014(7)
② 杨慧民、于雪. 蒂莫西·哈格雷夫的道德想象力理论探要[J]. 伦理学研究,2014(4)
③ 侯效星. 惯性思维对道德想象力的推动与遏抑[J]. 南京工程学院学报(社会科学版),2014(3)
④ 黄旺. 想象与形式主义的伦理学——以对《实践理性批判》的批判性考察为例[J]. 道德与文明,2014(5)

的论等关系问题上将激励我们更多的理论思考。有学者指出,道德判断的第一步,是要看被意图或被评判的行为中有没有实际的或潜在的受害者,而所谓的"正义"问题,首先涉及的是在个人或机构对人施加上述伤害时,我们如何对其进行衡量和惩处的问题;其次还涉及达成生活内在价值之维持和实现的基本保障、在不同个体间的合理分配问题。政治上的自由理念不但不排斥道德,反而以道德中的价值理性为最高的前提预设。坚信在政治领域中人的自由、人的权利之重要性的人,非但没有理由拒斥道德话语,反而应该坚决拒斥道德相对主义的谬误。①②③④

（2）功利主义

功利主义作为一种道德学说,起源于 18 世纪的苏格兰学派,形成于 19 世纪边沁和穆勒的道德哲学,中间经由西季威克和穆尔的方法论批判、20 世纪五六十年代的行为功利主义和规则功利主义之争,最终不仅在政治领域构造了一种足以与自由主义契约论学派相抗衡的政治哲学和法哲学,而且在经济领域排除了所有其他的伦理学说而独自成为主流经济学的伦理框架,成为一种事实上最有影响的现代伦理思潮。

有学者认为,功利主义是在自由主义基础上建立起来的,在某种意义上说,对功利主义的认识,也就是对自由主义的认识,更是对自由主义与社群主义之争的再认识。功利主义理论以功利原则为基点,从边沁创立到密尔发展和完善。边沁主张以"最大多数人获得最大幸福"为道德的最高标准;密尔则以更加人性化和减少计算的方式来使功利主义趋于完善。桑德尔对此提出质疑,他认为功利主义并未充分尊重个人权利及重视个人价值尺度的差异性,甚至将人类的生命以货币价值为衡量是一种倒退现象。由此,桑德尔提出自己对权利与善何者优先性的观点。这个争论的结果对当前中国道德生活建设也具有启发性。有学者指出,义务论为人类社会生活规定了一种道德的生活方式,功利主义给出了另一种判断人类生活行为的准则——最大多数人的最大幸福原则。在市场经济大潮的冲击下,功利主义异化成为非孝文化与腐败文化的理论基础。"孝廉文化"即孝文化和廉洁文化的统称,孝与廉的伦理基础是义务论,义务意味着一种"绝对道德律令"。当前我们应对孝廉文化进行现代重建,将孝与廉作为义务写入法律规定,明确梳理公共权力与

---

① 陈真. 道德相对主义与先天道德客观主义[J]. 道德与文明,2014(1)
② 刘明. 建构主义的客观性观念探析[J]. 道德与文明, 2014(5)
③ 卢风. 道德的相对性与道德的权威[J]. 道德与文明, 2014(1)
④ 翟振明、陈纯. 自由概念与道德相对主义[J]. 哲学研究,2014(1)

私人利益的关系,构建孝廉文化建设的长效机制,拓展孝廉文化建设之载体。①②③

功利主义自诞生之日起就饱受批评,20 世纪对功利主义最有代表性的批评之一来自伯纳德·威廉斯。伯纳德·威廉斯通过对功利主义后果论结构的分析,指出其中所包含的消极责任原则,批判功利主义忽视了个人分离性的重要性以及对个人完整性的破坏。威廉斯强调个人是情感需要、功利偏好和理性能力的综合体,主张应该从人的主体自身出发去思考道德问题,认为重要问题是人如何过有意义的生活,而不是我应该遵守什么样的规则。威廉斯的批判是强有力的,对功利主义的发展具有重要启发,但也存在值得商榷之处。有学者指出,从罗尔斯的视角看,功利主义理论存在着类比推理谬误、最大幸福幻象、善优先预设的理论缺陷。罗尔斯通过契约论原初状态对类比推理的批判、两个正义原则对最大幸福的批判和两个优先原则对善优先预设的批判等多个维度努力实现了对功利主义的超越。也有学者提出,面对功利主义的困境,黑尔继续西季威克直觉功利主义的论证,对其进行了极力的拯救。通过在批判层面采取功利主义,在直觉或实践层面选取个人生活指南的方式,黑尔似乎找到了破解功利主义困境的方式。然而,此种论证不可避免地在这两个层面之外形成了遗漏的空间,虽然黑尔试图以做理想之事或正确之事倾向性性格的形成对遗漏进行再次挽救,但由于其没有真正回归康德最终也导致了其对功利主义拯救的无情坍塌。④⑤⑥

4. 德性与义务论

(1)德性与规范

德性和规范都是道德系统中的基本构成要素,有学者分析孔子德性思想视域中德性和规范之关系,得出结论:德性与规范相比,德出具有绝对的优先性,真正的规范只有一条,即做一个有德性的人。针对当代中国社会实践中具体的道德难题,即在社会转型的背景下,如何可能提高人们的道德品质,有学者探讨了作为"德治"的道德治理。认为中国先秦儒家和法家提供了极富启发但又相互对立的思想资

---

① 徐大建、任俊萍. 功利主义究竟表达了什么?——从罗尔斯对功利主义与正义论分歧的论述契入[J]. 哲学动态,2014(8)
② 谢伏华. 功利主义:权利与善何者优先?——以桑德尔对功利主义的质疑及批判谈起[J]. 哲学分析,2014(1)
③ 崔会敏. 孝与廉的伦理基础及现代重建——基于义务论与功利主义的对比视角[J]. 道德与文明,2015(1)
④ 任付新. 反思个人完整性与后果论的结构——论伯纳德·威廉斯对功利主义的批判[J]. 江汉学术,2014(1)
⑤ 张建辉. 罗尔斯正义理论对功利主义的多维批判[J]. 中北大学学报(社会科学版),2014(2)
⑥ 贾凌昌. 黑尔对功利主义的拯救及其坍塌[J]. 武汉理工大学学报(社会科学版),2014(3)

源,先秦儒家的德性本位和法家的规范律法优先代表着对道德治理中的德性与规范之间关系的一种理解上的偏执。主张无论是出于对历史传统的尊重情感,还是源自对道德本真的审慎思虑,当代中国道德治理中德性与规范之间的合理关系是:从逻辑顺序而言,德性始于规范,规范止于德性;从价值序列而言,规范是德性的手段,德性是规范的目的,这是德性与规范之间的一种圆融。有学者认为,德性和规范是道德的二维,在道德二维视域中,社会主义核心价值体系建设是一个"化德性为规范"和"化规范为德性"的双向过程。"化德性为规范"指将社会主义核心价值体系进一步外化为市民公约、乡规民约、职业规范、学生守则等具体行为准则,并在社会的相关法律和制度安排中得以体现。"化规范为德性"指通过对社会成员的道德教育和在精神文明建设、文化产品之中渗透社会主义核心价值体系,使之内化为社会成员的德性,从而使得社会主义核心价值体系的实践获得稳定性、长期性的担保。也有学者指出,自从安斯库姆的《现代道德哲学》发表以来,西方伦理学界,特别是英美伦理学界流行着一个著名的"古今之分":古代伦理是美德伦理,而现代伦理是规范伦理。这就出现了一个问题,是否美德伦理不讲规范,而规范伦理不讲德性或美德呢? 从伦理学史上看,认为规范伦理不讲德性显然是不对的。有学者还指出了"道德"与"美德"的水火不容,文艺复兴以来,"道德"对于哲人而言逐渐成了问题。虽然康德主义者及功利主义者竭尽全力为道德奠基,却仍难以阻止马克思与尼采主义者们对道德的毁灭性打击。马克思把道德与宗教一起归于统治阶级的意识形态,从而使之成为革命的对象;尼采则把道德作为依附于基督教且致人虚弱的"奴隶道德"而给予无情摧毁。然而,另一方面,马克思却大加赞叹无产阶级之间"兄弟般的友爱",而尼采也神往"脱离了道德的美德"。①②③④⑤

关于伦理与道德的比较,有学者认为道德主要是指主观的应该、主体的品性、德性,是较为积极的、能动的;伦理主要是指客观的应然性的关系、规范、制度和秩序,是相对消极的、稳定的。两者既存在精微深刻的分殊,又存在辩证的关切、互为前提。现代社会伦理道德的双重悖论和基本症候是"无伦理的道德"与"无道德的伦理"。前者指现代社会旧的传统伦理的规则、关系和秩序已经发生崩解、革新的情势中的道德境况,以及在全球化与科技革命的过程中整全意义上新的伦理规则和秩序尚未得以完全确立情势下的道德境况。后者指在现代社会中失却了应然性

①　程艳. 论孔子德性伦理思想视域中的德性与规范[J]. 文史月刊,2012(3)
②　李萍、童建军. 德性法理学视野下的道德治理[J]. 哲学研究,2014(8)
③　王海成. "化德性为规范"与"化规范为德性"的统一——社会主义核心价值体系建设的双重路向[J]. 湖北行政学院学报,2014(4)
④　夏明月. 美德伦理的规范性来源[J]. 哲学动态,2014(3)
⑤　郝亿春. 美德与实践——在亚里士多德与麦金泰尔之间[J]. 哲学动态,2014(11)

和合理性、历史发展以及人性完善趋势的伦理以及在伦理的形式化、功利化和空心化或者脱离应有主体德性情况下的伦理境况。重构现代社会伦理道德的基础,需要以历时性、共时性的维度来把握伦理道德的变奏演化的"发生学密码"和深层机理,洞察其中不变中的"变"与变中的"不变"。

此外,还有学者指出,现代道德哲学和道德生活,应当确立伦理存在的概念和理念,以弥补道德生活的缺陷,扬弃道德哲学对现实生活解释和解决的苍白无力。伦理存在既是伦理的现实形态,也是伦理的现象形态。伦理存在有三大现实形态和精神形态,即家庭与民族的自然形态、财富与国家权力的自觉形态、德性与风尚的自由形态,它们构成伦理存在的辩证结构和辩证运动。伦理存在的诸形态是个体"单一物"与公共本质的"普遍物"的统一体;伦理存在的辩证运动是伦理与道德的统一,以伦理贯穿,自伦理(自然伦理)开始,到道德完成;伦理存在将"伦"与"理"、伦理与精神统一,使伦理与精神互为条件、相互检释,成为二位一体的辩证结构,由此衍生另一个概念:"伦理精神"。"伦理存在"的概念内含并将展示其重大的理论与现实意义。现代道德哲学理论中的诸多难题,如个体与实体、伦理与道德、精神与理性的关系问题,将得到更彻底的解释;中国道德哲学传统的意义、中国道德哲学话语的生成也具备了一个新的概念条件;更重要的是,一些重大现实难题可能得到更好的解释和解决。①②

(2)道德与法律

学者们对法律伦理以及法律与道德的关系进行了研究。有学者认为,这种研究就是考量法律的正义或不义、法律赖以存在的合法性的依据是什么、道德能否对法律进行审视等问题,对这些问题的不同回答形成了当代实证法学派和自然法学派两大阵营。新分析实证主义法学的翘楚人物哈特一改传统实证主义的观点,对法律与道德的关系重新作了解读,他在坚持实证主义原则立场的基础上提出了法律与道德相对分离的观点。有学者认为,这种观点对于我国当前的依法治国和以德治国具有重要启示。首先,从原则上看,我们应当坚持法律与道德分离,使法律具有自身的品格和气质,这是我们当前追求法律的秩序价值和规则意识的内在要求;其次,我们在坚持原则的同时,不能断然割舍法律与道德实际存在的某种联系,承认法律与道德理性结合的现实,这是我们当前追求法律实质正义、坚持以人为本的司法观的应有之义。唯其如此,我们才能使依法治国和以德治国完美契合,使法律和道德在调试我们的社会生活中各显其能、互助互补。法律与道德关系问题上

---

① 张志丹. 无伦理的道德与无道德的伦理——解码现代社会的伦理–道德悖论[J]. 哲学研究,2014(10)

② 樊浩. 伦理,"存在"吗? [J]. 哲学动态,2014(6)

的分歧可归结为"分离命题"与"结合命题"之争,其核心在于是否承认法律与道德之间的逻辑"必然性"。富勒对此做过一套逻辑上的论证,其"内在道"学说旨在克服"分离命题";只不过他所借助的概念分析和模态逻辑,也是伦理自然主义者所借助的重要理论工具。有学者认为,这种研究对于我们进一步理解法律和法治有重要意义。①②③

有学者则赞成博登海默法伦理思想的主旨和基本论域,即不停留在抽象的学理层面来辨析法律与道德的关系,而是立足于现实生活的基础上来探讨法律对人的价值实现的意义。博登海默基于此提出了法律的三大目的:助推人的价值实现、促进和平的实现和调整相互冲突的利益关系,这三大目的是统一的,人的价值实现是法律目的的最终价值圭臬。法律与道德在现实生活中往往存在"合法的不合理""合理的不合法"的冲突。有学者从哲学角度来分析,认为主要原因有三个:对法律与道德关系的片面化理解、对权利与义务的二分化理解和把道德与利益进行对立。解决冲突的原则主要有利益起点和分层原则、权利与义务统一和有限性原则、道德分层原则。以上原则都是相对的、具体的、历史的,不能绝对化、抽象化、永恒化理解。有学者认为,法律体系承载并折射出与之相符的法律文化和社会价值,因此,对法律现象与法律文化的关系进行认知是研究法律价值与法治秩序的一种进路。中国法律文化中蕴含"天道""情理"等伦理观念,而西方法律文化受宗教传统影响,其中包含法律与生命、伦理、宗教之关系的追问。中国的法治秩序建构既要关注西方法律文化的根源问题,又要关注中国传统法律文化的合理内核;要立足中国国情,建设法治国家。④⑤

(3)正义

对正义理论的分析依然是热点问题,按照马克思主义唯物史观的理解,正义问题是一种社会历史性产物。伴随着人类社会私有制与阶级对立的出现,它逐渐成为人们无法回避的话题,也是长期纷争不断的焦点。不仅如此,只要社会中还存在非正义的现象,正义问题就不会从人们的视域中消失,人们关于"何谓正义"的争论也不会停歇与中断。一般而言,正义作为价值范畴,既具有规范性意义,也具有评价性意义。有学者讨论了柏拉图提出的城邦正义和个人正义这两种不同的正义,柏拉图认为两者异名而同质,由于城邦正义就像是"大字"的正义比个人正义这个

① 吴真文、吴琛. 论哈特的法律正义观[J]. 道德与文明,2014(5)
② 吴真文. 正确树立法律与道德的边界意识——哈特法律与道德划界思想的现实启示[J]. 湖南师范大学社会科学学报,2014(2)
③ 王家国. 法律与道德"结合命题"何以可能?——兼评富勒的"内在道德"学说[J]. 杭州师范大学学报(社会科学版),2014(3)
④ 蒋青兰. 博登海默对法律助推人的价值实现的论证[J]. 伦理学研究,2015(1)
⑤ 董强. 法律与道德冲突的哲学反思[J]. 福建行政学院学报, 2014(2)

"小字"的正义更容易看得清楚明白,因此探讨正义必须要从认识城邦正义开始。柏拉图将城邦正义与个人正义之间的一致性作为其整个正义论证的前提性、基础性理论假设给确定了下来。有学者进而认为,社会制度的公正德性集中表现为它在设计和安排上的公平合理性。社会制度的公正德性是对个人公正美德的延伸和升华。追求社会资源分配的公正性是人类孜孜以求的一个价值目标,但如果他们将实现这一价值目标的希望仅仅寄托于个人的公正美德,他们的希望肯定无法完全变成现实。只有进一步转化为一种社会制度德性,个人公正美德的价值才能够得到进一步拓展和提升。有学者指出,从人的本性出发寻求正义和政治的根据,是近代政治哲学的一个重要的理论传统。在休谟看来,由于人的自私心和同情心以及财富的相对稀缺,以财产权为核心的正义规则产生不仅是必需的,也是可能的。尽管正义是人为造就的德性,但它并非出自理性的设计,而是源于在利益基础上的道德感觉。实现和维护这些正义规则,对政府的功能和形式等政治安排提出了根本要求。①②③④

　　学者们从效用、应得、自由等几个方面对正义问题进行了探讨。有学者分析效用主义的分配模式,认为这是对正义的重大挑战。有学者分析了罗尔斯作为公平的正义,认为人们不应得基于自然天赋和资质获得的利益。因为,从道德立场上看,这种应得的基础是任意的和偶然的。由此,作为公平的正义反对亚里士多德等应得论者的主张。后者理解的应得是一种前制度性应得,罗尔斯只承认制度性应得的合法性,即应得依系于制度规则,制度规则决定着应得的正当性。诺齐克和斯特恩伯格等人对罗尔斯的"反应得论证"提出批评,但是有学者认为这些批评存在误解,认为"反应得论证"的真正问题在于:一是罗尔斯因"权宜之计"放弃对前制度性应得中关于人的自主性的考虑,而人的自主性是支撑正义理论大厦的重要支柱;二是他把制度性应得、资格和合法期望等同起来,从而混淆了它们之间的重要区别。关于马克思的正义理论,也是学者关注的重点问题。有学者认为人们往往从分配正义的角度来理解马克思的正义理论,其实这是按照康德-罗尔斯的思路来理解马克思正义理论的。实际上,马克思是批判地继承了黑格尔《法哲学原理》中的思想来建构自己的正义理论的,而黑格尔法哲学所关注的是共同体中人的自由和自我实现,关注的是人和人之间的相互承认。马克思的共产主义理论作为一种正义理论就是要实现每个人的自由。有学者对中国特色社会主义的正义原则做了分析,认为它是对资本主义社会与传统社会主义社会正义原则的综合超越,它应当

①　林剑. 应正确理解与阐释马克思分配正义思想[J]. 哲学动态,2014(7)
②　刘飞. 论柏拉图《理想国》中城邦正义与个人正义的一致性[J]. 哲学动态,2014(6)
③　向玉乔. 试析个人的公正美德[J]. 哲学研究,2014(10)
④　靳继东. 人为之德与财产权利:休谟正义理论述评[J]. 伦理学研究,2014(3)

是差异性正义原则与同一性正义原则的合理协同。①②③

（4）尊严

当前学界关于人活得有尊严的讨论异常热烈。那么，怎样才叫活得有尊严呢？如何才能活得有尊严呢？有学者认为，活得有尊严不但是伦理学的最终目的，而且是人类一切活动的最终目的。从伦理学视角来看，人活得有尊严有两个必要条件：一是美德伦理学所关涉的自我能力和品质的提升，二是政治伦理学所关涉的社会正义。因此，在当代社会，公民要活得有尊严，个人的责任和社会的责任两者不可偏废。伴随着近年来美德伦理复兴引起的对于规范伦理的反思热潮，道德哲学研究的方向也发生了显著变化，有学者围绕"尊严""爱""德性"等核心概念对康德道德哲学目的论维度、德性论维度的考察展现了康德道德哲学研究的新重心。在经历了第二次世界大战的惨痛教训后，人人平等享有尊严的理念已经被视为法律体系的最高价值，成为现代文明的共识。尊严与权利的关系问题也成为学界讨论的热点。有学者指出，尊严与普遍权利是同根同源的关系，二者都离不开理性。然而，尊严依然可以成为权利的道德基础。这是因为，与权利相比，尊严概念具有优先性。尊严作为人人生而具有的内在价值，首先是一个道德概念，具有道德规范性，因而能够充当权利之合理性的依据。换言之，道德性通过尊严概念进入权利理论中，进而成为权利的价值基础。人人享有的普遍权利是人人享有尊严的具体体现，尊重权利就是在尊重人的尊严。④⑤⑥

也有学者指出，人之尊严一般被认为是最高的社会价值，而它能否同样成为宪法基本原则却不无争议，因为它既非不证自明，定义也十分含糊。若在未澄清人之尊严的概念与理论争议之前，便贸然从西方引入这一宪法原则，反而会破坏我国法律体系的稳定性。其内含的一个重要问题是，人之尊严如何从抽象理念转入到实定法之内，成为具有效力的宪法原则。有学者还指出，人的尊严不仅是现代法律的伦理总纲，更是弱者权利保护的制度基础。人的尊严为弱者权利保护提供了坚实的理论前提，它通过人的平等、体面生活以及不受歧视，证成了弱者权利保护的必要；人的尊严是弱者权利的推演基础，正当生存权、人格尊严权、行为自主权、私域控制权等，均与弱者权利的落实密切相关；人的尊严也是弱者权利发展的精神动

---

① 徐峰. 人们应得什么——罗尔斯的"反应得论证"及其困难[J]. 道德与文明,2014(6)

② 王晓升. 共同体中的个人自由和自我实现——马克思正义理论的新理解[J]. 道德与文明,2014(3)

③ 谢宝贵. 效用主义与分配正义[J]. 道德与文明,2014(5)

④ 程新宇. 活得有尊严：个人的责任和社会的责任[J]. 哲学动态,2014(4)

⑤ 周治华. 道德与人的尊严、幸福、卓越——与托马斯·希尔教授谈康德道德哲学研究[J]. 道德与文明,2014(6)

⑥ 王福玲. 尊严：作为权利的道德基础[J]. 中国人民大学学报, 2014(6)

力,国际人权公约与国内法都是本着人的尊严的理论,充实和完善弱者权利保护的各项内容。①②

（5）诚信

诚信建设也是当前学者们关注的一个重要问题,他们从不同角度探索解决这个问题的方案。有学者认为,在市场经济条件下,欺诈性道德风险是经济运行活动中一个普遍现象。人们或以诚信手段,或以欺诈的手段,来满足自己追求利益的欲望。所以,进一步完善法制,加强自我道德修养,是我们与经济欺诈进行斗争减少道德风险的有效武器之一;重建经济诚信机制,是防范道德风险的根本所在。有学者将视野聚焦于科研活动中的诚信问题,在反思科学契约论和委托代理理论的科研诚信观基础上,从利益相关者视角出发,认为科研诚信建设既不能单纯依靠科研共同体及其成员的自律,也不能单纯依靠公共机构的监督,而是应当将公众也纳入科研诚信建设的主体。有学者则从儒家诚信伦理那里寻找资源,认为它包括诚实不欺、言行一致和诚信合一等丰富内涵,在儒学体系中占有重要地位。认为具有求真务实价值意蕴的"常道""常理"深刻地烙印于民族心灵之中,成为人们的立身之方、交友之道和为政之纲。传统儒家诚信伦理为培育和践行诚信核心价值观提供了丰厚的精神滋养。因此,必须对儒家诚信道德做创造性转换,以便更好地发挥它在培育和践行社会主义核心价值观中的积极作用。③④⑤

有学者认为,诚信从本质上来讲属于道德范畴,主要应当靠道德教化的方式来解决。但在现代社会,诚信还应当是一种法律范畴,必须将其纳入法治化的轨道。有学者认为,如果司法不能有效应对民众集体意识的挑战,那么将无法避免司法信度丧失、效度缺损和地位下降的趋势,从而引发司法公信力降低。司法公信力降低凸显了诚信体系建设的重要性及其必要路径:不仅应当形成一个合理、周全、妥当,并清晰地标示出司法诚信的规范体系,为重塑司法权威提供充分的制度激励,而且应该强化司法对立法的忠诚,重视司法的道德基础和确保司法的公正廉洁,以确保司法公信力的制度化实现。有学者认为,失信已泛化为社会普遍现象,通过建构社会诚信体系进行"救赎"是学界和实务界的共同主张。传统诚信观念整体性的破裂预示着道德诚信社会控制主体地位的丧失。社会分工、人口流动和个人主义在社会发展中扮演着推动诚信体系重塑的关键角色,呼唤保障诚信的权威策略。现代社会诚信体系的建构应以摆脱将"社会诚信体系"等同于"社会信用体系"的认识

① 王晖. 人之尊严的理念与制度化[J]. 中国法学,2014(4)
② 胡玉鸿. 人的尊严与弱者权利保护[J]. 江海学刊,2014(2)
③ 龚群、钱姝璇. 人性的幽暗性与欺诈性道德风险[J]. 道德与文明,2014(6)
④ 解本远. 构建合理的科研诚信观[J]. 道德与文明,2014(2)
⑤ 涂可国. 儒家诚信伦理及其价值意蕴[J]. 齐鲁学刊,2014(6)

论错误为肇始,通过知情权、隐私权、信用权等诚信权利的实践树立国家诚信法治立场。超越法治,吸纳和借鉴"非国家法"资源,与道德教化、合作治理相结合,借力于正式规则和非正式规则的协作,才能成就"诚信中国"的梦想与蓝图。①②③

二、问题研究

1. 道德的理由

关于道德的理由问题,学者们展开了进一步的研究。有学者研究了道德的自明性与知识性问题,道德选择究竟是一种自明行为,还是一种必须借助于知识方能获得的行为?苏格拉底说"美德就是知识",即道德不是自明的,必须借助知识方能获得。康德对这一命题提出了挑战,认为"道德是自明的",道德无须任何知识。有学者提出,康德直接肯定道德律的客观有效性,认为我们的理性可以直接意识到这一点,具有自明性。对此,阿多诺指出,康德这种道德命令,这种简单的绝对应当不是自明的,康德的绝对的应当其实是一种压制,是对复杂的现实条件的归约。阿多诺对康德道德哲学的批判,是为他设想伦理寻求的第三条道路在做铺垫。有学者围绕"内在理由"问题的争论,讨论了威廉斯与考斯嘉都承诺的"内在主义要求",认为二者之间的区别源于对作为理由承载者的"自我"的不同理解,即立足于人的纯粹理性能力还是立足于个体的经验性心理现实,而这种区别最终则可能源于他们对伦理学研究进路的不同设想。与此问题直接相关,有学者还研究了"道德能力"这个概念,从多维度进行了剖析,认为道德能力是基于自然的精神能力、基于情景的行为能力、基于知识的实践能力、基于做事的做人能力。还有学者就此对道德认同问题进行了讨论,在对人格说、图式说、社会化说、内化说四种视角的道德认同概念进行辨析的基础上,对道德认同概念进行了新的厘定。有学者还从道德心理学的角度分析了道德推理,认为道德推理应该是道德行为的重要决定因素,但新近的观点则否定这一重要作用。有学者采用元分析技术探讨道德推理与道德行为的关系,通过随机效应模型的元分析表明,道德推理与道德的行为有显著的正相关,与不道德的行为有显著的负相关。调节效应分析表明,道德推理测量工具的类型会影响道德推理与道德行为的关系,被试年龄阶段会影响道德推理与不道德行为

---

① 周佑勇. 论政务诚信的法治化构建[J]. 江海学刊,2014(1)
② 姜涛. 诚信体系建设与司法公信力的道德资本[J]. 江苏社会科学,2014(2)
③ 类延村. 超越法治:社会诚信体系的规则治理[J]. 中南大学学报(社会科学版),2014(4)

的关系,这些结果肯定了道德推理的作用。①②③④⑤⑥

学者们还对"休谟问题"进行了研究,有学者认为,这个问题有因果性的必然性问题和具体的因果关系问题这两个不同的层次。在因果性的必然性层面上,又有人类因果性思维的必然性和现象的因果性必然性两层含义,在因果性思维形式之下才有对现象之因果必然性发问的问题。但仅凭因果关系的普遍性也说明不了具体因果关系的必然性。在具体的因果关系层面上,又有着具体的因果关系、具体的因果关系的现实、用具体的因果关系接受的特殊现象这样三层含义。休谟问题的核心含义是具体的因果关系的必然性问题,能针对这一层次做出回答才算是抓住了问题的根本。而这种因果关系的必然性既不是可以经验到的,也不是可以完全抽象的认识,而是属于关涉"存在"本身的本体认识。也有学者认为,休谟问题的实质是人类如何通过感觉经验形成普遍的规律性认识的问题,它在三个层次上与归纳推理相关:因果推理或因果性概念、自然齐一性假设、经验论哲学认识论,可以用贝叶斯推理来解决休谟问题。Hawthorne 等人注意到贝叶斯推理与排除归纳法的联系,实际上贝叶斯推理由两种演绎推理的变体(充分条件假言推理的变体和选言推理的变体)组成。休谟对贝叶斯推理满意吗?他应该对作为分析工具的概率论满意,因为含有贝叶斯定理的概率论与几何学的情况相同。但休谟对贝叶斯推理的结果不会满意。归纳结论的接受不是出于习惯(心理因素),而是由于理性(决策)。起源于经验的知识(包括因果律、随机性概念和统计性概念)都是可修正的,都是"流动的"知识。对于著名的"休谟问题",安斯库姆主张可以通过"显白的事实"从"是"中推出"应当"。安斯库姆引入了关于动机的内在主义和外在主义之分,她最终得出的结论是从"是"中可以推出日常意义上的"应当",而推不出道德意义上的"应当"。有学者认为,这使得他最终主张抛弃道德意义上的"应当"而回到日常意义上的"应当",回到德性伦理学的概念上来。⑦⑧⑨

---

① 强以华. 道德:自明性与知识性——兼论知识性在应用伦理学中的地位[J]. 哲学动态,2014
(2)
② 甘培聪. 道德律自明性的根源:早期市民阶层的理性激情——阿多诺对康德道德律令自明性的批判[J]. 道德与文明,2014(4)
③ 孙会娟. "内在主义要求"中的两种内在性——威廉斯与考斯嘉之内在理由论比较[J]. 道德与文明,2014(6)
④ 黄显中. 道德能力论[J]. 哲学动态,2014(2)
⑤ 刘仁贵. 道德认同概念辨析[J]. 伦理学研究,2014(6)
⑥ 吴鹏、刘华山. 道德推理与道德行为关系的元分析[J]. 心理学报,2014(8)
⑦ 徐冰. 具体因果关系的必然性:"休谟问题"核心含义分析[J]. 人文杂志,2014(11)
⑧ 熊立文. 休谟问题探析[J]. 北京师范大学学报(社会科学版),2014(5)
⑨ 须大为. "是—应当"问题与现代道德哲学——对安斯库姆《现代道德哲学》的一种解读[J]. 道德与文明,2014(5)

2. 道德可普遍化问题

针对有关道德相对主义的问题,学者们从不同的角度进行了研究,论证了道德可普遍化的主张。有学者指出,在伦理学中流行非理性主义和主观主义时,黑尔将可普遍化规定为道德判断的基本特征,从语言与逻辑的角度重新解释和论证了可普遍化原则,恢复了道德的客观性和普遍性。有学者提出,道德法则必须具备必然性和普遍有效性,这既是康德道德哲学的前提预设,也是康德道德哲学的根本观点。但是否有这样的法则存在,以及这样的法则是否具有实践意义,人们进行了长期的争论。康德预设了意志自由和目的王国,也就预设了道德法则的普遍必然性。康德的道德法则既强调了理性的优先性,又保留了经验的开放性,为道德实践行为的创造性留下了足够空间。也有学者指出,伦理困境呼唤着普遍伦理的重建,而道德金律在普遍伦理的重建中则被寄予了厚望。传统金规"己所不欲,勿施于人"需改造升级为"人所不欲,勿施于人"。"己所不欲,勿施于人"作为传统智慧的结晶,很难被取代或超越,这仍是处理人际关系的根本原则。也有学者从道德承续的角度来研究道德普遍性,认为道德承续不仅是逻辑上的真概念,而且是道德生态中的客观现象。作为伦理学的研究对象,它指的是在同一民族共同体中,人们立足于当下,以所处时代的需求和价值取向为标准,对历史上或前人留下来的伦理道德精神、价值理念、规范等资源进行评估、选择并以批判继承的方式进行创造性转化,以创出相对普遍客观的道德准则。①②③④⑤

学者们还对与此相关的世界主义进行了讨论。有学者认为,在现代世界主义思想中,人权具有基础性的意义,这尤其体现为人权是道德世界主义的价值基础。在从伦理世界主义到法律世界主义、从制度世界主义到政治世界主义、从正义世界主义到文化世界主义的各种世界主义思想形态中,道德世界主义更具基础性,它是世界主义诸思想形态的基石,为世界主义诸思想形态提供了哲学基础与思想内核。对道德世界主义的人权价值基础论证,亦即对现代世界主义思想的人权价值基础论证。也有学者认为,必须在人权基础之上,经历启蒙精神批判反思的炼狱阶段,道德建设不能离开自身的传统。自身传统伦理道德精神经过解构后才能获得新生。抽象的道德纲常本身没有意义,只有作为现实日常生活秩序自觉精神表达的纲常才有意义。构建现代道德,最重要的不是外在形式的,而是内在灵魂的。如果

① 王维先、铁省林. 黑尔的可普遍化原则及其局限[J]. 道德与文明,2014(1)
② 潘中伟. 论康德哲学中普遍必然的道德法则[J]. 吉首大学学报(社会科学版),2014(6)
③ 郭奕鹏、王学东. 全球气候问题领域的普遍伦理与道德金律[J]. 道德与文明,2014(1)
④ 杨伟清. "己所不欲,勿施于人",抑或"人所不欲,勿施于人"[J]. 道德与文明,2014(4)
⑤ 李建华、冯丕红. 道德承续初探[J]. 道德与文明, 2014(5)

说这种构建有一阿基米德支点的话,那么,人权正是此阿基米德支点。关于现当代政治世界主义的论证路径,有学者指出其蕴含着两种伦理逻辑:理想主义立场下的普遍性逻辑及实证主义立场下的差异性逻辑。前者展示了一种从世界主义的普遍理性传统中继承而来的论证模式;而后者则呈现了一种基于现代性多元社会背景开辟出的论证途径。有学者认为,存在于现当代政治世界主义中的这两种伦理逻辑并不具有天然的一致性,相反,在某种程度上两者甚至是相互对立的。这种对立既表现为当代世界主义者内部的立场分歧,也反映在多元化社会中普遍性与特殊性关系。①②③

3. 德福问题

关于"道德与幸福"之一致性问题,有学者认为有三种探讨趋向:指向"心灵秩序"的德性至善论;指向"行为法则"的道德自由论;指向"他者面容"的伦理责任论。也有学者认为,亚里士多德与孔子的差别直接开启了其后两千多年德福问题的两种致思进路,亚里士多德的德福一致表现为德性论从属于幸福论,孔子的德福一致落在道德与孔颜之乐的关系上。亚里士多德在"幸福论"的框架下安顿道德,而孔子则在道德前提下安顿幸福。有些学者则从德福直接相关的角度进行了讨论,如,有学者认为,康德关于幸福的观点与他的义务论本质上是一致的,幸福首先是作为感性人的一个现实而必然的目标,但幸福更应该被看作是道德主体的道德活动目标。为此,幸福就与善良意志、义务和道德法则内在相结合。将幸福纳入到道德的关联中,不是要求人为了别人的幸福而放弃自己的幸福,而是要求人在保证自己幸福的同时又能促进他人幸福。还有学者认为,德福困境是个伪命题。因为道德是为义务而义务的,而幸福概念的所有成分都是来自经验的。但是生活世界中的人又具有德福一致的信念,同时纯粹道德义务消除自身抽象性的方式要付诸生活世界,所以生活世界是德福困境命题得以成立的前提。德福困境消弭的可能性在于重拾情感主义道德哲学的价值观。面对寻求"幸福社会"这一时代主题,有学者研究了斯密的有关思想,认为他集当时一切科学知识之大成,把分散的知识命题连接成一个有机的体系,并提出"幸福社会"何以可能?这涉及合宜观、中庸观、自制观和正义观问题,也就是说,"幸福社会"应遵循人性原则、财富原则、美德原则

① 高兆明. 人权与道德基础——现代社会的道德奠基问题[J]. 哲学研究,2014(11)
② 张永义. 道德世界主义的人权价值基础论证[J]. 哲学动态, 2014(10)
③ 张轶瑶. 政治世界主义的两种伦理逻辑及其和解[J]. 哲学动态,2014(10)

以及制度原则才有可能真正成为现实。①②③④⑤

4. 道德冷漠

当前,我国道德领域突出的问题可以概括为"道德冷漠"。有学者认为,道德冷漠是指人们的道德感、道德经验或道德判断的匮乏,通常表现为道德敏感的丧失和道德判断的搁置、道德意志或道德勇气的缺乏,以及道义感或道德是非感的丧失。关于道德冷漠的成因,有学者认为它是现代经济的市场化、道德的功利化、社会的去道德化的结果,也是熟人社会解体、陌生社会形成、个体原子化发展的结果。有学者还从"正当"与"善"的关系方面分析了中国道德问题的成因,认为由于"正当"观念缺乏和制度建设落后,个人对"善"的生活的追求,尤其是对人情关系的追求,常常无视所谓"正义的社会体系";另一方面,由于舆论对建设"正义的社会体系"的紧迫感,导致"制度决定论"的影响无处不在,因而个人道德的问题往往也被归咎于制度,从而又忽视了个人道德的作用和教育。如何解决现代社会的道德冷漠症?有学者提出三点对策,首先要重建公平正义的经济社会秩序,奠定道德实践的现实伦理基础;其次要将现代市民社会塑造为道德共同体,奠定道德实践的公共性的社会基础;最后要探索"远距离道德"的可能性,为现代社会的道德关联进行理论奠基。⑥⑦⑧

有学者认为,儒家"仁"德为当下"道德冷漠"问题的救治提供了有益的资源。具体而言,"仁者爱人"确证了"己"对他者的责任,并基于一种"道德主体间关系"指明了此种责任与自我价值实现的一体关联性,由此而激发"旁观者"的责任自觉;"为仁由己"喻示了"以德性指引规则"的律令,引导人们重新返回到人本身去思考行为之目的,由此而克服"以规则取代良知"的道德冷漠现象;"三达德"之德性构成昭示了人己两利的实现之途,引导人们在承担对他者责任的同时充分尊重"己"之合理的外部利益需求,由此而消解抑制主体施救于人之意愿的致因。上述资源唯有在"仁"德的现代转化中才能以恰当的方式得以应用。有学者认为,道德冷漠已成为制约当前社会道德发展的瓶颈,究其根源在于传统伦理对"分离"的强调,即强调人的自主性和权利是以人与人之间的分离为基础的。在解决道德冷漠问题的

① 田海平. 如何看待道德与幸福的一致性[J]. 道德与文明,2014(3)
② 何益鑫. 孔子与亚里士多德:德福一致的两种范式及其当代意义[J]. 道德与文明,2014(3)
③ 姚云. 论幸福与道德的一致——康德幸福观[J]. 苏州大学学报(哲学社会科学版),2014(3)
④ 屈春芳、张雷. 德福困境的理性主义症结及出路[J]. 道德与文明,2014(3)
⑤ 蒲德祥. 幸福社会何以可能——斯密幸福学说诠释[J]. 哲学研究,2014(11)
⑥ 邱杰. 当前治理"道德冷漠症"的理路探讨[J]. 道德与文明,2014(6)
⑦ 丁业鹏. "正当优先于善"与当代中国道德建设的两个问题[J]. 道德与文明,2014(3)
⑧ 陈伟宏、陈祥勤. 道德冷漠的原因分析及其矫治对策[J]. 道德与文明,2014(4)

可能性方案中,关怀伦理主张以关系性为理论基点进行自我建构,重新定位关怀与爱等情感因素,重视在情境中强化关怀行为,以对话和商谈的方式解决道德分歧,满足人们"被需要"的心理需求。虽然关怀伦理在公正与关怀的关系、适用度及其在社会变革中的效力等方面存在一定局限,但它为促进当代社会和谐发展而提出的解决道德冷漠问题的可能性方案仍然是一次伟大的尝试和探索,也为当代人提供了一种可能的伦理生存样态。①②

5. 价值论与价值观

关于价值,有学者认为,在人类的社会生活中,功利价值与道德价值是两类最基本的价值。功利价值即人们对物质利益或生活中的实际利益追求和认可的价值,又可归结为主体与客体关系意义上的价值;道德价值即对道德理想精神的追求和认可的价值,又可归结为主体与主体关系意义上的价值。人们的生活不可缺乏物质利益或实际利益,同时也不可缺少道德精神的追求,因而也就决定了这两类价值对于人们的生活所具有的普遍意义。有学者进而指出,价值哲学研究的取向,不仅指价值哲学研究者的旨趣和在研究过程中所关注的重点,更指把什么主体的需要看作终极价值的源泉和尺度,以哪一种价值主体所追求的价值为价值的基点和目的,即是指以什么样的主体所追求的价值作为价值的本位。自古以来的价值哲学研究,虽然研究者的观点各不相同,但存在两种基本不同的取向,即整体取向和个人取向。前者以整体为本位看待和研究价值,后者则相反。这里所谓的"本位",指的是价值的基点,而这种基点被看作价值的主观源泉和衡量价值的尺度。也有学者认为,中国价值论前三十多年的研究,其基本范式属于"元价值论"或"形式价值论"。所谓"元价值论"指的是对"价值""评价""价值观"等价值问题最高逻辑层次的一种哲学研究。它不研究具体的价值问题,而关注对价值问题最高的哲学抽象。元价值论研究是价值论研究的一个必不可少的阶段。但中国价值论经历了三十多年研究之后,目前这一范式的研究已经在现有的思维方式可容纳的范围内走到了尽头,中国价值论研究应该进行一种研究范式的转换,即从概念体系构建的"元价值论"转向以现实价值问题为研究对象的"规范价值论"研究。③④⑤

关于价值观,有学者认为,价值观是一个统摄各种价值观念的复杂体系,可以

① 陈继红. 儒家"仁"德与他者的痛——"道德冷漠"问题救治的道德哲学之思[J]. 中国人民大学学报,2014(2)
② 方环非、施月红. 关怀伦理:道德冷漠的可能解决方案[J]. 昆明理工大学学报(社会科学版),2014(1)
③ 龚群. 论道德价值与功利价值[J]. 哲学动态,2014(8)
④ 江畅. 论价值哲学研究的两种基本取向[J]. 哲学动态,2014(10)
⑤ 冯平. 中国价值论研究范式的现状与转型[J]. 哲学动态,2014(4)

从不同维度来分析其结构。分析社会主义核心价值观提出的背景及意义有助于把握其结构。从内容维度看,社会主义核心价值观包括国家建设价值目标、社会秩序价值取向、公民道德价值准则三个方面的内容。从关系维度看,社会主义核心价值观各层面内部相互联系、相互依存。三个层面之间也是相互联系、相互依存的关系。它是社会主义核心价值体系的内核,既继承弘扬了中华民族的优秀价值观,又是人类文明共同成果的继承和发展,并与资本主义价值观有质的区别。有学者认为,改革开放以来,中国社会价值观发生了深刻变迁,主要表现为从一元价值观向多元价值观、从整体价值观向个体价值观、从理想价值观向世俗价值观、从精神价值观向物质价值观的转变,这种转变同时反映了价值观解构与建构的辩证运动。可以将改革开放以来价值观的演变轨迹分为三个阶段,即20世纪80年代价值观的反思与博弈;20世纪90年代价值观的多元化、个体化、世俗化和物质化的深刻嬗变;新世纪以来价值观嬗变的延续与新的发展价值观和核心价值观的重构。还有学者指出,中国社会正经历着一场深刻的价值虚无主义精神危机,它侵蚀着社会的精神基础。价值虚无主义在心灵结构中表现为终极价值的贬损、规范价值的逃遁和功利价值的独尊。公共精神、制度伦理的匮乏是导致伦理环境恶化的重要现实根源。因此,重建良性价值秩序的路径只能是公正社会秩序的构建与公共理性的培育,并辅之以意识形态的信念重塑。①②③

6. 资本的道德蕴涵

现代性问题无疑是当代学术关注的重要问题,学者们的基本共识是,现代性问题作为一簇价值观念,涉及市场经济、民主政治、科技理性、多元文化等诸多方面。有学者认为,其中位于根基处并居于主导地位的核心点是市场经济制度的确立,它是我们探讨与现代性相关的各种其他问题的前提和基础,而市场经济制度得以运转的轴心是资本及其资本的人格化代表资本阶层。因此,如何评价资本及其资本阶层的道德作用,就成为思想理论界众说纷纭、莫衷一是的话题,有人对之批判鞭挞,有人对之讴歌赞美。在这种判若云泥的价值评判背后,隐含着资本及资本阶层本性中固有的两股力量纠缠难分和相互制约的二元张力结构。因此,只有将之还原到其赖以生成的历史背景中,对其实际发挥出的正反两种社会作用做出本真性剖析,进而对资本俘获权力的具体步骤及资本自身的权力化过程予以正确评述,才能真正洞悉资本的本质属性及其现代特征,并从经济伦理或政治伦理的视角获致

① 曾长秋、曹挹芬. 社会主义核心价值观结构探析[J]. 伦理学研究,2014(2)
② 廖小平. 改革开放以来价值观演变轨迹探微[J]. 伦理学研究,2014(5)
③ 刘宇. 论当代中国价值虚无主义精神状况及其超越[J]. 道德与文明,2014(5)

其完整的道德基因图谱。道德资本是企业核心竞争力的基础支撑,是企业持续竞争优势的重要源泉。道德资本作为一个新的问题提出以及研究的时间虽然并不长,但是却逐渐得到整个社会尤其是企业界的逐渐认同。①②

在学理性意义上,所谓道德资本,依据国内著名伦理学者王小锡先生的理解和界定,与物质、货币等资本相比,作为精神形态的"道德资本"是指投入经济运行过程,能创造价值、获得利润的一切道德价值理念及其行为举措,简单地说,就是维系和保障经济活动、促进经济增长和企业利润增加的一切道德因素。有学者指出,增强现代企业以及企业领导者伦理化经营意识,不断提高现代企业经营伦理中的道德素质、积累丰厚的道德资本,才能成为未来企业立于不败之地的战略制胜之本。有学者认为,企业道德资本是企业文化和企业精神的无形资本或精神资本中体现为企业及其员工道德觉悟和德行、道德性制度、"物化德性"等生产性道德资源。企业道德资本有其自身的特点,同时,企业道德资本有其独特的类型和具体的操作性指标。当然,企业类型多样,涉及的具体企业又是千差万别,因此,道德资本评估指标会有差别,需要根据企业的具体生产内容和特点作必要的道德资本内容和表征表达的设计变换。不过,不管什么企业,即使其道德资本评估指标的内容和表征表达方式上因企业不同而不同,但其道德资本评估的主旨理念是一致的。有学者认为,道德资本主义提倡将私利融入公益,追求私利与公益辩证、有机的统一;强调践行者要有"考虑整体的自我利益"意识。"考克斯原则"成为引领道德资本主义的范例,现实生活中的成功企业为私利与公益的协调提供了榜样,这对终结人类贫困具有重大价值。但是,道德资本主义要想落到实处,必须培养众多有原则的商业领导,并通过他们带动和促进其他领导力量使道德资本主义的价值真正得到实现。③④

① 靳凤林. 资本的道德二重性与资本权力化[J]. 哲学研究,2014(12)
② 袁祖社、董辉. 企业"道德资本"的积累与道德利益回报的发生——现代企业的"伦理化经营"是如何可能的[J]. 唐都学刊,2014(2)
③ 王小锡. 九论道德资本——企业道德资本类型及其评估指标体系[J]. 道德与文明,2014(6)
④ 刘凯旋. 私利与公益的协调——解析斯蒂芬·杨的"道德资本主义"经济伦理观[J]. 伦理学研究,2014(1)

马克思主义伦理思想研究

2014 年,马克思主义伦理学的研究成果丰硕,学者们多次召开以马克思主义伦理学为主题的学术会议,并积极进行马克思主义伦理学相关问题的研究,如正义、自由等问题。概而言之,对马克思经典作家伦理思想的研究依然是学界研究的主流,包括了经典文本解析、具体伦理思想研究,同时马克思主义伦理思想中国化研究也呈现出新特点。发展马克思主义伦理学,一个重要的前提是与时俱进,因此仅就这些研究内容而言,还有必要进行深化和拓展。

一、马克思主义伦理文本研究

马克思主义经典文本研究一直是马克思主义伦理学研究的重点。经典著作研究无疑属于学院派的研究,但它并非"钻故纸堆"的学术游戏,而具有强烈的现实关怀和问题意识。因此,马克思主义伦理学特别强调马克思经典文献的研读,它具有基础性的价值和意义。

《资本论》是马克思经济学思想的集中体现的代表作之一。万冬冬从《资本论》及手稿出发寻找其中的生态意蕴。他认为,马克思在《资本论》及其手稿中以历史唯物主义为根本方法,以劳动价值论为起点,以物质变换为主线,以人和自然的双重解放为旨归,从资本逻辑的视角去认识资本主义社会人与自然的矛盾。资本主义生产方式在人与自然之间的物质变换过程中制造了一个"无法弥补的裂痕",导致人与自然关系的异化和严重的生态危机。资本主义生产的本性是反生态的,资本主义制度是造成人与自然矛盾的根源。只有变革和超越资本主义制度,彻底瓦解资本的逻辑,才能最终实现人与自然的和解以及人本身的和解。①

肖庆生也对《资本论》进行了深入的挖掘和分析。他认为,《资本论》的哲学意蕴是国内外马克思主义哲学研究的基础性课题。在当代学术先进国家的《资本论》哲学研究当中,解释学的意识日益强烈,学者们自觉从本民族的文化特质出发,面向世界历史的宏观时代特征,进行《资本论》解读与哲学研究的视域融合。在改革

---

① 万冬冬. 人与自然的矛盾及其和解:《资本论》及其手稿的生态意蕴[J]. 学术交流,2014(4)

开放和融入全球化的背景下,跻身世界民族之林的中国要与世界相接轨,重返人类文明的大道,中国马克思主义哲学研究要与世界哲学对话。中国的《资本论》研究,也应直面作为人类终极关怀理论化产物的"一般哲学",回应存在论、认识论、逻辑学和价值论向《资本论》所提出的具体问询,从而以《资本论》为文献地基,建构符合时代精神的历史唯物主义大写的哲学。①

二、马克思主义伦理思想研究

1. 正义问题

尽管马克思对作为伦理核心的正义问题并没有系统性的论述和阐发,但从马克思主义的视角来探讨正义问题却是近几年来国内学术界的一个重大理论自觉。这使马克思主义正义理论迅速成为当前的一个热门领域,学者们对马克思主义正义观进行了广泛而深入的讨论。

张文喜考察了马克思对"伦理的正义"概念的批判。他指出,在学术界关于伦理、正义和马克思哲学的争论,已然推动了对马克思批判现代社会结构的思想根基的广泛讨论。我们认为,这种讨论从一开始就应当说明马克思的理论建构中的某些预设:关于马克思是否在其现代社会批判当中援引伦理准则的问题,是可以通过对马克思的著作的重新释义来做出否定的回答的;正是在马克思对伦理学立场的基础性批判中,展露了现代主流的合法性正义仅仅是最低层次的"正义",但它却被现代道德——政治哲学张扬为正义的一般形式,唯有此种批判,马克思的政治经济学批判才不可能萎落为无批判的实证主义。② 他认为,正义的问题不能奠基于实践是有关存在的现实性以及人的现实存在之基本原则。实际上,在对资本主义的某种"非道德"评价的同时,马克思也始终将革命者的道德复仇和正义愤懑挤兑掉。唯其如此,我们才能理解马克思所说的诸如"每个人的自由发展是一切人的自由发展的条件"的规范与规则,并非源自道德的律令,而是源自感性的活动,即人类存在本身。由此,它才能够使唯物史观的理论基础奠基于实践。在此境域中,正义的概念将不是被理解成超历史的正义的假定,而是被看作一个"实践"的概念。在此种地平线上,正义就是通过世界历史进程与德性之间的争夺来赢取其衡量尺度的。

李佃来阐释了马克思正义思想的三重意蕴。他认为,首先,在近代以来的西方政治哲学中,正义与市民社会以及以财产所有权为核心的权利体系始终处在一种

① 肖庆生. 马克思资本批判的哲学内涵[J]. 北方论丛,2014(3)
② 张文喜. 马克思对"伦理的正义"概念的批判[J]. 中国社会科学,2014(3)

相互关联、融贯、支撑的关系中。这使权利原则直接成为正义理论的一条基本规则，决定着正义讨论的基本方位和旨趣。即这种讨论至少要在理论层面为合法权利提出辩护。① 其次，马克思的正义观是在不同层面和不同位阶上得以呈现。他经常以高标准正义原则来审视低标准正义，这是在处理正义问题上与众不同的重要手法。只要洞察到马克思主义正义观的这种思想特质以及他处理正义问题的此种手法，人们就不会匆匆得出马克思完全没有分配正义的定论。马克思始终告诫人们不要把目光总投放在分配上，应重点关注生产。最后，马克思所看重的不仅仅是人的基本物质生存条件，更是"建立在个人全面发展和他们共同的、社会的生产能力成为从属于他们的社会财富这一基础上的自由个性"，即"人的自我实现"。马克思正义思想的层次即个人所有权、分配正义与人的自我实现，尽管处在不同位阶上，内容各有分殊，但其本身却不是互为他者、相互隔绝的，而是有一种会通、包容、推递、提升、助长的内在关系。这就是马克思的正义思想，成为一种由多重意蕴有机结合而成的立体结构，其内涵丰富，而又不失辩证的张力。从这一点来看，马克思虽未像他之前的休谟和之后的罗尔斯那样建构起系统的正义理论，但其正义思想却以达到比自由主义更高的界面上，更具有理论的解释力和穿透力，具有当代更加不可估量的实践价值。在当代中国政治哲学界，似乎已经出现了以西方主流正义话语作为标准来判断和剪裁马克思的正义观的问题，这不仅严重遮蔽了马克思真实的正义思想及其在正义理论史上的独特贡献，而且必然会影响对马克思政治哲学当代性思想资源的开发。有鉴于此，他以为，当前的正义研究特别是马克思主义正义理论研究，只有走出西方人所划定的理论图谱，真切地回到马克思的语境中，解读其关于正义的基本观点，并在此基础上思考如何以马克思主义理论为坐标，才能真正构建当代中国正义理论的学术话语，关照中国新一轮改革中所遇到的多种问题，为实现中华民族的伟大复兴提供学理支撑。

谌林也就马克思的正义观问题进行了研究。他指出，建基于对资本主义正义制度的前提批判，落实对共产主义完全正义的图景构画，马克思在其全部著述的批判性话语和建构性话语中阐述了自己的争议思想。② 他认为，整体性原则应该是对待马克思正义思想的一个基本的方法论立场。在整体性原则的观照之下，我们将看到，马克思揭露和批判了资本主义的不正义及其制度前提，构建和彰显了共产主义的正义图景，其批判性正义话语和建构性正义话语是逻辑相连的，也是历史相续的，二者互证互文，共同构成了马克思正义思想的整体面相。

詹世友和施文辉就马克思正义问题进行了深入研究。他们认为，马克思主义

① 李佃来. 马克思正义思想的三重意蕴[J]. 中国社会科学,2014(3)
② 谌林. 马克思对正义观的制度前提批判[J]. 中国社会科学,2014(3)

认为,正义的最高标准是实现能促使人获得全面发展的客观社会物质生产条件,所谓"正义的环境"并非生产正义问题的实质根源。人类历史就是逐步实现这些条件的漫长历史,也即追求正义的漫长历史。① 现实社会生活中的主流正义观不过是统治阶级的所谓唯一的公平标准。资本主义达到了形式性的正义标准,却有着实质性的非正义。只有在生产力高度发展的基础上,废除私有制,消除异化劳动,才能获得人的全面发展的社会条件。这是只有在共产主义社会中才能达到的实质性正义。事实上,马克思主义的正义观超越了历史上任何形式的正义观,其革命性意义就在于,它把正义价值的追求落实在对人类历史发展的客观规律的把握之上,落实在对现实的、社会的物质生产方式的考察之上,这将使其正义观具有客观的事实基础,从而不会流于空洞的抽象说教。马克思主义正义观摆脱所谓"正义的环境"的论说,从其对形式性正义和实质性正义的辩证关系的阐述中,得到了正义标准应该是获得能够促进人的自由解放和全面发展的社会条件的观点。马克思主义的正义原则,将能指导我们切实地考察现实社会中的正义问题,并有效地批判各种抽象的正义观念。

王新生对马克思的正义理论进行了辩护。他指出,从根本上讲,应得正义理论本是以私有制为前提来为社会的公平分配进行辩护的,它要说明的只是在私有财产不平等的前提下为什么不平等的分配是公平的。② 马克思主义理论的最高目标是消灭私有制。马克思通过否定私有制和私有财产,颠覆了应得正义理论的理论前提,也就从根本上否定了私有者与私有财产之间的应得关系的正义性。马克思又立足于"人类社会"的正义观念,从对古典政治经济学的批判出发对整个资产阶级意识形态进行批判,在两个不同层面上展开。马克思立足于"人类社会或社会化的人类"对"市民社会"进行批判,其依据是"人类社会或社会化的人类"所要求的正义准则;马克思立足于"市民社会"自身对"市民社会"进行批判,其依据是"市民社会自身的正义准则"。他还认为,马克思的正义理论是一个具有双层结构的理论:超越性正义理论和应得正义理论。通过考察马克思正义价值的这种特殊地位,我们便可以解释他的正义概念与其他政治哲学的正义概念之间的差异,进而说明他正义理论的特殊性。从概念形式上看,马克思的正义概念与自由主义等政治哲学正义概念之间的区别是位阶上的,自由主义等当代政治哲学的正义概念是一个低阶概念,而马克思的正义概念则是一个含义更广的高阶概念。在当代中国正义理论建构过程中,马克思主义不可能仅仅充当批判者的角色,而是必须承担起为现

---

① 詹世友、施文辉. 马克思主义正义观的辩证结构[J]. 华中科技大学学报(社会科学版),2014(1)

② 王新生. 马克思正义理论的四重辩护[J]. 中国社会科学,2014(4)

实生活提供规范的理论责任。在当今历史条件下建构马克思主义正义理论，并不是简单回到经典马克思主义的超越性思想，而是必须立足于当下中国社会主义市场经济的现实，从马克思考察问题的基本原则和方法出发，建构一种能够为社会主义市场经济以及以其为基础的全部社会生活提供合理性辩护的正义理论。为达到这一目标。第一步的任务就是要辨明马克思正义理论的理论前提、根本关切以及他的正义概念的基本内涵。

同时，刘阳和尹奎杰从中国社会发展的视角将马克思主义正义观与公民社会建设在一起。他们认为，一直以来，公平正义的应然性一直是政治哲学家们为每一个理想政治体系所设计、追求的基本原则。作为政治哲学中的一个重要范畴，公平正义也一直是人们在政治生活中不可或缺的核心价值观念，更是人们追求幸福生活不可或缺的制度体现。如今，中国已成为世界第二大经济体，我们的社会经济建设在取得辉煌成就的同时，也不可避免地面临着社会改革的关键期和瓶颈期。特别是随着社会阶层结构发生深刻变迁而出现的价值主体多样化、价值观念复杂化趋势以及部分阶层区中贫富差距加大、利益相对受损等现象，影响了人民群众对社会主义建设的评价，直接降低了人民群众的生活满足感，更不利于早日完成全面建成小康社会的伟大目标。因此，就目前的社会发展背景而言，马克思的公平正义观对建设中国特色社会主义，特别是对营造幸福中国、提高共鸣幸福指数具有重要的意义，是我们社会主义发展过程中必须始终贯彻的价值理念。总之，作为建设社会主义伟大事业的内在要求，努力实现社会公平正义，既是发展中国特色社会主义的重大任务之一，又是中国共产党人的一贯主张，而"必须坚持维护社会公平正义"也成了在党的十八大报告中被再次明确强调的重要内容。[1]

另外，李翔基于生产正义的视角进一步阐释了马克思对正义思想的批判和超越。他认为，公正与正义是西方政治哲学的一个焦点问题，也是我国当前构建和谐社会的一个核心观念。罗尔斯《正义论》的问世，实现了西方政治哲学的复兴，但每当我们提及马克思的正义思想，却总会引来诸多争论。在马克思博大精深的理论体系当中，究竟有无正义的理念？毕生致力于人类解放和幸福的马克思，为何在其著作当中却鲜有关于正义的论证？在对资本主义残酷剥削制度进行严厉鞭挞的同时，却又何故对有关正义的思想进行言辞批判？要回答这些疑问，我们就必须深入到马克思思想深处，挖掘出马克思正义思想的特质。马克思不是拒斥正义，而是反对抽象的、一般的正义；不是纠缠于浮在表面、看似严密且充满人文关怀的正义话语，而是致力于实现正义的现实物质与实践活动。正是本着历史唯物主义的基本

---

[1] 刘阳、尹奎杰. 马克思主义公平正义理念与公民幸福——以中国社会发展为视角[J]. 河南社会科学,2014(4)

理念,马克思不仅对西方传统的正义思想、空想社会主义正义思想和小资产阶级社会主义正义思想进行激烈的批判,更重要的是他把自己的正义思想建立在对资本主义现有制度和生产方式批判之上,建立在实现正义的现实运动之上。马克思的正义思想既是一种对旧的传统正义理念的批判,也是一种在批判现有资本主义制度和生产方式基础上建构起来的新的正义,是正义的批判与批判的正义。马克思并不拒斥正义,而是反对和批判空想社会主义和小资产阶级一般的抽象的正义。在历史唯物主义视阈中,正义不是一种预先设置的、静态的抽象观念,而是一种废除私有制、消灭资本主义的动态的现实运动,生产方式的变革和生产关系的调整决定着正义的内容和本质。正义既非预设,更非永恒,而是历史性与阶级性的统一。共产主义是对正义的消解与超越,随着人类社会的发展,正义的实现之日也恰恰是其自身的消亡之时。①

许洋毓和马书琴也就马克思和恩格斯的经济正义观进行了深入的探讨。他们认为,马克思恩格斯的经济正义观是马克思恩格斯思想的有机组成部分,都是以人类社会的生产利益关系为基础,在探索人类发展和社会物质生产方式发展过程中逐步建立和阐释的马克思主义意义上的经济公正观思想体系。马克思、恩格斯从现实的人这一角度出发,在探索现实社会物质生活关系中,建构了经济公正观。当代中国的发展要以唯物史观为统领,研究公正问题,追求共同富裕;要正确处理平等和自由的关系,确保公民基本权利,实现人的本质的发展;要正确处理机会公正与结果公正的关系,实践以人为本,加强社会调剂。②

李佃来考证了马克思正义观在经济上的当代价值。他认为,"马克思与正义"问题近几年来在中国学术界的彰显,虽然与西方正义理论的刺激及广义政治哲学学术语境的烘托不无相关,但与中国社会改革对公平、正义的呼唤更是密不可分。正因为如此,如何理解马克思正义思想的当代意义,成为"马克思与正义"问题域中的一个无法回避的核心议题。他还认为,正义既可以被理解为一种财富的分配法则,也可以被诠释为一种优良的、有精神品格的政治,但这却并不具有任何现代的含义,而完全是以个人德性和目的的实现为宗旨的。马克思同样重视人的财产所有权,但与此同时,他也指出这还不足以保证人的自由个性的实现,甚至在他看来,完全被财产和财富所驾驭的现代人是远离自由个性的。马克思的上述观点使他在阐述正义问题时上升到一个更高的层面,这也表征着人类社会正义的最高层次,即,正义不仅仅涉及人们之间的物质分配规则,而且应将这种分配规则推递到人的自由个性这一具有超越性的高级界面,使人成为物质财富的主人,而不是相反;是

---

① 李翔. 马克思对正义思想的批判与超越——基于生产视角[J]. 学术论坛,2014(5)
② 许洋毓、马书琴. 马克思恩格斯的经济公正观以及现实价值[J]. 北方论丛,2014(6)

德性和心性自由成为正义的终极旨归,而不是停留在物权范式上静止不前。①

赵云伟在劳动视域下对马克思正义思想进行了解析。他认为,马克思把劳动看作人的类本质,劳动把人与动物区别开来成为人本质的显现。正义观念来源于人类生产方式之中,显像于人本质的体现和人性的复归。社会中公平或不公平,只能用一种科学来断定,那就是研究生产和交换的物质事实的政治经济学。因此,马克思从劳动入手解析正义,把正义与人的劳动和自由发展联系起来,把劳动作为正义的衡量标准和批判资本主义非正义的理论武器;并提出正义的最终目标是自由劳动,正义实现的必由之路是异化劳动到劳动自由。②

2. 自由问题

自由问题是马克思主义伦理学研究的一个重要问题。马克思主义自由观具有丰富的内涵,学者们从不同的角度对自由问题进行了挖掘和阐释。

李志强阐释了马克思自由观的生态意蕴。他认为,马克思建立在历史唯物主义基础之上的自由观包括四个规定,一是自由作为一种对象性的生命活动,需要有一定的物质资料作为其现实性的前提条件的物质基础;二是现实自由的物质基础由社会生产历史性地提供,因而自由也就表现为一个历史性的实现与展开过程;三是真正的自由是"自由自觉的活动",亦即人的本质力量是人与自然、人与人之间矛盾的解决与关系的和解;四是人们对自由的抽象或错误理解根源于现实社会生活本身的抽象与矛盾,而不是理智的偶然迷误,社会生活的合理化与价值观念的合理化是辩证统一的。③ 在马克思自由观的生态思想上,作者认为,首先,马克思是在人与自然相统一的前提下谈论人的自由,而人与自然的统一是理解生态环境问题最为基本的理论出发点。其次,马克思将人与自然的统一放在社会历史过程中加以考察,从而为理解生态环境问题提供了方法论指导。他还研究了马克思生态思想的当代价值,他认为,首先,马克思的历史唯物主义在哲学反思层面上确立起自然相对于人,尤其是相对于人的意识、精神、理性、意志等的优先性和独立性,破除了一切唯心主义的幻想,从而为思考生态环境问题提出来坚实的理论出发点。其次,马克思不仅在人属于自然、依赖于自然这一层面上谈人与自然的统一,而且还在更高层次上谈到人与自然的统一,即人与自然的自由交往,从而为生态文明确立起自由的价值观念。

谭培文揭示了马克思主义伦理学中社会主义自由的张力和限制。他首先指出

---

① 李佃来. 考证马克思正义思想的当代意义[J]. 吉林大学社会科学学报,2014(4)
② 赵云伟. 劳动视域下马克思正义思想解析[J]. 山西师大学报(社会科学版),2014(4)
③ 李志强. 论马克思自由观的生态意蕴[J]. 哲学研究,2014(6)

了马克思主义自由思想的方法论变革,他认为,在马克思那里,研究自由与必然的这种方法论转换,已不再是什么新的问题。如恩格斯在论述自由是对必然的认识时就指出:"如果不谈所谓自由意志、人的责任能力、必然和自由的关系等问题,就不能很好地议论道德和法的问题。"①一方面,从主体理解自由,自由是自由意志的自由。马克思指出,"自由的有意识的活动恰恰就是人的类特性",因此,"人也按照美的规律来构造"。人的活动的这种特性正在于人的主体自由、自觉的意志。人首先是一个具有自我意识的主体,因为他能够把自己的生命活动本身当作自己的意志和自己的对象。自由意志不可能排除外在必然性的约束,但自由突出体现的是人不同于动物的主观能动性与创造个性。"自由意志"意味行为的自由选择。另一方面,从主体理解自由,自由意志的自由从属于支配人本身的"精神存在的规律"。虽然它不能脱离人本身肉体存在之规律而独立,但这并不否定它对于精神建设作为"规律"探索的极端重要性。他又解释了马克思主义语境中的自由张力与限制思想。第一,自由是目的自由与工具自由的统一;第二,自由是自发自由与自觉自由的统一;第三,自由是形式自由与实质自由的统一;第四,自由是个人自由与社会自由的统一。

3. 人的发展问题

实现人的全面自由的发展是马克思主义的核心问题和终极价值取向。"人的全面发展"不是一个抽象的理念,而是随着人的历史发展而发展的,是一个永恒的历史问题。这个问题一直备受哲学家青睐,人究竟应该怎样生存？人应该如何发展？学者们对此进行了系统的探讨。

王永和就马克思的发展伦理进行了深入的探讨。他指出,马克思主义伦理学以"生活世界"中人的价值存在和价值关系为研究对象,立足于无产阶级利益的立场,通过社会制度的变迁来解除异化的根源,从而形成一个更高级的以每个人的自由发展为基本原则的社会形式,最终实现全人类的解放和个体的全面自由发展。因此,马克思主义伦理学建立在对社会发展规律和人类道德生活发展趋势客观认识的基础上,把人的感性的实践活动体现在历史的考察之中,在实践的基础上重新诠释了道德和伦理的含义。马克思指出,"我们看到,理论的对立本身的解决,只有通过实践的方式,只有借助于人的实践力量,才是可能的;因此,这种对立的解决决不只是认识的任务,而是一个现实生活的任务,而哲学未能解决这个任务,正因为哲学把这仅仅看作理论的任务"。马克思认为,社会发展是一种自然史的过程,一

---

① 谭培文. 社会主义自由的张力与限制[J]. 中国社会科学,2014(6)

种历史生产形式的矛盾的发展是这种形式瓦解和改造的唯一的历史道路。在马克思主义那里，发展是一个具有多维层次和丰富内涵的概念范畴。发展涵盖着人、社会和历史三个维度，是"自由与必然的辩证统一"。"人，作为人类历史的经常前提，也是人类历史的产物和结果，而人只有作为自己本身的产物和结果才成为前提。"离开所处的经济关系、政治关系，很难讲清楚个人的思想和行为。近代学者所说的理性人、经济人的假设，在不同的经济关系和社会制度中并不是都能成立。马克思的发展理论揭示了人类社会的前提和基础、社会发展和人的活动、社会形态的划分和演进，以及社会发展的内在矛盾及其运动规律，并通过对资本主义生产资料所有制、雇佣劳动关系和剩余价值的深入分析，指出无产阶级解放自身的出路在于推翻资本主义剥削制度，实现根本的经济制度和政治制度的变迁。然而，马克思并不主张消除市场经济的竞争机制，他认为现代社会是建立在竞争之上的。"从历史上看它表现为对作为资本的前导的各生产阶段所固有的种种界限和限制的否定。"在他看来，竞争虽然只是在资本统治基础上的自由发展，但只要存在市场经济，就避免不了竞争。他认为，只要生产力还没有发展到足以使竞争成为多余的东西，因而还这样或那样地不断产生竞争，那么，尽管被统治阶级有消灭竞争、消灭国家和法律的"意志"，然而它们所想的毕竟是一种不可能的事。①

李玉中和陈英就人的全面发展进行了深入的探讨。他们指出，当代中国，人的全面发展问题不论在理论上还是实践中都已经成为一个亟待深入的显现话题。近十几年来，主张向"个人的全面发展"理论表达的回归，强调全面、自由、和谐的辩证关系，从人的本质与资本主义人的生存方式的物役状态阐释人的发展，表明当前的人的全面发展理论内涵的研究正不断深化；对人的全面发展规律与条件、道路的多层次、多角度探索，特别是对制度、制度变革、制度公正的研究推进了对人的发展的现实性思考；挖掘人的全面发展理论的方法论内容则深刻凸显了这一理论的当代价值；超越哲学与教育学的维度，力求从经济学、伦理学等维度拓展对人的全面发展问题的研究，表明国内学者越发注重从现实生活中寻找新的学术研究生长点。从总体上看，人的全面发展理论研究还有待更多的努力，我们应坚持中国问题域意识，在人的全面发展的研究方法与维度上有所拓展，在内容上加强现实性与应用性研究，在方法上注意特称与全称研究的差异，进一步挖掘马克思主义本身的理论内容。②

---

① 王永和. 马克思的发展伦理思想及其当代意义[J]. 教学与研究,2014(6)
② 李玉中、陈英. 马克思主义人的全面发展理论研究之现状与反思[J]. 中州学刊,2014(12)

4. 生态问题

马克思恩格斯在阐述自然观和实践观,以及对资本主义生产方式和社会进行批判性考察中,包含有丰富的生态思想,这为构建马克思主义生态观提供了科学而坚实的理论基础。因此,除了对马克思主义正义观、自由观、人的发展问题探讨外,学者们对马克思主义生态问题进行了广泛的研究,从而进一步丰富和发展马克思主义伦理学。

张乐民对马克思主义生态伦理进行了研究。他认为,与非人类中心主义环境伦理和人类中心主义环境伦理不同,生态学马克思主义试图从人与自然的关系和人与人的关系的辩证统一角度出发,建构一种具有新的内容的环境伦理。生态学马克思主义关于新的环境伦理的思想十分丰富,涉及问题众多,作者将其分为四种。第一,实现人与自然共生;第二,将社会正义置于环境公平的优先地位;第三,通过环境革命建立新的生态道德;第四,选择符合环境伦理要求的经济发展形式。①

另外,包国祥也就马克思的生态问题进行了讨论。他认为,随着环境问题、生态问题的凸显,国内外不少批评者把责任全都推给 20 世纪的社会主义实践,认定社会主义就是反自然的。更有甚者,以为马克思恩格斯秉承的就是控制自然的人类中心主义,进而断定马克思主义本身具有"反生态性",从而掀起了生态时代的马克思主义"过时论"。"过时论"混淆了马克思主义和资本主义的本质区别,把原本属于资本主义的生产主义、消费主义的经济决定论、科技决定论强加于马克思主义,从而否定了马克思主义批判资本主义的彻底革命性。因而,考证马克思主义的自然向度,深入探讨马克思主义的自然观,推进马克思主义时代化,彰显马克思主义自然观对于当代生态伦理学具有首要意义。澄明马克思主义生态学批判对于资本主义批判的根本性,对于坚持马克思主义具有重要的理论和现实意义。他指出,在资本论批判时期,马克思揭示了现代社会危机的总根源。资本是现代社会的无形力量,是现代社会全部社会关系的实质。资本作为人类创造的产物,反过来支配、奴役人自身,是现代社会的所有冲突的根源,因而也是人与自然对立的根源。资本的克服即是人的解放。人的自我解放,就是自然的解放。②

---

① 张乐民. 论生态学马克思主义的环境伦理[J]. 山东大学学报(哲学社会科学版),2014(4)
② 包国祥. 马克思主义自然观与当代生态伦理学[J]. 内蒙古民族大学学报(社会科学版),2014(11)

三、其他马克思主义伦理思想研究

1. 西方马克思主义伦理思想研究

西方马克思主义在许多方面都丰富和发展了马克思主义的伦理思想和道德理念。他们的伦理思想是其社会批判理论的内在组成部分,其理论特质在于是立足于哲学本体论的立场,对当代西方社会现实问题展开研究。

卞绍斌从罗尔斯的观点出发研究了马克思与正义的问题。他认为罗尔斯重新解读了马克思的正义思想,回应了马克思对正义主义的批判。[①] 他指出,沃夫尔认为,罗尔斯仅仅关注分配问题而忽视了生产资料的所有权,他仅仅关注分配而不是生产问题,而忽视了分配的根源。马克思非常明确地批判了着眼于分配领域的正义观,而把革命和斗争的重点放在生产领域,也就是改变生产资料的所有权关系。一方面,罗尔斯的正义理论确实关注分配问题,这是不争的事实;另一方面,在如何实现"首要善"的分配问题上,罗尔斯的思想方案却并不局限于分配领域,而是试图从根本上解决生产资料的所有权来实现平等。因此,那种认为罗尔斯的正义观仅仅关注分配而不关注更为根本的生产问题的看法是不准确的,也是具有误导性的。退一步来说,即使罗尔斯更为关注分配正义而马克思更为关注变革生产方式,"为何把两者看作相互竞争而不是互补的正义呢?"如果把正义的关切和论证作为一种道德理想诉求也许更能扩展对话的空间。作为一种道德理想,无论是罗尔斯还是马克思所勾画的未来社会都吻合我们作为个体自由平等的存在方式。罗尔斯和马克思之间并不存在根本冲突。其中的关键在于区分作为抽象道德、法律层面的正义观念和作为寻求社会希望。哲学层面的正义观念,正是后者被德里达认为是"不可结构的东西"。"超越性"层面的正义观凸显了马克思作为思想家的使命和担当。

李义天从西方马克思主义的角度对马克思主义伦理思想进行了研究。他指出,马克思主义伦理学作为现代伦理学的重要组成部分与理论分支在我国具有特殊的政治意义和学术意义。在现代学术研究日益规范的条件下,马克思主义伦理学理应在夯实经典文本理解的基础上,放眼国际前沿,深化相关研究。其中,如何理解经典作家关于道德的否定性论述和消极性评价,如何应对20世纪70年代以来英美学界的道德主义与非道德主义之争,亦即,如何确立马克思主义伦理学的思

---

① 卞绍斌. 马克思与正义:从罗尔斯的观点看[J]. 哲学研究,2014(8)

想合法性与学科合法性,将构成这门知识首要的初始问题。为此,加拿大学者凯·尼尔森提出的语境主义论述值得重视。该论述在坚持历史唯物主义的前提下,将物质基础与现实生活视为道德之生成和变化的存在语境,并通过语境的客观性与合理性以及它对于道德的优先地位和决定能力,来解释道德作为一种具有依附性、主观性和流变性的上层建筑要素所具有的客观性与合理性。他得出这样的结论,为了回答马克思主义伦理学的初始问题,避免道德在历史唯物主义中因其语境的依附性、多样性和流变性所导致的相对性甚至虚伪性,不少学者(如 G. A. 柯亨、威廉·肖) 会想到反其道行之,试图化"多"为"一",重新诉诸某种据说是普遍的、一般的本质基础,以谋求一种具有绝对权威性和终极有效性的、稳定的道德。他们的想法是,马克思恩格斯虽然一方面否定道德的永恒不变,但他们在内心深处仍然(不自觉地) 持有或认同某种根本的道德观念,而这一点常常通过他们批判资本主义时所采取的概念和态度自然而然地流露出来。这种策略无疑清晰明了,但它却要以放弃历史唯物主义为代价。因为,对马克思主义伦理学初始问题的回答,若要保证是"马克思主义的",就必须接受不存在道德的阿基米德点,不存在跨历史的道德实在,而只存在决定道德的历史语境及其产物的前提。尼尔森的回答之所以相对高明,就在于他没有非此即彼地做出简单的转换,而是重新解释客观性的依据和来源,既没有突破历史唯物主义关于道德问题的底线,又没有让自己滞留于相对主义、主观主义乃至虚无主义的泥沼之中。然而,对初始问题的回答,还仅仅是以道德社会学的方式来分析作为一种人类社会现象的道德,其客观性与合理性到底体现在什么意义上;这项任务的宗旨在于确立马克思主义伦理学的理论合法性与学科合法性。然而,对初始问题的回答,还只是"初始性"的"破题"工作。尼尔森提醒我们,"马克思主义确实提出了一种道德社会学和一种意识形态理论,但这与提出一种伦理理论或一种有关道德的基础主张是完全不同的事"。所以,在回答了初始问题之后,在通过道德社会学的视野理解了马克思主义道德观念的合法性之后,若要建构一个相对完整的马克思主义伦理学系统,我们则必须进一步以道德哲学的方式来挖掘、梳理甚至恰当地引申马克思恩格斯等人的具体道德原则和道德概念。在我国,这项工作 30 年来一直得到伦理学前辈和同仁的高度重视。而如今,则需要在更为广阔的学术视野和思想资源的背景下进一步拓展。当然,所有这一切,都要从回答马克思主义伦理学的初始问题开始。①

张霄也就西方分析的马克思主义学派进行了研究。他指出,由分析的马克思主义引领的马克思主义伦理学研究在系统探索马克思主义道德理论的方面做出了

---

① 李义天. 道德之争与语境主义——马克思主义伦理学的初始问题与凯·尼尔森的回答[J]. 马克思主义与现实,2014(2)

许多贡献,却也存在很大的缺陷,即严重低估了黑格尔的伦理学对马克思的影响,特别是在伦理道德的辩证关系这个问题上更是如此。马克思的伦理学吸收了黑格尔辩证法的精巧形式,却在实体、本质和内容上与黑格尔迥然有别。伦理与道德的辩证关系在马克思那里是一种基于社会现实的具体的辩证法,特别应当结合资本主义社会的经济现实加以研究。马克思的伦理学首先是社会伦理学与道德社会学相结合的产物,然后才是道德哲学。马克思主义伦理学应当更多地面向现实、面向实践,更多地为社会道德建设和人们的"好生活"服务,从而更好地完成自己的理论使命和社会担当。正如一些分析的马克思主义者所言,马克思的伦理学是一种新型的伦理学理论,它既不是效果论的,也不是道义论的。但这么说并不意味着它不包含西方伦理学的"合理内核"。本文认为,马克思主义伦理学首先是一种社会伦理学与道德社会学相结合的产物,其次才是道德哲学。它既包含社会科学知识,也包含人文学知识,是一门综合性的具有跨学科性质的价值科学。所以,马克思主义伦理学为自己划定了比传统伦理学更大的知识领域和问题领域。尤为重要的是,马克思主义和伦理学的理论使命都是面向现实、面向实践。这意味着马克思主义伦理学应当担负起更多的社会现实问题研究,更多的重大理论问题研究,不仅要善于解释、长于分析,更要做出判断、找出办法,积极地为社会道德建设服务,为人们的"好生活"(well - being) 服务。这不仅是马克思主义伦理学的使命,也是它的生命所在。①

张晓对麦金泰尔的马克思主义思想进行了总结与研究。他认为,麦金太尔曾在上世纪 50 年代到 70 年代对马克思主义进行过深入研究,多元的文化背景、对伦理始终如一的追求使他在马克思主义研究中形成了与其他英国新左翼思想家类似的本土化属性,期间经历了走向马克思主义、马克思主义人道主义研究、反思马克思主义直至远离的阶段性过程。麦金太尔马克思主义的本土化研究过程具有三个特点,分别是以伦理学研究作为最终主旨的目的性、与本国社会及社会主义实际进展的相关性和在一定程度上与英国新左翼运动整体发展保持的同步性。他更是指出,麦金太尔在其研究工作的前 20 多年时间里经历了十分复杂的思想转变。当研究者们都把眼光聚焦在他之后的德性创作时,我们应当注意的是,这一体系的构成是由他之前与另一理论系统由近及远的过程作为铺垫的。麦金太尔的马克思主义本土性研究三个重要特性是:第一,他的这一研究始终是以对人道主义的探索作为最终目标的。从麦金太尔在同时期所写的其他著作来看,对于人的本质和自由的讨论始终是一个重要主题。他从学术研究的初期就仅仅将亚里士多德、康德、基督

---

① 张霄. 马克思的伦理学——分析的马克思主义的贡献与黑格尔的遗产[J]. 马克思主义与现实,2014(2)

教和马克思主义放到了视阈中间。在往后的研究中,马克思主义成为他构建德性理论的载体。麦金太尔利用青年马克思对人本学以及人的解放思想的研究,以及对斯大林主义的德性批判,得出了最终结论,那就是马克思主义并不能够在现实的资本主义环境中指导工人阶级及其政党完成理论中所推测的解放运动。第二,麦金太尔对马克思主义立场的转变与当时英国的社会主义存在状况密切相关。麦金太尔走向马克思主义的一个客观背景是战后共产主义的长足发展,英国国内的社会主义思潮也不断涌现,因此使他有机会接触和深入了解马克思主义。但随着英国国内工人阶级政党斗争的衰落,以及斯大林主义和苏联的对外政策,令麦金太尔对马克思主义产生了现实质疑。第三,麦金太尔的马克思主义研究的转变与英国新左翼的代际转变有相似之处。在 1956 年之前,麦金太尔尚属独立探索时期,但从新左翼成立特别是 1958 年之后,他与其他理论家便拥有了共同的马克思主义本土化探讨氛围。总体来看,麦金太尔的马克思主义研究与第一代新左翼高度同步,他们都"获得了一种具有英国本土特色的重构形态"。但后来他又产生了与第二代新左翼相似的立场,那便是怀疑和否认工人阶级的领导地位,只是他始终"维持着他的信念",最终不再与新左翼同路,完全投入伦理学研究。①

张菁菁就弗洛姆的思想进行了探讨和研究。她指出,在 20 世纪西方马克思主义学者中,弗洛姆尤以"人"的研究光彩夺目。他关注人性、人类和个人命运,探求人的健康发展之路,其理论被称为"新人道主义"。"人格"是弗洛姆学说中一关键词,其第一潜能要在社会中得到健康发展。但是,物质高度发达的资本主义社会却是不健全的社会,它阻碍了人格的正常发展,"孕育"出许多"病态人"。令人震惊的是,弗洛伊德指出,这些病态人即现代大众,是大家眼中的正常人。每个人在某种程度上都是"病态人",正常人其实并不正常。她认为弗洛姆联系社会学、伦理学、心理学等多种学科,主要运用精神分析的方法,研究现代人的生存健康状况。他犀利而深刻地指出,现代社会中的正常人大都不正常,大部分人是"病态人"。在透彻地剖析"病因"后,他又提出了"治愈"现代"病态人"的一系列"药方"。其理论学说,对当下人的生活态度及生活方式有振聋发聩的警醒作用。②

2. 中国马克思主义伦理思想研究

马克思主义伦理思想传入中国以来,中国的学者致力于使其更适应中国的国情。中国马克思主义伦理思想的形成和发展,同中国现代的道德文化和道德现代化建设密切相关。中国不仅在选择马克思主义伦理思想方面具有自己的独特性,

① 张晓. 麦金太尔早期的本土化马克思主义探索:历程与归宿[J]. 马克思主义与现实,2014(5)
② 张菁菁. 试论弗洛姆的"病态人"理论[J]. 福建师大福清分校学报,2014(6)

而且在推动马克思主义伦理思想中国化方面具有显著的特征。

单传友和戴兆国就对艾思奇的思想进行了研究。他们指出,马克思主义中国化不仅具有显性政治哲学维度,而且具有内蕴的伦理价值维度。艾思奇运用马克思主义辩证唯物论,从历史与理论的双重逻辑,分析了社会政治运动与启蒙的内在关联,构建了马克思主义中国化的民族解放与新启蒙运动的双重视域,通过马克思主义伦理价值观的民族转型和中国传统伦理价值的根基重建,创立了马克思主义实践哲学的中国形态——"大众哲学"。大众哲学的要义不仅在于马克思主义中国化在理论上的新启蒙,改造世界观、价值观和思维方式,而且在于通过革命的实践活动改造世界。艾思奇认为,哲学源于生活实践。人们在自己的生活实践中形成一定的生活感想。生活的感想就是哲学的萌芽。所以,每个人都有自己的哲学,哲学是大众的哲学。"人除非不生活,既生活,总有一套他自己的生活哲学。生活不是机械的运动,而是有意识的行为,人是依据自己的意识而去行动的。一连贯的行动和生活必定要通过一连串的意识的引导,而一个人的意识的主要成分就是他对生活的态度和对世界的观感,换句话说,就是他的哲学。"但人们日常"感想""态度""观感"常常披上了神秘面纱。比如,面对天气不好、水灾旱灾、失业、帝国列强的侵略等诸多灾难时,许多人都会认为这是"命运"不好,这是"天意""天晓得""在劫者难逃"。正是诸如此类的生活感想遮蔽了人们的眼睛,成了观念论的迷雾,使人们不从现实世界中追求原因,却把一切归诸想象的冥冥主宰。因此,看似确凿无误的、平淡无奇的日常感想其实是最神秘、最空洞的。哲学对日常感想"绵密的研究和不断地实践所得的结果",哲学是对"人们的根本思想,也可以说是人们对于世界一切的根本认识和根本态度"。哲学的任务首先在于破除日常感想中的神秘迷雾,从生活实践本身寻求生活问题解答。[①]

陈凝对瞿秋白的思想进行了研究。她指出,瞿秋白伦理思想是中国共产党早期最有代表性,也最富探索性的伦理思想,代表着马克思主义伦理思想在中国传播发展的一个时期或阶段。瞿秋白身兼书生与革命活动家多重角色,从理论和实践多种层面宣传马克思主义伦理思想并促使其中国化。他翻译和传播马克思主义,用马克思主义伦理思想改造中国传统社会道德,对国民道德进行了批判与改造,坚守道德服务于政治的信仰,将道德改造与社会变革统一起来。相较于同时代的陈独秀、李大钊和恽代英等中国早期马克思主义伦理思想,瞿秋白的伦理思想多了一份理性的自觉和理想的召唤,对社会诉求的道德启蒙的把握更为符合时代需求。他是中国早期马克思主义伦理思想系列中最早出使红色苏俄,接受过列宁和苏联

---

① 单传友、戴兆国."大众哲学"与马克思主义中国化的伦理价值维度[J].南阳师范学院学报(社会科学版),2014(2)

马克思主义影响较多的一位思想家,他成功翻译《国际歌》,力倡唯物史观和阶级斗争学说,对无产阶级道德和社会主义道德做出了较为全面系统的论述,为毛泽东伦理思想的形成做出了重要贡献。她认为,在群己关系上,瞿秋白推崇集体主义思想,强调集体的作用、群体的力量,反对个人主义倾向。瞿秋白的集体主义思想,不是理论推导的结果,而是社会实践经验教训的总结。瞿秋白的集体主义原则侧重于个人正确处理与集体群众的关系,强调集体群众的作用,强调个人融入集体并服务于集体,这是对集体主义原则的深度阐发,具有反对个人主义,反对官僚主义家长制,建立新型群己关系的独特价值。①

---

① 陈凝. 论瞿秋白对马克思主义伦理思想中国化的创造性贡献[J]. 伦理学研究,2014(11)

中国伦理思想史研究

2014 年,中国伦理思想史的研究继续多面开花。挖掘中国传统伦理思想中的丰富资源,解读其当代价值,实现传统的现代性转化,仍是学界的重要工作。学者们试图使传统伦理在当代中国重新散发生命力,并为当今道德建设、社会主义核心价值观建构建言献策,取得了一定成果。但必须指出的是,学者们对传统与现代问题的探讨仍然不系统,没有形成完整的体系,甚至没有一个比较明确的指导思想,仅是对当前的热点问题在自身研究领域内探讨。

一、基本问题

中国传统伦理的基本问题仍然得到学者们的关注,如:义利问题、幸福问题、情理问题、"德"的问题以及关于儒家伦理性质定位的"角色伦理"和生活伦理等问题。学者们不但对这些基本问题进行深入探讨,梳理思想史上对这些问题的种种回答,同时注重阐发这些回答对现代的启示意义。

1. 义利问题

义利问题是中国传统伦理思想史的重要议题,也是当代伦理学者关注的焦点之一。学者们一方面注重对传统义利观的深入探析,另一方面也注重阐发义利之辩的现代意义。

孟子的义利观在中国传统义利问题的讨论中占有重要地位,对后世义利思想产生了深远的影响。崔宜明对孟子义利学说进行了仔细的辨正,他认为孟子其实有两种"义利关系"学说:"以义制利"说和"唯义无利"说,分别对应于论说的语境和游说的语境。在论说的语境中,孟子认为"利"之所得正当与否,要看其是否合于"道",只要合于"道",在道德上就是正当的。在游说的语境中,孟子要说服诸侯们接受自己的学说主张,就只能采取这样的手段:教唆诸侯们借"仁义"之名而谋其"大欲",反过来希望借诸侯谋其"大欲"而推行"仁义"。①

---

① 崔宜明. 孟子义利学说辨正[J]. 道德与文明,2014(1)

除先秦之外,宋代义利思想也得到学者们的重视。其中,敦鹏通过考察"义"与"利"内涵的衍变,阐发了二程义利观的特点。他认为二程对义利观的把握与以往思想家的不同之处在于,一方面以超越性的"天理"为终极价值尺度,在更高思维水平上反思和阐述了义利之间的内在关系和道德依据;另一方面,针对北宋政局所出现的一系列矛盾,以二程为代表的旧党以学术上的"义利之辨"作为评判历史的起点,对如何改造现实社会、实施变法与王安石为代表的新党展开了热烈的争论。由此,在现实政治分歧中,原本学术道德与经世致用的政见之争,蜕变为不同政治阵营中无休止的党派倾轧,也由此引发了这一命题的政治化走向。① 尹芳则通过对朱熹义利观中"义""利"的含义进行辨析来探索义与利的关系。他认为在朱熹那里"义"为"心之制,事之宜",包括客观事物自身所反映的、约定成俗的道德原则和道德规范以及人本身应具备的道德观念。"利"有两个层面的含义:"自然之利"和"贪欲之私"。"自然之利",指一种循"义"而得的能够利己利他利社会的真正的精神或物质"利益";"贪欲之私"指人类的物质占有欲,实为一种心理状态,即贪利之心,并非指"利益"本身。在"自然之利"的意义上,"义"就是"利",两者含义高度统一;在"贪欲之私"的意义上,"义""利"之间存在着冲突。义利二者间是既对立又统一的关系。② 蒋伟和文美玉对整个宋代义利之辨的特征进行了考察,他们认为宋代义利之辨主要聚焦于情欲问题、理欲问题和公私问题等。情欲问题为义利之辨的基础,理欲问题为义利之辨的理论深化,公私问题为义利之辨的落脚点。宋代义利之辨的典型特征是从本体论的角度重新辩护论证儒家"义以为上"的主导价值导向以及在与功利思潮的论争中对义利之辨进行进一步的深化。③

学者们对儒家的义利观还进行了整体性的考察。例如,刘传广从"舍生取义"入手考察了儒家传统道德思维的实践困境并尝试提出破解之道。他认为儒家的重义轻利甚至舍生取义,并非主观上要把义与利分离甚至对立起来,而是要解决面对义与利客观上的冲突人应该怎么办的问题。舍利取义以至舍生取义当然是可能的,但实际上真正做到这一点的只是少数君子。为此,儒家一方面非常重视人的德性修炼工夫,另一方面则着眼于个人德性与政治权力的结合,以实现少数精英的"德性之治",但其实践效果却不尽如人意。就义利关系而言,舍利取义还是见利忘义,属于个人的德性;义与利可以得兼还是不可得兼,则主要取决于社会的体制。道德实践困境的破解,有赖于德性与德制的互动。而现代"德制之治"的实现,既有

---

① 敦鹏.《义利之辨》及其政治转向——兼论二程对义利之辨的再思考[J]. 河南师范大学学报(哲学社会科学版),2014(6)

② 尹芳. 朱熹的义利观辨析[J]. 湖北广播电视大学学报,2014(11)

③ 蒋伟、文美玉. 哲学伦理视角下的宋代义利之辨[J]. 湖南科技大学学报(社会科学版),2014(6)

赖于古老的君子化身为现代的积极公民,也有赖于古老的小人起码能够成为保守其道德底线的消极公民。①

除了以上对传统义利观的深入考察之外,还有学者阐发了义利之辨的现代意义。例如,李成远认为传统的义利观对当今社会有着较强的警醒和借鉴作用,如"义利并重"符合当今社会发展的时代要求,"以义为上"仍然可以作为指导人们社会生活的道德准则,"以义谋利"可以引导人们树立正确的致富观。② 徐克谦发掘了孟子义利之辨的经济伦理学意义。他认为在孟子的仁政主张中在讨论"利"的问题时,涉及了对经济制度、生产活动、市场行为中的利益做出合乎道义的安排的实际内容,例如:让利于民,先利后教;通功易事,优质优价;开放市场,反对垄断。其中一些观点即使在今天看来也仍然具有一定的启发意义。③ 鲁鹏一认为义利之辨扩展出来就是价值中国与市场中国之关系的辨别与融通。基于义利之辨的分析,在市场中国的基础上,我们需要寻找价值、挺立价值,而且要依据中国自身的传统与特色去寻找价值中国。④

2. 幸福问题

幸福几乎可以说是人类永恒的呼唤。什么是幸福?怎样才能获得幸福?也一直是伦理学关注的重要问题。2014 年,学者们对幸福问题进行了颇多探讨,研究成果主要集中于德福关系的问题,以及中西幸福观的比较问题。

史怀刚从文字学的角度考察了中国文化中早期的幸福观念。他发现中国社会早期之幸福观念与鬼神信仰密切相关,祭祀是求福的必经进路,而这一进路自周人以德配天观念始呈现出多维度的转向:第一,从鬼神观念言,周人信仰系统中,天帝鬼神是实存的。孔子避言鬼神,老子超越鬼神而以道为尊,墨子则承继周人信仰传统,构建天、鬼神、人之三界。第二,从祭祀观念言,商人以祭求福,周人则辅之以德。孔子虽然重视祭礼,但却以祭祀醇化仁孝等德行,强调反身修己,穷达以时,将祭祀制度引向人文化成。老子则认为应法道而行,祭祀并不是其求福的要件。墨子将其道德与政治理念纳入祭祀系统,以鬼神信仰保证德与福之间的必然性,当代中国民间幸福论中的鬼神报应论与墨子学说有其相似性。第三,从德福关系言,周人敬德保民,认为天从人欲,以人之德祭天求福,德与福存有必然性。孔子则认为穷达以时,君子当"敦于反己",品德只是君子人格的自我提升,而闻达则更多与

① 刘传广. 从"舍生取义"看儒家传统道德思维的实践困境及其破解之尝试[J]. 伦理学研究,2014(4)
② 李成远. 传统义利观及其当代价值[J]. 中共山西省委党校学报,2014(5)
③ 徐克谦. 孟子义利观的经济伦理学意义[J]. 江苏省社会主义学院学报,2014(5)
④ 鲁鹏一. 从市场中国到价值中国——基于义利之辨的分析[J]. 探索与争鸣,2014(4)

"时"与"势"等客观因素相关。墨子则主张德与福的因果论,其思想基础是鬼神信仰。①

关于德性幸福的问题,学者们的目光聚焦在孔、颜、孟、荀的德性幸福思想,以及德性幸福的大众化问题上。其中,杨泽波探讨了孟子德性之乐的生成机理。他认为牟宗三借助存有论对孟子德性之乐生成机理的分析没有点出问题的根本,应当从道德满足的角度而非存有论赋予的角度来探讨这一问题。道德满足论可以让人们明白有道德需要是很自然的,希望这种需要得到满足也是很自然的,道德不是外在的负担而是一个自然的过程。②

张方玉探讨了荀子德性幸福的实现路径。他认为在德性幸福的主体之维上,荀子更多地把普通人可以企及的君子人格作为幸福的主体,由成人之道塑造德性人格进而实现德性幸福。在德性幸福的规范之维上,荀子更加重视外在的礼乐制度的功能,强调通过礼乐对大众的行为矫正、情欲调节进而实现德性幸福。在德性幸福的实践之维上,荀子具体地提出了"积善""注错"等可操作的道德实践,由切实可行的道德活动锤炼德性、实现幸福。主体之维、规范之维、实践之维以"成人"为中心构成德性幸福的实现路径,德性人格与德性幸福内在相通。③

韩跃红则从社会治理的角度来探讨德福问题。她认为只有社会幸福(人类幸福)才可与善直接同一,个人幸福却与善部分重叠、部分分离,时而重叠、时而分离,造就了德福一致和德福相悖并存的社会现实。国家应致力于德福一致社会的建设,凭借合乎伦理且有效的社会制度,把德福统一从偶然性转变为一种社会必然性。个人应追求有道德的幸福,在创造价值、分享资源、促进公益中实现德福兼备的人生理想。④

杨祖汉借康德的德福一致论来阐释孔子的天命观中涉及的德福关系思想。他认为孔子所说的"五十而知天命"是其德性生命或智慧生命发展的关键,但对于"五十而知天命"的诠释,两千年来没有确解。他借助朱子对孔子"四十"与"五十"生命境界做的批注,来说明孔子五十知天命时,所解决的问题是,人生必须依据的伦常道德之理是否是使一切存在得以存在的天理。这就要从道德实践所理解的道德原则来说明存在界,来涉及个人的道德实践是否得到合理的回应之问题。康德认为"德福一致"是实践理性的必然对象或目的,而这虽然可以作为行动的意志的根据,但与道德法则作为实践行动的意志的决定根据,意义有所不同。孔子对于行

---

① 史怀刚. 鬼神、道德、幸福——孔子、老子、墨子三家幸福观试较[J]. 孔子研究,2014(2)

② 杨泽波. 孟子道德之乐生成机理探微——牟宗三以存有论解说道德幸福质疑[J]. 国学学刊,2014(3)

③ 张方玉. 论荀子德性幸福的实现路径[J]. 南昌大学学报(人文社会科学版),2014(5)

④ 韩跃红. 道德与幸福关系的历史与现实[J]. 思想战线,2014(3)

义是否必然有合理的结果这一问题的看法,可以从孔子的自信"天生德于予"之说管窥,从孔子自信"天生德于予"可证践德者会由自己的实践行动必能带出合理的结果的肯定,但此一必然的肯定是属于宗教性的信仰上的必然,不同于以道德法则决定意志之为必然。①

田海平梳理了伦理学史上三种看待"道德与幸福"关系的主观性视角和对问题的理解方式。从主观性维度看,有自我关注、自我—他者之间的关注和他者关注三种理解方式。以自我关注为中心,亚里士多德的德性伦理敞开了试图决定如何生活的个人的主观性视野;介于自我—他者之间的关注,康德的义务论伦理涉及一个能够理解此主观性的"第三方"立场;以他者关注为重点,列维纳斯的他者伦理凸显了他者面容的伦理意义及必须与他者"面对面"的伦理主观性视阈。依据关于道德探究的形态学预设,"道德与幸福"之一致性问题的探讨有三种形态分布上的趋向:指向"心灵秩序"的德性至善论、指向"行为法则"的道德自由论、指向"他者面容"的伦理责任论。它们构成了与"幸福"关联的道德探究的道德形态学分布的三条问题轴线:应当如何生活?应当做什么?应当如何在一起?②

屈春芳和张雷则认为从自在方面来说,德福困境是个伪命题,因为道德是为义务而义务的,而幸福概念的所有成分都是来自经验。但是生活世界中的人又具有德福一致的信念,同时纯粹道德义务消除自身抽象性的方式要付诸生活世界,所以生活世界是德福困境命题得以成立的前提。生活世界中的德福困境又具有其理性主义的症结,因为近代启蒙理性既不能为道德奠基,也不能兑现它所许诺的幸福。德福困境消弭的可能性在于重拾情感主义道德哲学的价值观。③

关于中西幸福观的比较问题,乔娟对孔子和亚里士多德的幸福观进行了比较,指出了二者幸福观的相同与相异之处,并发掘两位哲学家的幸福观对于当代的借鉴意义。他认为孔子和亚里士多德幸福观的相同之处在于二者都产生于复杂的时代背景、主张把握幸福不能走极端、幸福要通过实践来获得,最重要的是,幸福与道德密切相关。二者的不同点在幸福与德性、幸福与物质、幸福与快乐、幸福与现实的关系问题上意见不同。亚里士多德与孔子启迪我们,幸福是主观与客观、物质与精神、个体与集体、内在与外在、道德与情感、思考与实践的统一。④

崔丽萍以思孟学派与亚里士多德为例比较了中西快乐与德性之文化异同。他认为对于思孟学派与亚里士多德来说,快乐的类型虽然很多,但是真正的快乐是德

① 杨祖汉. 比较康德的德福一致论与孔子的天命观[J]. 深圳大学学报(人文社会科学版),2014(6)
② 田海平. 如何看待道德与幸福的一致性[J]. 道德与文明,2014(3)
③ 屈春芳、张雷. 德福困境的理性主义症结及出路[J]. 道德与文明,2014(3)
④ 乔娟. 孔子与亚里士多德幸福观比较[J]. 人民论坛,2014(17)

性之乐。德性提升和净化着快乐,同时快乐成就和完善着德性,是德性实现的必要条件之一。此外,思孟学派与亚里士多德都认为过度的快乐,特别是肉体快乐会妨碍德性,因此应该对快乐实行限制。只是在程度和范围上,思孟学派的寡欲要比亚里士多德的警惕快乐更加强烈。最后,亚里士多德注意到了痛苦与快乐各种不同的关系及痛苦在成德过程中的不同作用,而思孟学派更加注重人的精神作用,回避和间接论述了德性修养过程中的痛苦现象,只将忧与痛苦限定在德之缺失及天下混乱之中,提倡忧乐圆融的精神境界。①

张方玉将"孔颜之乐"与罗素"幸福之路"进行比较,探讨现代德性幸福的大众化何以可能的问题。他认为作为儒家德性幸福的典范,"孔颜之乐"具有鲜明的道德精英特质。然而,罗素的"幸福之路"则把目光投向普通大众,并依据观察与经验提出了造成不幸福的种种原因,进而为一般民众指出了通向幸福的康庄大道。"孔颜之乐"与"幸福之路"的参照和比较,不仅展现为直观印象上的圣贤气象与绅士风度,更深刻地展现为幸福主体、幸福结构、幸福形态等具体方面。在道德精英与平民大众之间、在德性完善与"心灵鸡汤"之间、在理想境界与现实生活之间,罗素的"幸福之路"为儒家古典德性幸福的现代化和大众化提供了富有启示价值的致思路径。②

3. 情理问题

中国传统伦理因其对"情"的特别关注而形成其独特的情理交融的伦理形态,情理问题一直是中国伦理思想史上的重要议题。2014 年,学术界延续了这一讨论,学者们对情理问题既有总体性、宏观性的考察,也不乏对具体哲学家、具体情理问题的探讨。

郭卫华对中国情理主义的伦理形态进行了精神哲学的分析。他认为中国哲学中的"精神"概念经历了"天道—性—情—伦理—道德—天人合一"的辩证运动,并在中华文明中形成了以"情"为主、情理交融的情理主义伦理精神形态,与西方情、理二分的精神哲学传统形成了鲜明对比。个体生命要获得伦理普遍性,首先需要伦之"理"的价值指导,而"理"的精神意义只展现为如何达致"情"的中和状态。"情"之所以处于主体地位,就在于其与中国血缘文化传统相匹配,同时其伦理合一性、自然直接性又契合了中国"伦理优先"的精神哲学传统。③ 他同时还提出在现

① 崔丽萍. 中西快乐与德性之文化异同——以思孟学派与亚里士多德为例[J]. 山西师大学报(社会科学版),2014(4)
② 张方玉. "孔颜之乐"与罗素"幸福之路"比较——现代德性幸福的大众化何以可能[J]. 理论探索,2015(1)
③ 郭卫华. 中国情理主义伦理形态的精神哲学分析[J]. 广西社会科学,2014(9)

代社会中,理性的滥觞特别是经济理性、科技理性的共生互动在创造巨大物质财富的同时,人类也随之陷入"碎片化"的道德困境中。自然情欲的急剧膨胀以一种强大的破坏力解构着伦理世界中个体与实体的统一,伦理感的飘零成为现代中国人的伦理之痛。同时,经济理性对个人利益的推崇以及科技理性对"实然世界"的深度探索也将人们从具有神圣性的意义世界抛回到世俗世界中。"精神"的失落成为现代中国遭遇的现实危机。而危机背后的根源实为"理"的独霸,"情"的失语!因此,要化解这场精神危机,最首要的任务就是如何实现"情"与"理"的生态互动。而中国传统文化中以"精神"为内核、以情理统一为人性基地的情理主义传统为我们走出现代精神危机提供了富有建设意义的启迪。[1]

张国钧从《春秋》中鲁国诛庆父的经典案例及其微言大义切入,探讨先秦儒家是否主张大义灭亲。《春秋》记载季友立诛叔牙、缓诛庆父,对大义灭亲并没予以肯定,而持审慎、怀疑、戒惧等复杂态度,其中发育着亲属容隐制度的萌芽。此萌芽当然还不是亲属容隐制度本身,但其思想智慧作为早期资源,促成了汉宣帝四年明令亲属容隐成为正式制度。此后千年一脉,以具体制度从本根处圆满解答、彻底解决了伦理和政治法律关系、亲亲之道和君臣之义、动机和行为及其结果等一系列关系,其合理内核至今对深刻反思和妥善解决大义灭亲、亲属容隐等重大问题都有启发意义。[2]

文敏和杨文宇则探讨了孟子德性思想的情理精神对中国文化的影响。从"面子"是情理精神在中国人社会生活方面的体现,耻感是情理精神在中国人性格方面的体现,乐观精神是情理精神在中国人精神生活方面的体现三个方面,论述了孟子伦理的基本内容。孟子伦理不仅在理论上决定了中国文化的风格和发展方向,而且对中国人的现实生活产生了深远影响。[3] 李瑞全则认真考察了孟子的不忍人之心。他认为孟子不忍人之心所表现的同情共感或感通是知、情、意原本合一的道德主体的表现,断无西方哲学家知、情、意三分法对于人类心灵一体性的分解,体现了儒家道德规范之情理一源的特点。[4]

4. 角色伦理

儒家伦理的特质是什么？学术界对这一问题的回答争议犹存。美国哲学家安

---

① 郭卫华. 情理主义与中国伦理道德发展的"精神危机"[J]. 伦理学研究,2014(3)

② 张国钧.《春秋》怀疑大义灭亲而发育亲属容隐——从《春秋》记诛庆父及其微言大义切入[J].孔子研究,2014(2)

③ 文敏、杨文宇. 论孟子德性思想之情理精神对中国文化的影响[J]. 沈阳大学学报(社会科学版),2014(1)

④ 李瑞全. 儒家道德规范之情理一源论——孟子不忍人之心之解读[J]. 国学学刊,2014(3)

乐哲(Roger T. Ames)等人提出儒家伦理是一种"角色伦理",其特质在于"角色"意识。2014 年,"角色伦理"的思想得到了更深入的探讨。安乐哲本人进一步讨论了儒家角色伦理的博大性与其对自由个人主义的挑战,有学者对安乐哲儒家角色伦理进行了评述,并指出其理论的优势与不足。当然,也有学者对儒家伦理是角色伦理的观点提出了质疑,对儒家伦理的基本精神给出了不同的表述。

安乐哲把儒家伦理中的"心"解释为"心场"。在"心场"的视域下,"心"是特定的系统中的动态中心,这个系统是思想、情感从生理、心理维度辐射到作为其背景的无限宇宙中的。他在此基础上对人做了叙述性的理解:人是关系的总和并被关系所组成,这种关系是内部性的,即关系是第一位的,个体是从关系中抽象出来的,这是对以往实体在先的假设的颠覆。道德是有助于角色和关系生长的行为。道德生活始于在相对直接的人类经验中寻求保证。生活的开始,是由浅薄到复杂的生理和社会关系网,而发展为独特而一致的个人认同。为获得这个中心,只有生活在我们所处的关系和角色中,并逐渐生成我们的叙述方式,中心的问题才能在场域中得到解决。① 安乐哲认为儒家角色伦理学可以挑战个人主义意识形态。在儒家角色伦理学中,生活的多样角色构成人作为人的东西,人是具有内在联系的。呵护相系关系,被视为是人的道德本质。这种对人的理解方式对原教旨性的"自由个人主义"构成挑战,"自由个人主义"将人视为各不相关、一己自为、算计、不受管束、经常以一己利益驱动的个体。儒家角色伦理学是依据人的具体家庭与社会的角色概况去寻找行为指南,而非形而上学的原则或"正义""勇气""节制"等的抽象定义。②

安乐哲的儒家角色伦理学思想在学术界引起关注,有学者对安乐哲的角色伦理思想进行了评析。例如,李慧子从儒家伦理学与西方伦理学的对比中理解儒家角色伦理学的意义。她认为安乐哲的儒家角色伦理学有三点优势:首先,儒家角色伦理学强调儒家思想的动态特征,在对主体性的动态化的理解之上,揭示"道""仁""和"的动态化内涵;其次,它批判西方的个人主义,强调人是关系性的存在,个人的权利与价值不能脱离关系与环境而实现;第三,儒家角色伦理学基于社群主义的立场,批判西方的自由主义,提出儒家的民主思想可以为当今世界提供思想资源。但是,如何处理不同的角色之间存在着责任与义务的冲突,以及个体的道德良心与自律如何在群体关系中得以保持而不受侵害,是儒家角色伦理学应当继续思考的问题。③ 王堃则通过角色的全息性理解来阐释儒家角色伦理。他认为安乐哲

<hr />

① 安乐哲. 心场视域的主体——论儒家角色伦理的博大性[J]. 齐鲁学刊,2014(2)
② 安乐哲. 儒家角色伦理学:挑战个人主义意识形态[J]. 孔子研究,2014(1)
③ 李慧子. 儒家伦理学对西方伦理学的挑战——评安乐哲的"儒家角色伦理学"[J]. 社会科学研究,2014(5)

的儒家的角色伦理学,既是儒家与实用主义的全息比较,又是儒家思想的全息呈现。比较的基础在于生生不息的流变的传统,而这种传统是儒家和实用主义所共有的,它可以用一种零售的方式包容其他不同的传统,而形成各种传统相互依存、相互体现的全息图景。儒家的特色在于将此传统体现在关系宇宙论中,其根基是家庭和社会中的各种角色。而对角色的全息性理解就在儒家的核心理念——德行之中,这是儒家能与世界其他传统相比较并取得自我发展的关键。①

黄玉顺从儒家《易传》"位"或"定位"观念入手比较"角色伦理学"与儒家诠释的"生活儒学"。他认为"角色伦理学"与"生活儒学"及其伦理层级上的"中国正义论"之间颇有相通之处,但也存在着重大差异。具体表现为:一,"正位"并且"当位"指的是恪守既定的位置及其角色,这是行为正义问题,角色伦理学与生活儒学对此都有基本的确认;二,"得位"指的是获得一种新的位,即对原有之位置与角色的超越,角色伦理学与生活儒学对此的理解有所不同;三,"设位"指的是对社会角色秩序本身的设置或重置,这是制度正义问题,角色伦理学未触及这个问题,而生活儒学则通过中国正义论的重建来探索这个问题。②

沈顺福对儒家伦理是角色伦理的看法提出不同的意见。他认为德性主题贯穿儒家思想发展史,乃儒家学说的基本主题,由此而来的"率性"自然成为儒家的做人法则或伦理精神。"儒家角色伦理学"提出在关系中生成意义,否定了抽象性、终极性概念。它无法解释性、命、天等儒家核心概念,因此未能够十分精准地描述儒家伦理学的基本精神。③

5. 生活伦理

伦理学作为一种实践理性应当面向生活,承担起发掘日常生活中蕴含的伦理意蕴与重建日常生活的伦理规范之任务。在生活伦理领域,学者们关注并探讨了服饰伦理、建筑伦理、旅游伦理等问题。

在服饰伦理方面,肖群忠和费丹丹探索了服饰伦理的内涵、研究服饰伦理的目的与服饰伦理的研究内容。他们认为服饰伦理是人类的服饰活动和行为体现出的价值观念、社会风尚、行为准则、个体德性风格以及对主体的自我塑造、人际交往和社会风气的影响。服饰伦理研究的目的,是以伦理道德的视角关注人类社会的服饰生活,揭示服饰行为的伦理内涵,提倡合理的服饰价值观念,建立合宜的服饰行

---

① 王堃. 角色:全息呈现的儒家生活世界——安乐哲"儒家角色伦理学"评析[J]. 齐鲁学刊,2014(2)

② 黄玉顺. "角色"意识:《易传》之"定位"观念与正义问题——角色伦理学与生活儒学比较[J]. 齐鲁学刊,2014(2)

③ 沈顺福. 德性伦理抑或角色伦理——试论儒家伦理精神[J]. 社会科学研究,2014(5)

为准则,从而倡导文明健康的服饰行为方式。服饰伦理的研究内容主要包括:第一,个体服饰伦理,主要研究的是服饰具有的个体德性价值,主要包括护身养生、角色自觉、德性价值等方面;第二,人际服饰伦理,主要包括日常生活中的服饰伦理、政治生活中的服饰伦理以及公共场合中的服饰伦理;第三,社会服饰伦理,包括职业服饰伦理、民族服饰伦理、宗教服饰伦理以及服饰伦理的社会风尚。①

在建筑伦理方面,秦红岭以先秦为例探讨了中国古代宫室建筑的伦理制度化问题。他认为中国古代宫室建筑的伦理制度化主要表现在两个层次,即"宫室之制"与"宫室之治"。"宫室之制"是"礼"的物化制度形态,主要指古代建筑的礼制化,即宫室建筑在形制上的程式化和数量上的等级化,以宗法伦理制度形态表现出的一整套中国古代建筑等级制度是其典型表现;"宫室之治"主要指在"宫室之制"的基础上,使建筑发挥维系宗法政治秩序的显著政治功能,并成为划分和巩固等级人伦秩序和推行道德教化的伦理治理方式。这两个方面是把握中国古代建筑伦理思想的关键。②

在旅游伦理方面,谢春江探讨了乡土情结对于中国古代旅游伦理的重要影响,以及它对现代旅游伦理构建的重要意义。他认为乡土情结通常是指人们深藏于内心深处的对故乡故土思念、依恋、皈依的一种情感或价值心理。中华民族"乡土情结"的形成离不开两个方面的基础条件;其一是农耕文明的基本范型,其二是儒家宗法伦理的价值牵引。"乡土情结"的伦理意蕴主要体现在两个维度上:一是人与自然关系的维度,表现为对故土及故乡人文景观的热爱;二则是人与人关系的维度,表现为"爱家孝亲"的道德义务和道德情感。在中国传统社会,"乡土情结"在"旅人"的思想和行为中都占据着重要的分量,集中表现为:一、安土重迁不尚远行;二、向往田园生活,注重休闲旅游;三、旅游文学中的乡恋、乡愁。"乡土情结"是传统旅游价值生成的重要基础。在现代社会中,尽管旅游发生了多维度的改变,但是"乡土情结"的意义并没有被完全解构,它应该被时代所活化而成为旅游伦理构建的支点。③

6. "德"论

"德"是中国传统伦理思想的重要概念,在不同时代、不同思想流派中,"德"被赋予不同的意义与内容。学者们针对"德"进行了很多探讨,其研究成果主要集中于儒道两家"德"的思想。

---

① 肖群忠、费丹丹. 服饰伦理研究新探[J]. 伦理学研究,2014(5)
② 秦红岭. 宫室之制与宫室之治:中国古代建筑伦理制度化探析[J]. 伦理学研究,2014(5)
③ 谢春江. 乡土情结:旅游伦理构建的一个支点[J]. 伦理学研究,2014(6)

魏慧认为《周易》阴阳合和、天人合一的理念构成中华传统德性文化最稳定、最本质的内核。《周易》之后的中国传统德性文化中,诸子学说,都从各自主张出发,共同遵循《周易》顺应天道、天人合一等思想。此时在阴阳之道上出现了偏差,主要有崇阳说与崇阴说两大类。儒家思想重于崇阳,道家思想偏于崇阴。儒、道两家即使有崇阳、崇阴上的偏重,却从未将乾坤阴阳截然对立,而是把乾坤阴阳视为宇宙天地的两个方面。儒家的经世致用、内圣外王思想,道家的阴阳互济、天人合一思想,无不从乾坤阴阳之道中化生而来。①

关健英认为周人精神世界中天命思想与人文觉醒这两种力量的纠结对于中国伦理思想具有重要的"元型"意义。一方面,它开启了中国人最早的伦理思考,使中国人的伦理思考一开始就具有浓郁的人文情怀,关注道德的人和人的道德对于社会的重要意义,注重和谐伦理关系的构建,关注以德治君对于权力更迭的重要意义,关注主体理性的道德自觉。另一方面,周人伦理思想中的天命观,又如同一条长长的文化脐带,纠缠在其后的中国伦理思想史的发展过程中,在孔子和董仲舒的思想中都可以看到它的影子。②

关于儒家"德"思想的研究,刘伟以颜回、闵子骞、冉伯牛、仲弓为例对先秦儒家德行的内涵进行了分析。它认为"德行"的内涵主要包括"乐道""志学""孝悌""仁政"四个维度,并且按照"个体"—"家族"—"群体"的逻辑顺序展开:"乐道""志学"属于"个体"层面,对其阐释最力者首推颜回;"孝悌"属于"家族"层面,当推闵子骞;"仁政"则属于"群体"层面,应推冉伯牛和仲弓。"乐道""志学""孝悌""仁政"反映了"个体""家族"和"群体"的关系,而这三种关系构成了当时整个社会运行的基础。这正是主张积极入世的孔子看重德行的根本原因之所在。③ 季桂起认为在儒家思想中,"德"的核心理念为孔子所说的"仁爱之心"、孟子所言的"本善之性",以此为基础构成了一个完整的逻辑体系,包括道、理、志、向。迄今为止,该体系在中国人的精神中依然发挥着作用,是我们今天构建社会主义核心价值体系不可忽视的文化资源。④ 杨晖、肖成对"至德"的思想进行了考察,他们结合孔子提出的历史语境,认为"至德"的核心元素为"礼让"、"名让",泰伯仲雍远奔吴地,带领人民开疆辟壤,这种勇于创新,造福人类的精神是更高层次的"至德"。⑤

关于道家"德"思想的研究,张尚仁考察了《道德经》中"唯道是从"的德论,他

① 魏慧. 崇阴阳的德性价值[J]. 徐州工程学院学报(社会科学版),2014(6)
② 关健英. 天命的纠缠与人文的觉醒——周人"德"的内涵及其思想逻辑[J]. 道德与文明,2014(2)
③ 刘伟. "德行"维度分析——以颜渊、闵子骞、冉伯牛、仲弓为例[J]. 孔子研究,2014(2)
④ 季桂起. 论中国"德"文化的内涵及其思想演进[J]. 山东师范大学学报(人文社会科学版),2014(3)
⑤ 杨晖、肖成. 试论"至德"的核心文化元素[J]. 理论月刊,2014(7)

认为在老子《道德经》中"德"是"道"的显现和作用,"玄之又玄"的"道"要通过"德"才能更具体地理解。"德"的内容是由五个层次形成的结构:居于最高层次的是"玄德",第二个层次是"上德",第三个层次是"下德",第四个层次是"上仁",第五个层次是"上义"。至于"上礼",《道德经》则将其排除在"德"之外。人育德的具体要求是"三宝""七善","三宝"就是《道德经》中所说:"一曰慈,二曰俭,三曰不敢为天下先";"七善"则是"居善地,心善渊,与善仁,言善信,正善治,事善能,动善时"。①

叶树勋认为老子对前代"德"观念进行了改造与重建。在老子的改造之下,"德"突破了政治意识形态的限制,从自我解释的政治工具转变为权力制约的一种建言,并且表现出前所未有的形上义理。"德"在不同语境里虽具有不同的指涉意义,但形而上、形而下之间又蕴含着内在的通贯性,这主要表现于圣王体认形上玄德转化为政治品格之德,从而充当其无为治国的内圣基础。经老子重塑的"德"观念对后学产生了重大影响,与此同时也留下了不同程度的理论空间。老子改造后的"德"主要是为圣王而设,所以普通个体是否有德的问题并未受到足够的重视。不唯如此,老子重新勘定的王德理念只是一种抽象的政治原则,具体如何操作还不甚明确。②

尚建飞则考察了王弼的《老子道德经注》,认为在《老子道德经注》中王弼把《老子》的"自然"改造成了本体论范畴,但他并没有因此疏离道德实践的领域。王弼的《老子道德经注》将"自然"当作理解道德实践的基本视域,是以广义上的人类本性当中所固有的多种能力,即天地之性、"知"和好恶取舍之情作为思考道德问题的逻辑起点。对王弼而言,天地之性、"知"是指人类具有实现整体性存在的能力,而这种狭义上的人类本性也被称之为"无"。通过自愿地运用"无"或"以无为用",人类不仅可以在一个相互关联的整体当中确保自身的安全和生理需求,而且也能够成就"上德"和德性。在此基础上,《老子道德经注》重新评估了"下德"和仁、义、礼的道德价值,并且指出这些道德规范蕴含着满足实用目的和服从利己心理两种可能性。因此,王弼在《老子道德经注》中提出,只有以"上德"与德性为"本",人类才能合理地运用"下德"与道德规范所代表的"末"。然而,在调和德性与道德规范、《老子》与儒家两种道德立场的过程中,《老子道德经注》的德性论思想也暴露出了明显的理论缺陷:一是预设了人类与生俱有运用、领悟"无"或整体性存在的能力,从而将理智德性简化为对于"无"或整体性存在的直觉;二是因为相信德性可以脱离道德规范而被人类所获得,所以《老子道德经注》的"上德"和德性就无法为道

---

① 张尚仁."唯道是从"的德论——《道德经》研究[J]. 学术探索,2014(9)
② 叶树勋. 老子对"德"观念的改造与重建[J]. 哲学研究,2014(9)

德实践提供切实可行的方案。①

王传林考察了庄子道德哲学语境下"德"的内涵。他认为在庄子道德哲学中，"德"兼具内在性与外在性、形上性与形下性。"德"的形上性体现在"天德""至德""玄德"的论述中，同时庄子哲学中"德"还分为"真人之德""帝王之德""残人之德"几个层次。庄子之"德"还具有实践性，须"修德""立德"。同时，庄子对当世帝王以及儒墨诸子所推崇的帝王圣人及其"美德"进行了批判。庄子以游心于德之和为基点，以德兼于道为理路，以辩德之本末，以论德之立修，以别德形关系，不仅表达了他对当时之世的不满与批判，而且也揭露了当时世人的伪善与狡诈。②

7. 方法论

学者们除了对具体伦理问题的探讨之外，还关注了哲学方法论的问题。有学者对传统经典进行新解，阐发其方法论方面的意义。有学者则深入挖掘经典中所蕴含但不曾明确表达的哲学方法，还有学者探讨儒学国际化的方法问题。

万海英通过考察孟子"大体""小体"之辨，阐发了孟子"先立乎其大"的哲学方法论。他认为孟子论及人的"大体"和"小体"时，提出了一个"先立乎其大"的观点，即先确立了"大体"的主导地位，"小体"就不可能动摇或取代"大体"的地位。在他看来，这不仅是孟子发明的道德修养方法，还涉及一个带有普遍意义的哲学方法论问题，即我们观察和处理问题，应该立足于"高"，着眼于"大"，牢牢抓住主要矛盾或矛盾的主要方面，以求得矛盾的正确解决。这一方法普遍适用于有问题发生、有矛盾存在的一切时空范围，可以视之为一种带有普遍意义的哲学方法论。③

李承贵则认为在儒家文本的诠释实践中普遍存在着一种"以行释义"的方式。这种"以行释义"的方式是儒家经典文本的一种特殊诠释形态。"以行释义"的"行"分为"效行"、"身行"与"事行"。"以行释义"的根据是儒家"经世致用"的特质、"知行合一"的主张与"道器不离"的观念。"以行释义"的特点表现为：形式与内容、一与多、确定性与不确定性、生动性与真实性的统一。"以行释义"的价值表现在，它是儒家诠释思想成立的基础，是丰富发展儒家思想的重要途径，是迅捷且可靠的传达文本信息的方式，是一种洋溢着生命气息的诠释方式。④

田辰山认为儒学有必要国际化，儒学国际化的必然途径是中西比较哲学阐释。他认为现阶段我们还比较缺乏让儒学跨文化的能力。西方的语言、概念、话语原本

---

① 尚建飞. 从自然到本末：《老子道德经注》中的德性论[J]. 中国哲学史，2014(3)

② 王传林. 德与德不形——略论庄子道德哲学语境下的"德"之内蕴[J]. 武陵学刊，2014(6)

③ 万海英. 孟子"先立乎其大"的哲学方法论——从"大体"、"小体"之辨谈起[J]. 孔子研究，2014(1)

④ 李承贵. 以"行"释义：儒家诠释文本的独特方式[J]. 哲学研究，2014(11)

承载和叙述的是个"一多二元"故事,与之比照,以儒学为代表的中华文化则是以"一多不分"为体。儒学的精神是"和",是"一多不分"的世界观、方法论、思维方式。中西比较哲学阐释给予我们一个启示,就是对于西方人来说,儒学乃至整个中华文化的可读性不是靠翻译成西方语言完成的,而是靠对中西哲学基本范畴和结构的比照阐释实现的。因此,要让儒学插上自己的翅膀,跨文化地飞起来,就必须重视利用中西比较哲学的阐释话语,即在西方自由主义"一多二元"和中华文化"一多不分"的"不和"与"和"的比较阐释中,实现儒学的跨文化传播。①

二、基本范畴

在哲学中,范畴这一概念被用于对所有存在的最广义的分类,亦是最高层次的类的统称。在中国传统伦理学中,亦有丰富的具有稳定性、高度概括性的范畴,它们是构建中国传统伦理思想的主体框架,不仅向我们展示了以往优秀的伦理思想,也指导着我们现在及以后对传统伦理思想研究的路径。2014 年,学者们对基本范畴的研究是丰富的,主要围绕儒家的思想展开,兼涉其他学派。

1. 仁

"仁"是儒家伦理思想的重要范畴之一,是孔子思想的核心,诸多学者对该思想都进行过分析、解读。陈声柏、张晓辉认为,近代以来许多学者用逻辑分析的方法解"仁",把它解释成全德之名,这样的解释方法会造成两种负面的影响:一是把"仁"只作为道德德目来看待,从而降低了"仁"与天人会通的精神品格;二是使"仁"的内涵显得空泛,不能让人真正体认到"仁"的真精神。故而依据《论语》之文本,考诸先贤论仁之精要,他们认为孔子之"仁"有体用两层含义——体本于性与天道,用即同情之心和感通之心——必须统摄其全体大用,遵循实践存养、行用识体的路径才能体认"仁"之精义。② 冯晨则从仁道实现的途径和方法,即"仁之方"的角度对孔子之仁进行分析。他认为"仁之方"的形成基础在于道德动力,并且以恕道作为其基本原则。通过对"仁之方"的遵循和体悟,可以激发人们的道德诉求,并以此达到外在行为规范和内在德性的统一。③ 林存光从仁与命的关系角度来解读孔子的"与命与仁"。他认为这句话充分彰显了孔子立言为学与士人君子之学的宗旨要义,以及作为一种道德性命之学的中国学问的精神特质与义理内涵。简言之,

① 田辰山. 儒学国际化的必然途径是中西比较哲学阐释[J]. 孔子研究,2014(1)
② 陈声柏、张晓辉. 全德之名与全体大用——孔子之"仁"再认识[J]. 孔子研究,2014(4)
③ 冯晨."仁之方"的形成基础与发生特点[J]. 道德与文明,2014(1)

士人君子的精神生活与道德生命主要不是由个人利益的得失考量所主导和支配，而是由命与仁两大核心要素共同构造而成，只有在知命与体仁之间才能成就人类不朽的道德功业。这充分地体现了中华民族最深沉的精神追求，具体表现为：守望文明，维新中国；生于忧患，自强不息；穷理尽性，安身立命；天下为公，生民为重；生命感通，万物一体。①

雷静依据《孟子》这一文本对仁义并列乃至联属的原因、路径进行了解析。她认为，《孟子》中的仁义联属多表现在具体的情景中，或与儒家礼法相关，是孟子继承了仁义有别的礼法；或涉及孟子对礼法精神的普遍性论述，是孟子转出了仁义联属的观念，体现了仁义联属观念的具体类型；或呈现孟子对儒家恕道工夫的体知，是其仁义联属观念的实践根基与内涵，以上三个维度是层层推进的。孟子能从仁义有别的儒家礼法发展出仁义联属，在于秉承了礼法精神，为儒家道德的普遍性基础进行哲学论述，更在于力行儒家工夫，为道德根基奠定了实践内涵。②

除了对儒家主要代表人物孔子和孟子"仁"的思想的研究之外，不少学者还对儒家"仁"的思想进行整体梳理以及现代反思。吴光对儒家仁学的发展历程进行了回顾，对当代儒学发展前景及其理论形态作了创造性的探索，提出了"民主仁学"的基本思想架构。可以概括为"民主仁爱为体，礼法科技为用"的体用论、"一元主导，多元和谐"的文化观和以"仁"为根本之道、以"义礼信和敬"为常用大德的"一道五德"价值观。"民主仁学"对确立当代社会主义核心价值观提供了充沛的思想资源，在建立民主仁政、提升公民人文素质、辅助法治社会的公平正义、实现中华民族伟大复兴"中国梦"的伟业中将起到重要作用。③ 陈继红从儒家"仁"德出发，对当下社会中出现的道德冷漠问题进行了伦理思考，认为儒家"仁"德为当下"道德冷漠"问题的救治提供了有益的资源。具体来说，"仁者爱人"确证了"己"对他者的责任，"为仁由己"喻示了"以德性指引规则"的律令，有助于人们反躬自省，去反思行为本身，从而克服"以规则取代良知"的道德冷漠现象。此外，"三达德"的德性构成昭示了人己两利的实现途径。上述资源唯有在"仁"德的现代转化中才能以恰当的方式得以应用，即在肯定由"亲亲"而"爱类"之外推的基本路向下，充分扩展"爱类"在"仁"德中的比重。前者的理论依据是：一，从恻隐之心的生发机制来看"亲亲"是"爱类"的自然根基；二，从个体德性养成来看"爱类"的养成离不开"亲亲"的内在支持。同时，唯有充分扩展"爱类"在"仁"德中的比重，才能使其与现代

① 林存光. 与命与仁：试论中华民族最深沉的精神追求[J]. 孔子研究，2014(6)
② 雷静.《孟子》道德情境中的仁义联属理路[J]. 学术研究，2014(7)
③ 吴光. 从道德仁学到民主仁学——儒家仁学的回顾与展望[J]. 社会科学战线，2014(10)

社会的结构形态相适应。①

学者们还从博爱这一角度拓展了对"仁"的研究。向世陵、辛晓霞对儒家博爱观念的起源及其蕴含进行了详细的探究。他们认为儒家博爱论兴起时以爱人先于爱己和爱的互惠性为其基本蕴含,爱、亲、仁几个概念之间是相互训释的关系。博爱与差等双方是同一个仁爱在普遍原则与具体实践的不同层面的表现,同时孝为儒墨共有的观念,它可以在普遍之爱的意义上被理解。先秦初期的博爱观念在汉唐得以进一步展开并与社会政治相关联,"博爱之谓仁"的命题虽然晚出,但却集中展示了儒家博爱论的基本精神。从形而上的角度阐释和论证博爱的精神和价值,是后来宋明理学才承担起的任务。② 向世陵与吴亚楠认为,博爱观念孕育自中国本土,自春秋发端的博爱思想,在汉代时基本成形。儒家博爱论在汉代政治中的基本表现:作为刑政的必须要件、以孝治天下的先行和公天下的普爱等。国家的统一和长治久安需要内在的凝聚力,仁德博爱是"威势成政"的先导和内核,显示了儒家博爱适应于人道关爱与和谐群体的社会发展需要。③

此外,王翠华就儒家"仁"的思想与古希腊的友爱论进行了比较。"仁"与"友爱"二者在内涵和特征上都有相似之处,如都要求人们相互间善意地愿望对方良好,并因此而相互友好、相互亲爱;在社会中都占据着重要的地位。不同之处在于儒家"仁"的对象范围较广,主要指向亲人之爱、朋友之爱、上下级之爱以及其他种族或国度的陌生人之爱乃至对物之爱;古希腊友爱论的阶级性更强,是把奴隶之爱排除以外的两个人之间的任何相互吸引的关系都包括在内,如性爱、家庭成员之爱、朋友之爱、城邦内其他公民之爱等。探究这些异同及其因由,对于建构我们当代和谐社会有着重要的启示。④

2. 礼

"礼"是儒家治世的重要手段和渗透于日常生活各个方面的行为和道德准则,因此亦是中国传统伦理思想中的一个重要范畴。学者们对"礼"的探究从多维度展开,或整体考量,或就某一个具体的"礼"的内容进行分析。

王苏、傅永聚对先秦儒家之"礼"进行了分析、解读,认为在先秦儒家的伦理思想体系中,"礼"不仅是外在的伦理实体的规定,而且是人性提升的途径。"礼"作

① 陈继红. 儒家"仁"德与他者的痛——"道德冷漠"问题救治的道德哲学之思[J]. 中国人民大学学报,2014(2)
② 向世陵、辛晓霞. 儒家博爱观念的起源及其蕴含[J]. 北京大学学报(哲学社会科学版),2014(5)
③ 向世陵、吴亚楠. 汉代政治中的"博爱"论说[J]. 中国哲学史,2014(2)
④ 王翠华. 儒家仁学与古希腊友爱论:比较及启示[J]. 现代哲学,2014(2)

为最具普遍意义的伦理道德规范,对人的约束是全面、深入的。它不仅从外在的礼仪规范约束人的行为,起到"修身"的作用,且通过伦理道德的形式对人的思想观念进行引导,从而实现内在化的"养性"的作用,最终"礼"落脚于个体的道德实践上。因此,道德修养与道德实践不能仅停留在意识层面,而要付诸实践并应用于社会生活中。① 有种观点认为,中国古代只有美德伦理学而缺乏制度伦理学,葛荣晋对此进行反驳。他以儒家的"三贵之道"为例,对"三礼"中的制度伦理学做出现代诠释。所谓"三贵之道",即"动容貌""正颜色""出辞气",是礼仪文明的三条基本原则,也是中国古代制度伦理学的重要内容。儒家的"三贵之道",在本质上是对人格的自尊和他尊。在人际交往中,如不能遵循"三贵之道",举止不得当,是不会得到他人尊重的。②

孙克诚从儒家"哭礼"这一具体的形式出发,对"礼"进行了详细的解读。他认为"礼"是社会个体在社会交往中行事的依据,它出情入理,调理、整肃着社会万事。丧礼包括哭之制,而"哭礼"依于人情而制,用于制约人情,是理性的设定。往古的丧礼之制体现了对人的尊重,以人为本,是丧礼之所以有节有制的原因。同时,在往古社会中,"礼"对社会秩序的建立作用是经常性、普遍性的。它是法制的有益补充,甚至有时还被用以辅助法律的实施。然而,在实践中,尤其是生产力不断发展之后,社会生活节奏加快、人口增多且交往也更为密切,此时行以繁琐之礼必定有害于事功,加之"礼"之从业者的分化离去,使"礼"的重建与延续缺少了必要的条件保障,最终使"礼"呈现出衰变之态。③ 孙健飞以儒家之"礼"为视角,来审视夷夏之辨,从而探究中华文化的形成与变迁。他认为"礼"是中国传统文化的核心,而其主体结构"三纲"则是古代用以分别华夏与夷狄的主要标准。结合先秦儒家关于"礼"的论述以及《史记》《汉书》等史籍中有关少数民族的记载,可知儒家所强调的"礼"与夷狄的文化特点之间存在着一种"凹凸对应"的关系。从形成时间上结合先秦与秦汉两代的民族史料来看,可以断言:华夏与夷狄、"礼"与夷夏之辨都是对立统一的关系,是在相互激荡中生成的。④

潘勇分析了荀子之"礼"内在的合理性原则以及存在的局限性。在荀子看来,"道"是人发动行为时应依据的准则,但为何要依"道"来行动,而不应依"非道"来行动,其背后必有一根据,即有一原则,这一原则也就是决定道之所以为道的原则。由于"礼义"是作为"权""衡"之"道"的实质,这一原则是"礼"为道的原则。在荀子那里,这一原则只能是"合理性原则"。他认为,荀子对"礼"的合理性的说明完

---

① 王苏、傅永聚. 先秦儒家"礼"的解读[J]. 道德与文明,2014(2)
② 葛荣晋. "三贵之道"与礼仪文明[J]. 社会科学战线,2014(8)
③ 孙克诚. 论儒门哭礼及其情与理[J]. 孔子研究,2014(3)
④ 孙健飞. 儒家之礼与夷夏之辨[J]. 烟台大学学报(哲学社会科学版),2014(4)

全是站在"礼"的功用上来说的,即"礼"能够别异定分、调节人的各种行为以及能够表达人的各种内在情感等功用。然而,从效用性上言"礼"的合理性,存在两个困境:一是基于人类整体的、长远的利益来审视具体的"礼",必然会在某些情况下与个人当下的乃至长远的利益发生冲突,导致其无法落实为个人"心应可道(礼)"的决定原则;二是只从效用性上言"礼"的合理性,会使"礼"的道德含义处于悬空状态,在某种程度上模糊了"礼"与"法"的界限,这也是荀子"礼"的合理原则的局限性。①陈冠玉把儒家"援仁入礼"的思想同现代的社会道德重建联系在一起,认为"礼"因情生,孔子"援仁入礼",目的是重建社会道德与恢复社会秩序。当下随着时代转型,社会经济成分、组织形式的多样化,社会失德失序,因此,重建合乎理性的社会道德谱系、"礼"与"仁"互为表里,将道德重建与制度建设同时并举,是治国的上策。②

3. 信

"信"是儒家提出的"五常"之一,亦是传统伦理思想的重要范畴之一。无论是在古代社会还是在当下,"信"作为一种美德,对社会以及个人的发展和完善都是不可或缺的。学者们对"信"的研究和探讨不仅着眼于信德本身的理论内容,更多的是同当下社会情景结合而论。

肖群忠对"信"的含义、价值及其实践原则进行了深入细致的分析。他认为"信"作为人的一种美德和规范要求,其含义主要包含真诚无妄、心口一致、言行一致、行为始终一贯等;信的价值在于,它是立国之本、处世之本和立身之本;信的践行以礼义为前提、不可轻诺,要"言必行,行必果"。在中国过去的传统社会中,信德主要是一种个人的美德,而在当代中国,社会已然从熟人社会进入到陌生人社会,经济形态也从自然经济发展为商品经济,伴随这一变化而来的是日益突出的社会诚信问题,这使得信德在现代社会显得尤为重要。建设社会诚信之德要在认清市场经济与诚信建设的关系,对传统信德的有益继承以及在公民自觉培养诚信美德的前提子下进行。③ 赵平对作为美德范畴的"信"进行了简析。他认为"信"源于远古时期的生产和生活经验,本义是"尚真"与"求实",作为美德范畴内涵的逻辑结构有信守、信念、信仰三层意思。从个体而言,"信"使人赢得信任、信誉和做人的尊严;从社会而言,则有助于构建"相信"和"互信"的社会风尚。应对当前道德领域诚信缺失的突出问题,需要传承"信"的美德,创建社会互信机制,加强个人品德建

① 潘勇. 荀子"礼"背后的合理性原则及其局限[J]. 道德与文明,2014(2)
② 陈冠玉. "援仁入礼"与社会道德重建[J]. 中州大学学报,2014(4)
③ 肖群忠. 谈信德[J]. 中国德育,2014(22)

设。应把创建社会互信机制和加强个人品德的守信教育有机地结合起来,以促使两者相辅相成。① 骆毅依据孔子对"信"的态度来探讨"信"价值的相对性。孔子重"信",将其视为人人应该遵守的基本伦理规范,主张守信应以"仁""义""礼""智""孝"为前提。孔子对"信"价值相对性的理性思考,是其"信"观念的重要组成部分,强调"信"的价值是相对的、有条件的、辩证的,反对不问事理、不辨是非、不明善恶的惟信是守,肯定特殊情境下"不信"的正当性、合理性和必要性。这一思想,对于破除惟信是守的偏执,确立全面、辩证的"信"观念,有着重要的借鉴价值。②

徐大建、赵果则从中西比较的角度出发来探讨诚信。从社会经济伦理的角度看,中国古代的诚信具有四层含义,即言行的真实、内心的真诚、承诺的坚守以及外在的信任。儒学对"信"的论述的丰富程度要高于古希腊人,但诚信的地位并不高。现代社会中诚信是基本的道德规范,但现代诚信伦理不是由传统诚信伦理直接延续而成的,要实现诚信伦理的现代化转换需要完成从传统社会到现代社会的转型。③ 郝玉明认为"思诚"是儒家基于"诚"之本体的至善法则,具有高度道德自觉的自律性修养工夫,是当代人坚持"真诚无妄"的道德原则、纯化"诚心正意"的道德情感、进行"克己省察"的自律行为、养成"慎独至善"的美德品质、达到"成己成人"的伦理目的这一过程中所不可缺少的伦理准则。诚信自觉是人向往"诚信"、自主实践"诚信"、养成"诚信"美德的内在动力。随着市场经济的不断深入,诚信问题也日益突出,我们更应继承、弘扬儒家的"思诚"观念,通过道德主体的修身实践、加强诚信教育、规范市场秩序、强化社会责任来培养诚信自觉。④

4. 三纲五常

"仁"、"礼"、"信"这些先秦儒家的重要伦理范畴在董仲舒那里被纳入了"三纲五常"中。学者们在对先秦儒家的一些重要伦理范畴进行分述的同时,也有学者对"三纲五常"这一整体伦理理论进行了探究。

邹顺康对董仲舒"三纲五常"的思想进行了简明扼要的梳理。董仲舒从"天人合类"的逻辑推导出"三纲五常"是从"天道"演变为"人道"的。在对"三纲"的分析中,董仲舒对孟子的"五伦"说进行了一定的舍弃,孔孟等元典儒家们认为君臣、父子、夫妇是双向性的伦理关系,而董仲舒所倡导的"三纲"是单向性的,是为封建宗法制度服务的,于今日已经没有任何积极的价值。他对"五常"的解释虽言简意

---

① 赵平."信"作为美德范畴探析[J].齐鲁学刊,2014(6)
② 骆毅.孔子之"信"价值相对性思想探析[J].孔子研究,2014(6)
③ 徐大建、赵果.古今诚信之辨——基于中西比较的视角[J].伦理学研究,2014(1)
④ 郝玉明.儒家"思诚"观念与市场经济诚信自觉的建立[J].吉林师范大学学报(人文社会科学版),2014(1)

赅,却将中国从古至今一直所倡导的为人处事的五个重要原则以及它们之间的关系作了精辟、清晰的诠释。"仁"在"安人","义"在"正我","礼"在"成事","智"在"明理","信"在"为人",这些思想在今仍闪烁着智慧的光芒。① 左康华认为,"三纲五常"并不是天然地存在于儒家思想之中,而是"三纲"与"五常"两种长期潜于传统文化中的价值观念碰撞与融合的结果。从"三纲""五常"分论到"三纲五常"作为整体的出现,其间经历了诸多思想家的理论建构,尤以刘向的努力为代表。刘向选择以"三纲"为本、以"五常"调适"三纲",使其内化为在上位者的行为准则与在下位者的道德律令,使其具有切实的约束作用,真正开启了两种价值观念的整合与熔铸。其理论建构的努力,始于阴阳灾异,而终于对礼制的推崇,不但推进了"三纲五常"思想的形成,也逐步将其推进为中国传统社会的"核心价值观"。②

张造群则探究了"三纲五常"的提炼和传播过程,总结出核心价值大众化的历史经验。他认为"三纲五常"这一核心价值自汉代以降,深入人心,为广大民众所认同并代代相传,成为社会各阶层的价值共识和文化传统,对保持文化传承和社会稳定发挥了重要作用。"三纲五常"从提炼到传播,建构了一套系统的大众化路径,形成了丰富的核心价值大众化经验:核心价值要取得大众广泛认同的基础,必须具有广泛的民众基础,是社会各阶层思想共识的高度概括;核心价值的形成需要经过长期积淀,不可一蹴而就;核心价值的大众化必须得到上层的大力支持与倡导,离不开选官制度的保障,要具有体现通俗化、生活化和普及化的形式。③ 郑雯对嘉道时期著名考据学者俞正燮的伦常观进行了简析。俞正燮力图通过考字词以求道,同时结合清中期礼学研究的热潮,从礼制、礼意、礼器等多方面展开考察,阐释社会中君臣、父子、师生等人伦关系。在对君臣、父子、师生三组人伦关系的考察中,俞正燮多次从考察称谓、礼节、服制入手,对人伦关系中的定位、相待等问题展开探讨。他通过考察礼制的方式,向我们展现清代学者试图通过这一研究路径,对儒家人伦日用问题展开新的探索。④

5. 中庸

儒家把中庸看作是重要的道德标准,也是极高的为人处世的智慧。杨永利围绕《论语》、《中庸》两本儒家经典,以"学"论的角度来解读《中庸》,把《中庸》作为《论语》"学"论,是对《论语》之"学"作为一种可能的道德生活的合法性的哲学证

---

① 邹顺康. 董仲舒"三纲五常"思想评析[J]. 道德与文明,2014(6)
② 左康华. 以"五常"调适"三纲":刘向整合两种价值观念的努力[J]. 中州学刊,2014(8)
③ 张造群. 核心价值大众化的历史经验:以"三纲五常"的提炼和传播为例[J]. 中州学刊,2014(8)
④ 郑雯. 简论俞正燮的伦常观[J]. 贵州大学学报(社会科学版),2014(6)

明。通过对《中庸》"学"—"德"—"道"、"道"—"德"—"学"的天人双向回环路径的构建，对中庸之道"不可能"与"不可离"的悖论进行了分析，对《中庸》中的不同类人对中庸之道的不可能的可能性分析，论证了"学"作为道德生活的现实可能性。《中庸》能引导我们在当下生活中对"人的生活怎样才能更好一点"进行理性反思。① 冯晨则对孔子的中庸思想以及同"孔颜之乐"的关系进行了梳理。孔子的中庸思想中含有"中正""时中""用中"等内涵，孔子不仅以中庸思想作为"为人"与"为政"的原则，同时也以中庸来提升精神境界。"孔颜之乐"从实现原理来看是一种"自得之乐"，其发生于德性的不断实现的过程中。因为中庸是德性自我实现的内在要求，所以发挥中庸精神是获得"孔颜之乐"的必要条件。因此，可以说，中庸思想为世人培养人生"乐趣"提供了可行的理论依据。②

阎建锋、丁建福把孔子的中庸思想同亚里士多德的适中思想进行了比较研究。亚里士多德伦理学思想呈现出三方面的特征：伦理学强调实践对理论的相对独立性、注重从生活经验中总结伦理学内容、采取分析理性的方法整理多样性的经验，把经验上升到实践理论。相较于亚里士多德伦理学所呈现出的实践经验性和分析理性特征，孔子则通过圣人的言论、诗经的记述和人格化的天地特征来证明中庸，缺乏经验性和理性的精神。因此，只有不断学习、借鉴、改革才能有自信，才能实现民族文化复兴。③

6. 其他

学者们除了对"仁"、"礼"、"信"等基本范畴进行了讨论之外，对"谦"、"勇"等重要伦理范畴亦有简单探究。韩慧英通过对《周易》中"谦"卦的卦辞、象辞以及爻辞的分析，认为"谦"卦既是古代君子之谓的核心部分，也与古代礼仪的制定有着密切的关系，代表了一种平等、均衡的价值观念。以平等为核心的正义观念，有程序性正义与补偿性正义两种模式，而"谦"卦所代表的君子品德恰可以在两者之间找寻到一个平衡点。重新审视"谦"卦的含义和价值追求，有利于从传统美德中寻找资源，为建构现代社会真正公平公正的制度提供基石。④ 李建华、谢文凤从道德心理学视域，对近年来所出现的奢侈与浪费之风进行了分析，认为传统俭德的危机根源主要是道德人格的异化、被尊重感的缺失以及对道德节俭缺乏正确的道德认知。因此，要更好地使人们崇尚与践行俭德，关键在于加强道德节俭认知教育、培养健

---

① 杨永利."学"作为道德生活何以可能——《论语》"学"论:《中庸》[J].道德与文明,2014(1)
② 冯晨.孔子中庸思想与"孔颜之乐"的内在理路[J].道德与文明,2014(5)
③ 阎建锋、丁建福.亚里士多德伦理学的特征及其启示——兼论"适中"和"中庸"[J].社科纵横,2014(5)
④ 韩慧英.《周易》"谦"卦的再解读及其启示[J].哲学研究,2014(10)

康的道德人格和适度的俭德。①

"勇"是儒家"三达德"之一,赵平从伦理文化历史的角度探寻"见义勇为"的人类理性,进而分辨了"勇"德之"见义智为"和"见义莽为"这两种不同形态。儒家倡导的"勇德"与"仁德"有内在一致性,"见义智为"是"见义勇为"的实质内涵。把两者对立起来,否定"见义智为"的实践理性价值,是社会道德教育和评价方面的一个误区。因此,积极审慎地倡导"见义智为"的理性选择,以形成社会公德的新风尚,有益于传承和弘扬见义勇为的传统美德。②

陈科华还对儒家"和而不同"的思想进行了探究,认为"和而不同"是孔子关于"君子"这一人格理论构建的重要命题。他比较了孔子与史伯和晏子的不同,认为孔子"和同之辨"的立论基础不是落脚在政治学领域,而是把它做了伦理学领域的拓展与延伸,突破了史、晏所讲的"为君之道"与"为臣之道",并通过"君子"与"小人"之辨构建起自己的"为人之道"。这一人格理论的建构,是以"惟道是从"与"义与之比"作为君子人格独立的价值之源,以仁、知、勇"三达德"作为君子"和而不同"的道德主体性基础,在伦理实践上力行中庸之道,彰显君子人格独立的价值与意义。③

"己所不欲,勿施于人"是儒家处理人际关系的准则,是个人道德修养的重要规范,亦是所谓的"金规则"。杨伟清对儒家这一传统的"金规则"是否适用于当今价值多元的社会进行了分析。他认为,赵汀阳所提出的新版金规则"人所不欲,勿施于人"并不包含独特的理论优势,因此不能够取代"己所不欲,勿施于人"这一传统智慧的结晶。"己所不欲,勿施于人"仍是我们处理人际关系的根本原则,而我们所需要做的仅仅是回归这一原则并真正践行它。④

此外,还有学者对儒家的"五伦"之一——友道进行了探究。揭芳对儒家的友道论与亚里士多德的友爱观进行了比较,一方面在本源意义上,两者都包含爱或亲爱之意,都强调要有友爱之情。另一方面,两者的友爱之情在性质上是不同的,前者是一种理性之爱,强调的是友爱之情对理性的遵从,是理性引导下的爱,后者是一种人道之谊,强调的是友爱之情对人伦道义的遵守,是人伦道义规约下的爱。产生这种差异的缘由就在于亚里士多德以理性为贵,而儒家则以人伦道义为重。与亚里士多德的德性论相比,儒家伦理更为看重的是美德与规则的统一。而这一差

① 李建华、谢文凤. 道德心理学视域下俭德的传承与发展[J]. 湖南社会科学,2014(3)
② 赵平. 见义勇为的现实制约与理性选择——传承"见义勇为"传统美德的若干思考[J]. 伦理学研究,2014(4)
③ 陈科华. "和而不同"如何可能? [J]. 伦理学研究,2014(6)
④ 杨伟清. "己所不欲,勿施于人"抑或"人所不欲,勿施于人"[J]. 道德与文明,2014(4)

别同时也构成亚里士多德的德性论与儒家的德性论在理论内核上的重大差别。①

匡钊还对早期儒家所主张的诸种德性的德目细节与类型做出考察。他认为在春秋时流行的各种对德性的理解中,孔子最强调"仁、智、勇",这或许与他将德性划分为"理智的"与"道德的"两类有关。但儒家并未像亚里士多德那样,泾渭分明地划分"理智德性"与"道德德性",而是将这两方面的内容部分地交织在一起。这种划分被其后学部分地继承,同时发展出了另外的德目表以及一个以"内""外"为标准的德目划分方案。儒家的德目表也随之经过了由孔子的"仁、智、勇"到"仁、义、礼、智、圣"和"圣、智、仁、义、忠、信"。到孟子时儒家最为核心的德目便已大体稳定下来,即他所称道的"仁、义、礼、智"。最后董仲舒在此基础上又增补了"信"德,至此儒家的"五常"之德则完全确立了下来。②

三、传统与现代

中国传统伦理思想内涵丰富、博大精深,是中国传统文化乃至中国文化不可分割的组成部分,是人类文明发展的重要精神财富。近年来,我国越来越重视中国传统伦理思想的继承和弘扬,掀起了一个学习中国传统美德和价值理念的热潮。2014年,继续挖掘中国传统伦理中的丰富资源,并将之进行创造性转化,使其与当代社会发展相适应,实现其当代价值仍然是学者们研究的重点。学者们纷纷著文立说,重新审视中国传统伦理思想,重释传统道德观念,进而为当今社会主义道德建设建言献策。

1. 总体审视与当今道德困境

学者们对传统与现代这一根本问题进行了思考,并从整体上考察中国传统道德,以期为当代道德建设和社会建构提供借鉴。樊浩指出,在伦理型的中国文化中,价值共识的顶层设计是伦理道德而不只是道德,现代文明和现代道德哲学凸显道德,故意冷落伦理,因而无论是价值共识还是道德共识都因缺乏基础而难以生成。当前中国社会遭遇的最大问题不在道德而在伦理。在当今中国,伦理与道德"同情而两行",伦理上守望传统,道德上走向现代。因之,必须完成双重文化任务,既要进行现代对传统的文化批判,也要进行传统对现代的文化批判。③

---

① 揭芳. 人道之谊与理性之爱的分野——儒家友道论与亚里士多德友爱观之比较研究[J]. 河南社会科学,2014(6)
② 匡钊. 早期儒家的德目划分[J]. 哲学研究,2014(7)
③ 樊浩. 伦理道德能为价值共识贡献什么[J]. 道德与文明,2014(4)

温克勤在习近平总书记讲话精神的指引下,结合学界对民族优秀传统的新探讨,以及近现代关于"传统与现代"争论的经验教训,思考传统与现代关系问题。他指出,对于"传统与现代"问题的探索,必须坚持唯物史观和辩证法思维,对于现代化既要看到其为人类社会发展注入的生机活力,也要看到现代性弊病给人类社会的文明发展所造成的危害。对民族传统既要肯定现代化冲击其陈腐落后内容的正当合理性,也要看到继承和弘扬民族优秀传统,守护千百年来形成的美好精神家园,对于促进现代化健康发展的积极作用。①

高德步则认为,中国的价值传统到近代已经衰落,不能为中国的社会变革和发展提供思想资源。近代以来,中国价值体系发生了根本性转变,一方面,马克思主义现代价值经中国化而逐渐成为主导价值,指引中国的现代化方向和进程;另一方面,西方资本主义现代价值既对中国现代化产生了重要的推动作用,也严重地侵蚀了中国的传统价值并使之日益减损。要全面建设小康社会,就要用现代发展观点重估中国的价值传统,并在马克思主义指引下加以改造,同时吸收西方现代价值的合理成分,使之成为中国特色社会主义价值体系的重要组成部分。他特别指出,中国价值体系的重建,最核心的内容就是人本价值的重建,需要着重从四个方面进行:天人合一的理性世界、率性自由的感性生活、以人为本的核心价值体系、"情、理、法"融合的"礼治秩序"。②

许嘉璐认为,当前需要尽快解决突出的矛盾,要解决物质生活的逐渐富裕和文化生活的严重匮乏,以及西方价值观的大行其道和传统道德的严重缺失。应对之道就是大力弘扬传统道德理念,通过创新、发展,在 21 世纪从实践中形成新的历史阶段的中华道德体系。③ 张春则指出,随着中国迈向更高阶段的经济甚至物质性崛起,中国迫切需要建构有中国特色的国际道德价值观体系,核心目标是建立利益—责任—命运"三位一体"的共同体,总体上应大致遵循以下路径:首先通过继续坚持和平共处建构利益共同体,进而大力倡导和平共生建构责任共同体,最终实现以和谐共生建构命运共同体的长期愿景。通过继承、升级和创新实现中国特色的国际道德价值体系与既有国际道德价值体系的和平共处、和平共生直至和谐共生。④

因此,审视传统伦理道德思想,将传统伦理道德中积极、合理、精华部分与现代社会的发展加以融合,使之与当前急剧转型的社会现实相匹配是学者们主要的任务。王立认为,从这个层面上讲,探索以儒家为代表的传统伦理道德具有一定价值,符合当今时代发展的需求,同时也是构建中国和谐社会的重要内容,还能够切

---

① 温克勤. 关于"传统与现代"的思考[J]. 道德与文明,2014(4)
② 高德步. 论中国价值传统的转化与价值体系的重建[J]. 中国人民大学学报,2014(3)
③ 许嘉璐. 传统道德与当今世界[J]. 北京教育,2014(6)
④ 张春. 建构中国特色的国际道德价值体系[J]. 社会科学,2014(9)

实加强道德教育和精神文明建设,是如今社会发展的迫切要求。具体说来,"仁爱学说"对建立和谐人际关系有积极的影响,"内省与克己"思想有助于转变社会风气,"重义轻利"的观念有助于人们树立科学的价值观,"刚健有为"的精神能够促进社会的发展与进步。①

张鹏探讨了伦理人类学视域下的儒家伦理及其现代合理性,他指出,儒家伦理存在普适性和特殊性的论争所隐藏的意义使儒家伦理具有丰富多彩的样态。以伦理人类学为视角并通过"意义—实践"、"理一—分殊"的文化意义考察表明,儒家伦理之所以成为伦理传统是中国伦理型文化的必然,儒家伦理的合理性的解释力和价值只有在文化形态之中才具有可信性,儒家伦理只有在文化形态中才能展现其现代合理性,才能推动社会发展。②

谈际尊指出,根植于传统伦理型文化的"中国经验"或"中国智慧"是解答"中国现代社会何以可能"这一"中国问题"的关键性理念。当代中国社会秩序的建构需要汲取传统文化的营养,尤其需要严肃对待孔子开启的儒家伦理传统并进行创造性转换,以求得民族精神的新生和社会的精神基础。他认为,孔子的"礼—仁"之互为表里的精神哲学建构有助于将个体善与社会善统摄起来,最终实现"至善"这一最高目的,使得儒学成为了一种社会秩序治理之学,这也是解决"中国问题"的深厚精神资源。儒家式现代秩序的建构有赖于明确的伦理价值预设,这是其获得优渥的精神气质以塑造道德共同体的主要基础。如此,儒家式现代秩序作为一种精神秩序,就能够通过儒家社会伦理总体性的"创造性转化",实现对现代社会之个体心灵秩序和社会精神秩序的统制,并以此促进民族精神的新生,维护社会的统一性。③

戴兆国探讨了当代中国道德传统接续与重构的理论自觉。他从冯友兰的《新理学》谈到当今何怀宏的《新纲常》,认为冯友兰的《新理学》以自觉的道德反思意识为出发点,肩负着贞下起元的自觉使命,试图为处在国难中的中国找寻新的发展方向。这种对传统道德接续与重构的理论自觉在何怀宏的《新纲常》中也有集中的体现。从《新理学》到《新纲常》的理论创作,均充满了自觉的理论创造意识。这种理论自觉既有对社会道德根基的寻求,也有对道德传统的反思,既有对新道德伦理特点的理性辩证,也有对如何实施新伦理路径的详细考量。④

① 王立. 和谐社会视域下传统伦理道德作用探究[J]. 哈尔滨师范大学社会科学学报,2015(5)
② 张鹏. 论伦理人类学视域下的儒家伦理及其现代合理性[J]. 南昌大学学报(人文社会科学版),2014(2)
③ 谈际尊. 期待孔子:社会伦理的再创造[J]. 孔子研究,2014(6)
④ 戴兆国. 当代中国道德传统接续与重构的理论自觉——从《新理学》到《新纲常》[J]. 安徽师范大学学报(人文社会科学版),2014(4)

李存山集中解读了中国哲学的特点与中华民族精神。他认为,中国哲学的特点集中地体现了中华民族的主流价值取向,与中华民族精神有着密切的关系。他通过阐述中国历史上主流的价值取向及其演进,以及"孔北老南"所实现的哲学突破,总结了中国哲学的特点:本体论与宇宙论的合一、性与天道的合一、人性论与价值观合一。中国哲学的理论架构、基本倾向实际上都是旨在讲明"人事"应该如何的价值观,所以更体现了中华民族精神。中华民族精神激励中华民族在近现代衰而复起,实现中华民族和中国文化的伟大复兴。①

沈顺福则指出,"自然"是中国古代道德哲学的共同纲领。道家倡导道法自然与无为,顺其自然是其道德主旨。儒家强调依仁义行、人心顺于道心、由心自然知仁义孝礼,顺德性而为即成人之正道。佛教双遣有无,以为中道,由无心于物,进而无作,顺其自然,终至涅槃人生。自然或顺其自然便成为以儒释道为主体的中国古代道德哲学的共同纲领。②

陈泽环认为儒学并非一成不变,而是在不断地实现着自身的创新和转化,以应对时代的挑战,特别是西方现代性的挑战。他研究了自近代西方"人权"思想传播到中国以来,儒学实现了的根本性意义上的创新和转化。他从儒家伦理道德特质的形成与人权、梁启超《新民说》的现代转化、社会主义核心价值观的当代突破等方面进行了论述。③

除此以外,面对传统与现代这一重大问题,学者们还专门探究了当代社会存在的道德困境。鲁芳、冯小娟指出,当代中国道德生活面临诸多问题,体现社会主义道德的制度并没有完全成为有效的生活秩序,真正发挥作用的一些生活秩序却与主流价值观念相违背。其原因在于,道德要求泛化、道德空场的存在以及多元文化并存使社会主义道德的秩序性转化受阻;制度设计不足,尤其是制度执行不力,使制度的有效性不足;不良社会习俗的存在使社会习俗的价值导向偏失。④ 刘宇研究了当今中国价值虚无主义的问题,指出中国社会正经历着一场深刻的价值虚无主义精神危机,它侵蚀着社会的精神基础。价值虚无主义在心灵结构中表现为终极价值的贬损、规范价值的遵循和功利价值的独尊。公共精神、制度伦理的匮乏是导致伦理环境恶化的重要现实根源。因此,重建良性价值秩序的路径只能是公正社会秩序的构建与公共理性的培育,并辅之以意识形态的信念重塑。⑤ 喻文德指出,

---

① 李存山. 中国哲学的特点与中华民族精神[J]. 哲学研究,2014(12)

② 沈顺福. 自然与中国古代道德哲学纲领[J]. 伦理学研究,2014(1)

③ 陈泽环. 儒学创新与人权——关于中国道德史的一点思考[J]. 哲学动态,2014(5)

④ 鲁芳、冯小娟. 当代中国道德生活困境的生活秩序溯源[J]. 湖南师范大学社会科学学报,2014(5)

⑤ 刘宇. 论当代中国价值虚无主义精神状况及其超越[J]. 道德与文明,2014(4)

非物质价值货币化是当今中国的价值围城。非物质价值货币化与我国现代化密切相关,商品货币关系的泛化导致非物质价值货币化。非物质价值货币化既是市场化改革的吊诡,也是当代中国的价值围城。非物质价值货币化导致社会生活的全面物化,严重腐蚀了人们的精神生活和社会秩序。只有走出非物质价值货币化的价值围城,我们才能实现中华民族伟大复兴的中国梦。①

2. 传统道德观念重释及当代价值

解决传统与现代的关系问题,实现传统伦理思想的现代性转化,首先需要对传统道德观念进行重新解释和阐发,挖掘其现代价值。学者们纷纷于此处着力,从不同角度加以探究。

肖颖红、刘佳林探讨了"文以载道"观的当代伦理价值,他们认为,儒家文论注重"载道",原因在于儒者希望在文论中传递封建社会纲常伦理理念,并且过于看重文艺的政治功用,这即为"载道"观的历史局限性。但是,它同时表明儒者看重作品内容的充实性,追求人品和文品的统一,这些合理的内容对应对当今文学界出现的时尚化、商业化和庸俗化危机,引导当代文学朝健康、理性方向发展有着重要的借鉴意义。②

谭德礼阐述了"师道尊严"的现代伦理价值。他指出,社会的变革导致了传统以"师道尊严"为核心的师生之伦面临诸多被解构,需要从根本上改善学校及社会的管理评价体系,给"师道尊严"一个良善的社会制度发展空间。传统"师道尊严"的合理内核其实是彰显了教师权威的地位和严谨的专业,而作为学生当然要尊重老师对待专业的态度和做人的严格。在此基础上建构起现代新型的师生关系,实现师生关系冲突的缓解,重建精神家园。③

朱俊林研究指出,儒家伦理本质上是一种责任伦理,它以对人的本原性存在的理解为理论基础,建构了以修身、齐家、治国、平天下为主体的责任伦理体系。儒家责任伦理既是世俗的伦理又是超越的伦理,注重由内及外、由近及远地进行,具有切实可行的实践性品格。发掘与反思儒家责任伦理中的积极因素与不足,无疑对现代社会的道德建设具有重要的启示价值。④

赵炎才重新审视了清末志士仁人的道德批判思想。他认为其道德批判内容最重要者有三:一是理论上清算封建道德的负面价值,如揭露三纲等旧道德有悖近代

① 喻文德. 非物质价值货币化:当代中国的价值围城[J]. 宁夏社会科学,2014(2)
② 肖颖红、刘佳林. "文以载道"观的房贷伦理价值探索[J]. 南华大学学报(社会科学版),2014(3)
③ 谭德礼. "师道尊严"的现代伦理意蕴[J]. 北京联合大学学报(人文社会科学版),2014(3)
④ 朱俊林. 儒家责任伦理及其现代反思[J]. 道德与文明,2014(6)

人权,抨击纲常名教等伪道德培育奴性人格,剖析了纲常名教假道德严重危害社会等;二是无情痛斥现实民众的畸形道德,如屈从王权愚昧至极,自私自利推诿依赖,道德虚伪唯利是图,奴性十足为虎作伥等;三是批判新派人士道德堕落,如误读输入的新名词导致民德堕落,新党人士假名道德奥诉无耻,部分革命党人和留日学生道德沦丧等。追求近代化是道德批判思想的具体外化,道德批判思想成为诠释新道德和自觉践行革命的精神源泉。①

李杨总结了张君劢对儒家传统伦理思想的掘发和贡献。张君劢以"据旧开新"的方式,将传统儒家的"善"、"己"、"性"、"心"四大范畴作为基本理念和理论依据,在此基础上,顺应近代社会潮流走向,掘发古代德目新意,创造出"德智主义""族群本位""民族气节"三大新范畴,建立起独特的伦理学体系,彰显了新儒家返本开新的理论特色。张君劢对儒家传统伦理思想的掘发对于现代新儒家的伦理思想具有重要理论价值。②

晁乐红、龚浩宇在与西方正义相比较的基础上,试图实现儒家仁义的现代转换。他们指出,随着中国由传统社会向现代社会转型,仁义的局限性逐渐凸显。只有吸纳西方正义的合理元素,对仁义进行现代转换,先义后仁,且义含守法、义含公平、义含公义,才能使儒家传统成为引领中国社会持续发展的源头活水。③

何益鑫比较了孔子和亚里士多德的德福观,并阐释了其当代意义。亚里士多德的德福一致,表现为德性论从属于幸福论,以"自然目的论"的方式,确立了幸福之为人生的终极目的,进而以"功能论证"将幸福具体表达为灵魂合德性的活动。孔子的德福一致,落在道德与孔颜之乐的关系上,反映在"德"—"得"二者的本质关联中。亚里士多德在"幸福论"的框架下安顿道德,而孔子在道德的前提下安顿幸福,两者的差别直接开启了其后两千多年德福问题的两种致思进路。亚里士多德的幸福论进路,是当代人思考和追求全面的幸福生活的基本框架,而孔子对道德价值本身的挺立及其对由此而来的自得和受用的阐明,则将为当代幸福理论之下的道德实践提供重要的动力支持。④

此外,王进分析了道教"节俭观"的内涵及现代启示。他指出推崇简朴的生活,反对奢侈浪费是道教的传统美德,我们需要继续发扬道教的崇俭抑奢思想,切实学习践行道教"节俭观"。⑤

---

① 赵炎才. 清末志士仁人道德批判思想再审视[J]. 长江论坛,2014(3)
② 李杨. 据旧开新:张君劢对儒家传统伦理思想的掘发和贡献[J]. 道德与文明,2014(3)
③ 晁乐红、龚浩宇. 先义后仁:儒家仁义的现代转换——与西方正义相比较[J]. 伦理学研究,2014(6)
④ 何益鑫. 孔子与亚里士多德:德福一致的两种范式及其当代意义[J]. 道德与文明,2014(3)
⑤ 王进. 简析道教"节俭观"及其现代启示[J]. 伦理学研究,2014(2)

路向峰阐释了豫商伦理的历史演进、理论内涵与建构路径。他指出,豫商伦理精神在历史演进中秉承了中原文化和儒家文化的精华部分,当代豫商伦理精神以"贵中尚和"为特质,表现为坚忍不拔、恪守诚信、勇于担当的工作伦理、经营伦理和管理伦理的三维有机统一,促进豫商伦理精神的观念形态与实践形态的双向互动、道之以德且规之以矩形成内外支撑的软硬合力、注重道德语录引导是建构当代豫商伦理精神的有效路径。① 孟维巍则探讨了豫商伦理的特点、基本规范及现代意义。豫商伦理的特点包括重视学习、厉行勤俭、吃苦耐劳等。在豫商伦理规范中,和谐是核心,责任是精髓,诚信是基础,创新是时代品格。弘扬豫商伦理精神,有利于企业可持续发展与营造和谐社会,亦有利于建设学习型组织和创新型社会。②

3. 中国传统伦理思想与社会主义核心价值观

学习、贯彻、落实社会主义核心价值观,使社会主义核心价值观融入全民族的精神血液,内化于心、外显于行,这是与实现中华民族伟大复兴中国梦形神相随的一项重大战略任务。社会主义核心价值观要入耳入脑入心、敦化为民风民俗民德,重点是必须与中华文化的根本相融通。如何吸收中国传统伦理思想中丰富的资源,培育和践行社会主义核心价值观成为传统伦理思想现代化的重要内容。

学者们纷纷从总体上审视、分析了中华传统道德与社会主义核心价值观建构的关系。唐凯麟指出,深刻认识中华传统美德与社会主义核心价值观的内在关系是时代的需要,也是历史的必然,他提示学界思考传统文化的概念、要素、和功能,而这也是解决传统与现代问题的前提。③ 陈泽环结合习近平总书记的系列讲话,从核心价值观的文化自主性、根基性、坚持文化的自主性与根基性三个方面,就培育和弘扬社会主义核心价值观必须立足中华优秀传统文化的问题提出自己看法。④ 颜世元认为,中华优秀传统文化与社会主义核心价值观之间有着密不可分的内在联系,是涵养社会主义核心价值观的重要源泉。对于中华优秀传统文化的继承与发展,必须立足于人的价值主体地位,传承以"孝道"、"诚信"、"仁爱"为代表的中华民族传统道德理念,是培育、弘扬社会主义核心价值观的极佳切入点。⑤ 罗国杰、

---

① 路向峰. 历史演进、理论内涵与建构路径:豫商伦理精神的当代阐释[J]. 武汉科技大学学报(社会科学版),2014(6)
② 孟维巍. 论豫商伦理的特点、基本规范及现代意义[J]. 武汉科技大学学报(社会科学版),2014(6)
③ 唐凯麟. 传统文化的概念、要素、功能及与社会主义核心价值观的关系[J]. 道德与文明,2014(4)
④ 陈泽环. 核心价值观的文化自主性与根基性[J]. 道德与文明,2014(5)
⑤ 颜世元. 自觉传承优秀传统文化中的道德理念大力弘扬社会主义核心价值观[J]. 东岳论丛,2014(12)

夏伟东指出,社会主义核心价值观的建构,必须使中国传统道德古为今用、推陈出新。首先需要正确对待中华传统道德,秉持正确立场,要尊重文化传承客观规律,要具体问题具体分析。他们还提出了对待中华传统道德的正确方法论,指出中国传统美德的核心和主流可以简约地概括为"天下为公"的精神。①

中华传统伦理思想既是社会主义核心价值观深厚的内涵基础,同时也是培育和践行它的方法基础。张艳清认为,传统伦理思想中的道德主体意识、内省自律修养方法、知情意行统一的品德结构和心性修养理念,构成传统伦理中系统化的价值观内化思想体系,可以为社会主义核心价值观的内化提供方法论启示。② 杜鸿林则指出,须从传统道德中提炼出传世的美德,承担起培育践行社会主义核心价值观的责任担当。他认为,提炼中华传统美德和优秀传统文化,必须恪守正确的立场,善用科学的认识工具;要准确提炼出具有鲜明民族特色,具有永不褪色时代价值的中华传统美德和中华优秀传统文化价值观;要以对历史负责的认真态度,严肃指出中华传统道德和传统文化内外部的局限性;学人、学界要做培育践行社会主义核心价值观的研究者和先行者。③ 传统儒家道德是社会主义和谐社会建设的重要思想源泉,陈鹏、辛文玉分析指出,在当前我国全力推进社会主义现代化建设的关键时期,认真践行社会主义民主要求,需要合理发挥儒家道德的理性指导作用,以老"内圣"开新"外王"。以自律的儒家道德辅佐社会主义核心价值观的构建,从儒家的"内圣"开出社会主义核心价值的"外王",正是儒家道德对构建社会主义核心价值观的意义所在。④

陈瑛、肖群忠、桑东辉等探讨了具体的传统德目与社会主义核心价值观构建的关系。陈瑛对传统"道""德"加以解释,并指出新时期"道""德"的新内涵:"道"就是中国特色社会主义道路,就是实现中华民族的伟大复兴;"德"狭义来说就是爱国主义、社会主义和集体主义的道德,广义来说就是我们的社会主义核心价值观。今天的"尊道贵德"就是要搞好中国特色的社会主义事业,确保社会主义核心价值观的贯彻执行,以培育和践行社会主义的核心价值体系来保证和推动我们的中国特色社会主义建设事业。⑤ 肖群忠将中华核心价值观概括为"仁义信和、民本大同",即中华核心价值"新六德"论。他论述了"新六德"的核心意蕴及内在关系,认为社会主义核心价值与中华民族核心价值"新六德"是一个相互支持的关系,在培育和

① 罗国杰、夏伟东. 古为今用推陈出新——论继承和弘扬中华传统美德[J]. 红旗文摘,2014(7)
② 张艳清. 中华传统伦理思想促进社会主义核心价值观内化研究[J]. 理论学刊,2014(11)
③ 杜鸿林. 承负起培育践行社会主义核心价值观的责任担当[J]. 道德与文明,2014(4)
④ 陈鹏、辛文玉. 儒家道德与社会主义核心价值观的构建——基于道德与政治之关系的视角[J]. 郑州轻工业学院学报(社会科学版),2014(4)
⑤ 陈瑛. 尊道贵德[J]. 道德与文明,2014(4)

弘扬社会主义核心价值观的过程中需要注重弘扬培育中华民族核心价值"新六德"。① 桑东辉论述了传统忠德的当代转换及与社会主义核心价值观的契合。忠德包含有忠于社稷的爱国情怀,忠于职守的敬业态度,忠信为本的诚信原则,忠恕待人的友善精神。忠德与社会主义核心价值观的个人层面呈现出一一对应的特点,对传统忠德进行当代转换,不仅必要而且可能。这种转换可丰富和深化社会主义核心价值观的内涵,促进全社会对社会主义核心价值观的理解和践行。②

尹强指出,"仁义礼智信"是中华民族传统美德的核心价值理念和基本要求,以另一种形式体现了社会主义核心价值观的文化基因和精神内核,其基本内容也应该被纳入社会主义核心价值体系的建设中。③ 袁云、郑炳心认为,培育社会主义核心价值观须以最合乎民族文化心理的方式完成。孔子的"仁"塑造了中华民族文化心理,它是对宇宙人生的总体式领悟,是不断开放并不断完善的生命追求状态,它代表了孔子对完美"至善"的表达,演化为中华民族的生命信仰。在培育社会主义核心价值观的时代境遇下,"仁"的开放性、生成性特质,使得"仁"可以在中国特色社会主义建设的境遇下,通过与不同文明的对话与反思,提升中华民族的文化心理,为培育社会主义核心价值观奠定深层的心理根源与文化信仰。④

另有学者对当前所建构的社会主义核心价值观本身进行了解读。曾长秋、曹挹芬分析了社会主义核心价值观的结构:从内容维度看,社会主义核心价值观包括国家建设价值目标、社会秩序价值取向、公民道德价值准则三个方面的内容;从关系维度看,社会主义核心价值观各层面内部相互联系、相互依存,三个层面之间也是相互联系、相互依存的关系。⑤

喻文德论述了"三个倡导"的伦理意蕴。他指出,"三个倡导"从国家伦理、制度伦理、公民伦理三个层面建构了中华民族共有的精神家园。以富强、民主、文明、和谐为基本价值目标的国家伦理树立了一种全面现代化的国家形象,蕴藏着共同理想的凝聚力;以自由、平等、公正、法治为基本价值原则的制度伦理建构了一种公平正义、海晏河清的社会理想,蕴藏着制度正义的驱动力;以爱国、敬业、诚信、友善为基本行为规范的公民伦理塑造了一种顶天立地、正道直行的现代公民理想人格,蕴藏着公民品格的亲和力。⑥

崔宜明认为,社会主义核心价值观包含着三个理论突破:在利益关系认识上的

---

① 肖群忠. 仁义信和民本大同——中华核心价值"新六德"论[J]. 道德与文明,2014(5)
② 桑东辉. 传统忠德的当代转换及与社会主义核心价值观的契合[J]. 道德与文明,2014(6)
③ 尹强. "仁义礼智信"与社会主义核心价值观[J]. 南京政治学院学报,2014(6)
④ 袁云、郑炳心. "仁"的现代重建与培育社会主义核心价值观关系探析[J]. 管子学刊,2014(3)
⑤ 曾长秋、曹挹芬. 社会主义核心价值观结构探析[J]. 伦理学研究,2014(2)
⑥ 喻文德. 论"三个倡导"的伦理意蕴[J]. 伦理学研究,2014(2)

突破、在借鉴世界文明优秀传统上的突破和在历史观上的突破。只有把社会主义核心价值观的三个理论突破放到中国近代以来的历史大背景中,才能完整理解其深厚的历史意蕴和实践品格。必须以社会主义核心价值观为导向,重新审视和认识中华优秀传统文化和传统美德。①

社会主义核心价值观体系建设的目的是让全社会共享价值理念,共享包含两个层面:一是广而告之达到妇孺皆知的效果,二是让人们心中认同并依此价值行事。前者属于传播、宣传的范畴;后者主要指涉个体内化,即促使人们在了解、熟悉核心价值体系的基础上,也从心里认同它,并将它内化为个体自身的情感、意志、信仰,并逐步转化为个体的行为实践。熊富标探讨了社会主义核心价值体系的个体内化图式,认为其个体内化图式包括五个阶段:感性认知、理性体认、认同接受、自组织化和行为固化。②

孙兰英则分析了培育社会主义核心价值观应处理好的关系。他指出,培育社会主义核心价值观要从家庭教育抓起,要处理好马克思主义意识形态一元主导性与各种异质思潮多样性共存的关系、先进性和层次性的关系、民族性和世界性的关系、文化传承和文化走出去的关系。③

尹金凤探讨了弘扬社会主义核心价值观的手段:《新闻联播》建构与传播道德偶像的效果。通过对央视《新闻传播》道德偶像建构活动的传播效果考察发现,受众对其建构的道德偶像进行了多样化的解读。从传播语态、话语建构、新闻框架三个角度对该节目建构道德偶像时采用的传播策略进行分析,探讨其值得商榷之处,推广其成功的策略,对于建构道德偶像、促进道德感化、弘扬社会主义核心价值观具有重要意义。④

4. 中国传统伦理思想与现代道德建设

中国传统伦理思想是现代社会主义道德建设的宝贵资源,汲取传统伦理思想的精华,去其糟粕,致力于当今道德建设,是传统现代化的一个极其重要的环节。

朱必法、戴茂堂指出,在新的时代背景下,中国传统伦理必须进行当代建构。这种建构可以从三个方面展开:其一,针对中国传统伦理立足于狭隘的血缘而缺少普遍性展开公共伦理的构建;其二,针对中国传统伦理立足于外在的律法而具有强制性展开德性伦理的构建;其三,针对中国传统伦理立足于形式的义务而忽略人文

①　崔宜明. 社会主义核心价值观与中华优秀传统文化的再认识[J]. 道德与文明,2014(5)
②　熊富标. 社会主义核心价值体系的个体内化图式[J]. 道德与文明,2014(3)
③　孙兰英. 培育社会主义核心价值观应处理好的关系[J]. 道德与文明,2014(4)
④　尹金凤.《新闻联播》建构与传播道德偶像的效果分析[J]. 道德与文明,2014(6)

性展开情感伦理的构建。①

儒家伦理思想是中国传统伦理思想的主体,诸多学者对儒家伦理思想的现代转化进行了探究。如邢蓉、吴惠敏指出,当代社会孝道缺失、情义缺失、诚信缺失,先秦儒家的"仁"、"孝"、"义利观"、"诚信观"等关于立身处世及家庭和睦的道德思想,对于当代社会道德建设具有十分重要的借鉴意义。② 张静指出,如今的社会主义市场经济大潮使人更加关注自身利益的追逐,利己主义、个人主义、拜金主义盛行,道德滑坡现象的出现颇令人担忧。需从儒家传统伦理思想入手进行社会主义市场经济条件下的道德建设:针对利己主义泛滥和"义"与"利"的矛盾,批判地继承儒家义利观的合理内核;针对职业道德沦丧,儒家道德思想以诚信作为职业道德的一般要求;针对社会公德缺失、群己关系恶化的情况,儒家道德思想以"仁"和"礼"作为指导思想。儒家道德思想注重人自身的道德修养,内圣外王相统一的理论诉求,进一步增强了人们对于个人道德品质建设的认识;魅力人格的塑造使政府官员作为社会精英人物在社会道德建设中起到了带头示范作用。③

祖国华则探究了儒家诚信交往道德的现代转化。诚信是儒家所倡导的人与人交往的传统美德。若使其在当今的人际交往环境中发挥积极作用,就必须实现理论根源由"诚天道"到"敬人事"的转化,交往关系由"序人伦"到"倡平等"的转化,规范依据由"尊礼制"到"守契约"的转化,价值取向由"贵道义"到"义利合"的转化,实现方式由"重内省"到"强他律"的转化,伦理维度由"偏私德"到"讲公德"的现代转化。④

中国传统哲学是"究天人之际"的学问,人与自然的关系问题是其所探讨的基本问题。徐春揭示了儒家"天人合一"思想的现代转化:"畏天命"、体认自然的内在价值、承担对自然的责任等伦理思想的自然引申和合乎逻辑的结果就是我们今天所讲的环境伦理或生态伦理。儒家"天人合一"思想经过否定之否定的文化超越,可以与现代环境伦理相融合,将为建立一种健全的环境伦理学做出重要贡献。⑤

另有学者将目光聚焦于当今道德建设中的道德理想价值上。魏传光以对"大同梦""强国梦""美国梦"的分析为基础,阐述了当今"中国梦"的道德价值建构。他分析指出,中国古代的"大同梦"因其内含的仁爱、平等、和谐等道德价值理想,体现出对完美人性的向往和对绝对"善"的追求,而成为人类拂之不去的梦想。中国

---

① 朱必法、戴茂堂. 中国传统伦理的当代构建[J]. 唐都学刊,2014(3)
② 邢蓉、吴惠敏. 先秦儒家伦理思想对当代社会道德建设的启示[J]. 蚌埠学院学报,2014(6)
③ 张静. 儒家道德思想对社会主义市场经济条件下道德建设的启示[J]. 湖南大学学报(社会科学版),2014(2)
④ 祖国华. 儒家诚信交往道德的现代转化[J]. 吉林师范大学学报(人文社会科学版),2014(1)
⑤ 徐春. 儒家"天人合一"自然伦理的现代转化[J]. 中国人民大学学报,2014(1)

清末民初的"强国梦"最初崇尚物质、崇拜强权,功利性压倒道义性,但在一战给欧洲带来的悲剧和国内共和失败的现实面前,开始反思缺失道德价值浸染的"强国梦",重新赋予梦想以人为中心的伦理尺度。西方典型梦想"美国梦"中自由、平等、民主等道德价值梦想后来日益嬗变为攫取物质财富的梦想,其吸引力也日渐式微,变得虚幻。以此为鉴,"中国梦"应以道德为基石,赋予丰富的道德价值,彰显道德文化气质,显示传统文明的色彩,谱写天下大同的基调,绘就和谐发展的前景。①

杨四海则将目光投向中国思想史上的道德发展演化过程。他审视和比较魏晋玄学、宋明理学以及近代康有为的大同理想,发现中国历史上道德演化轨迹呈现一种乌托邦的发展倾向。这一倾向正面上的影响在于它促进了中国思想史上的思想解放,带来了特定时期的文化繁荣,在一定程度上也显现出个体意识的萌芽,促进了自由平等观念以及马克思主义等进步思想的传播和发展。对中国到的历史演化的追根溯源将有助于人们形成社会主义核心价值观的新世界,有助于正确把握我国公民道德和社会政治发展的走向。②

学者们还研究了传统伦理思想在当今道德建设具体领域中的作用和价值。首先是社会治理方面,姜义华讨论了"礼治"的当代意义。他指出,随着时代变迁和空间变迁,"礼"的内涵与形式都发生了变化,但作为责任伦理的体现着这一根本精神,在"礼"的沿革过程中一直在坚守着。"礼治"在伦理性国家中具有不可或缺的地位,它的革新及再创造,应当从人们的生活实践中,从各地方、各族群的民间习俗中,吸取丰富的营养。要对现今既有的各种礼仪进行认真的调查、研究和总结,在已有的基础上加以提升,并使之更加系统化、完善化。让"礼"和"礼治"成为现代国家德治与法治的得力辅弼,是当代中国人不可推卸的责任。③

常江指出,更注重社会正义原则,而轻视仁爱美德是近代以来的伦理问题。他认为,作为人类两类基本德性,德行的仁爱与正义应当是互补相生的,仁爱的现代正义论伦理建构与实践正在或将遭受无根化、脆弱化和虚无化的危机。他倡导一种"仁爱而正义"的"中和"之道,"中和"之道是两种伦理思路的圆融贯通,进而意味着人值得过的"整全生活"的建构:即要自觉寻求伦理精神信仰的和合转化,伦理生活传统的和合创新,伦理制度结构的和合建制,以及伦理实践品性的和合塑造,从而积极营造"自律"与"他律"协同共契、"人际"与"心际"畅然流通的当代中国

---

① 魏传光. "中国梦"的道德价值建构——以对"大同梦"、"强国梦"、"美国梦"的分析为基础[J]. 长沙理工大学学报(社会科学版),2014(3)
② 杨四海. 中国道德历史演化中的乌托邦色彩及其影响[J]. 江苏师范大学学报(哲学社会科学版),2014(2)
③ 姜义华. 论"礼治"的当代意义[J]. 红旗文稿,2014(20)

伦理生活气象,全面提升人们的伦理意识、生活品位和人生境界。①

潘文华、刘贵占在社会制度变迁视域下对"孟子论舜"进行反思。他提出,孟子的仁政伦理、义利观念具有正面价值和积极因素,但在"孟子论舜"两个极端案例上,暴露了仁政学说过分依赖血缘亲情的弊端。当代法治中国强调在公共领域注重法治精神,血缘亲情须限制在私人家庭生活领域。②

刘宁、周志新、冀姣等学者对传统伦理在道德教育、医学伦理、企业道德等领域中的作用进行了研究。刘宁、张彦通论述了道家人生智慧与当代大学生精神家园构建的关系。他们指出,现如今许多大学生缺乏处理学生本我与天、与物、与人、与己关系的智慧,找不到安身立命的精神家园,影响着大学生顺利成人和成才。道家人生智慧尊崇的超越功利、返璞归真和精神自由等原则,可以为大学生构建自己的精神家园提供有益启示。③ 周志新、杨同卫、陈晓阳探讨儒家伦理视域下当代医学职业伦理观的重构。他们认为,重构当代医学职业伦理观意义重大,儒家伦理是阐释、引导当代医学职业伦理观重构的重要理论资源。当代医学职业伦理观重构的主要内容包括:树立"仁爱爱人"之本源观,坚持"见利思义"之价值观,塑造"内省慎独"之医德观,追求"博及医源"之医道观。④ 周奕、李伦研究了中国传统医患诚信模式及其当代价值。中共传统医学强调"医乃仁术"和"医患诚信"等伦理原则,形成了医患诚信模式。医患诚信模式要求医生有为患者谋利益的赤诚之心,也要求医生尊重患者及其决定。医患双方在真诚沟通的基础上共同做出医疗决策。医患诚信模式既坚持了知情同意,又维持了和谐的医患关系,对当代医疗实践具有重要启示意义。⑤ 冀姣探索了儒家伦理在现代企业道德风险规避中的作用。她认为,儒家伦理具有潜移默化改变人们行为的作用,对预防现代企业道德风险的发生有一定的启示。儒家伦理的"为政以德"思想、义利观、人无信不立思想、人本思想有利于企业道德风险规避。⑥

另外,李娟、王焕丽分析了耻感文化在现代生态公民社会建构中的作用。她们指出,解决生态问题的途径之一是生态道德环境的创设以及生态公民社会的建构,而微观切入点则是生态公民个体生态道德素养和公德意识的培育,耻感文化成为生态教育中最能体现人本位价值的教育理念。通过对传统"耻感"道德理念的扬

---

① 常江. 仁爱与正义:当代中国社会伦理"中和之道"[J]. 哲学研究,2014(2)
② 潘文华、刘贵占. 社会制度变迁视域下"孟子论舜"的再思考[J]. 学术交流,2014(8)
③ 刘宁、张彦通. 论道家人生智慧与当代大学生精神家园的构建[J]. 道德与文明,2014(2)
④ 周志新、杨同卫、陈晓阳. 儒家伦理视域下当代医学职业伦理观之重构[J]. 河南师范大学学报(哲学社会科学版),2014(1)
⑤ 周奕、李伦. 中国传统医患诚信模式及其当代价值[J]. 湖南大学学报(社会科学版),2014(5)
⑥ 冀姣. 儒家伦理在现代企业道德风险规避中的作用[J]. 中共济南市委党校学报,2014(6)

弃,深刻剖析其要义,以期发挥耻感文化对塑造现代生态公民社会的驱动功能和生态道德环境体系构筑的创设作用。①

四、道德教育与道德修养

道德教育与道德修养是中国传统伦理中的重要组成部分,是提高人们的道德素质,铸造人们的道德人格,达到完善的道德境界的两种重要活动。两者在所教育或修养的具体内容以及目标上存在着很大的交叉之处,难以全然分开,但两者又都各有侧重。道德教育以社会为主体,强调自上而下的对人们施加系统的道德影响;道德修养则以个人为主体,强调个人自觉学习、恪守道德规范。2014 年,学者们从不同的视角、立场、和方法对中国传统伦理思想中的道德教育与道德修养进行了深入的挖掘与阐发。

1. 道德教育

道德教育是指教育者有目的地对受教育者施以道德影响的活动。具体说来,它指的是教育者根据社会的道德要求和受教育者的个体需要及道德形成规律,有目的、有计划、有系统地对受教育者施加影响,并通过教育者积极主动的内化与外化,促其养成一定道德品质的教育活动。道德教育问题与人才的培养密切相关,一直是中国传统社会的重要问题,在当今社会也至关重要。总体而言,道德教育的根据、目的、内容、方法及意义是互相融合的,很难决然分开。

（1）总体性研究

所谓总体性研究,既指从中国传统伦理的宏观视野来研究"道德教育",又指对中国古代思想家的道德教育思想进行整体性研究。

从宏观层面来探讨道德教育问题的主要有牟钟鉴、姜晶花、尚云丽与于洪波等人。牟钟鉴将儒家看作是社会德教,是成德之教,它基于"五常""八德"普遍性的社会规范提出了不同领域的原则和要求,并且采用了多种方式来推行道德教化。这些方式既包括在家族社会层面提倡五伦之教,也包括在学术文化层面建立的以经典解读为心术的学术派别;既包括为适应普通民众对来世期盼和祈福消灾渴求而提出的"神道设教",也包括为适应民众精神生活需要而发展的各项文艺事业。当前要重建儒家的社会德教的地位必须要反对将儒家政治化与工具化,真正从儒学自身的层面去进行创新。② 姜晶花则对中国传统道德教化的演变历史进行了考

---

① 李娟、王焕丽. 现代生态公民社会建构中的传统耻感文化维度探析[J]. 河北学刊,2014(5)
② 牟钟鉴. 社会德教——儒家的过去和未来[J]. 孔子研究,2014(1)

察,认为其演变包含一定的自然历史条件和社会制度特征。如对自然的重视和膜拜;对自然规律、天地道理的恪守和敬畏;对以父权家长为中心、以嫡长子继承制为基本原则的宗法制度的坚守等等。① 尚云丽、于洪波从"仁"与"理"的视角对道德教育进行了探究。他们认为中国的先贤们提出了以"仁"为核心的人性观,并由此推演出以"价值存在"为主的道德教育范式,人通过内在的道德奠基,外在的人伦纲常礼仪规范,以内省和自修为途径,达到德育目的:做仁爱的人。然而,西方哲学家则是用理性来概括人性,并由此推演出以"知识存在"为主的道德教育范式,在自由的隐性状态下,通过认知达到德育目的:做理性的人。②

从整体层面对道德教育进行探究的也不乏其人。吴磊、万志全对五代时期道教的经典《化书》中的伦理思想进行了探究。他们认为《化书》视角独特地从生物学上寻找人类伦理之源,痛斥当时道德堕落之状况。伦理教化之根基在于帝王无为寡欲,清正爱民,其实施策略即为与民同甘共苦,倡导平均,厉行节俭;其伦理理想则为由人人平等而至天下大治。这是融儒家、佛家思想于道家之中的伦理创新,因而是中古道教伦理思想之重要成就。③ 付选刚对荀子的道德教育思想进行了分析,指出荀子基于"性恶论"的道德教育思想主要有以下内容:道德教育可以使人由"恶"变"善";道德教育要以"礼"为主,以"法"为辅;既要重视道德环境的影响,更要发挥道德教育的作用;道德教育要划分层次,确立不同目标;道德品质稳中有变,道德教育要坚持不懈;道德修养要日积月累,道德操守要坚定不移。④

(2)道德教育的内容

道德教育的内容主要是指统治阶级或者思想家希望或提出的对其社会成员的具体道德要求。刘厚琴认为孔子所提出的"忠"德是德育的重要内容,并以德育的视域对此进行了分析。在他看来,孔子将"忠"当成"教之本"与"行之先",体现了良好品格与工作态度。孔子"忠"的内涵广涉道德教化、理智德性、个人品德及伦理实践。在当前社会道德滑坡之时,孔子的"忠"德能引领我们遵守社会公德,坚守职业道德,弘扬家庭美德,陶冶个人品德,为构建和谐社会做出贡献。⑤

刘峻杉探讨了老子的智德观及其德育价值。他指出,"智"由"知"字引申而来。智在中国古代有德性的内涵。"知"在帛书《老子》中涉及的领域也很广,其中既有否定意义的用法,也有肯定意义的用法。"智德"作为老子思想中下德状态发展到最后一个阶段的主导德性,是具有本体论意味的。老子智德观在人格气质修

---

① 姜晶花. 中国传统道德教化及其现代启示[J]. 江苏社会科学,2014(5)
② 尚云丽、于洪波. "仁"与"理"视阈下的道德教育[J]. 北京社会科学,2014(8)
③ 吴磊、万志全.《化书》道教伦理思想探究[J]. 湖南大学学报(社会科学版),2014(5)
④ 付选刚. 荀子"性恶论"的道德教育思想要旨[J]. 延安大学学报(社会科学版),2014(10).
⑤ 刘厚琴. 德育视域下的孔子"忠"德[J]. 湖北工程学院学报,2014(7)

养方面,主要体现于谦虚谨慎、知足处静、灵活变通、勤奋乐观等方面。老子智德观反映了先秦文化中智慧与道德密不可分的特点,启示当今时代在重视底线伦理建设的同时,也要对底线伦理本身的有限性给予足够的认识。①

傅琳凯、王立仁从总体上考察了汉代的德育思想,并将其内容概括为:价值观属性的孝德经学教育、世界观属性的天人关系教育、规范属性的封建纲常教育、养成属性的楷模典范教育。②

单纯则从孔子的"礼乐"思想入手,挖掘其道德教育的思想。在他看来,孔子的"仁义"本质上是一种"入世"哲学,是对其生活的周代"礼乐"制度的批判性阐发。它以"家国天下"为社会制度环境,从中抽象出人道主义价值取向的社会伦理,以"孝""忠""义"三者之间的递进关系"损益"推动制度变迁的政治理想,建构起社会"五伦"关系中的伦理公平性与政治正当性原则。"仁孝""义勇""贵和"等核心观念,既表达了春秋时代批判"礼坏乐崩"的社会现实,评价"德政"与"刑礼"制度关系优劣的独立思想,也对中国传统社会制度的演变产生了意识形态方面的影响,更是阐释当代中国社会制度的"中国特色"的重要精神资源。没有儒家"仁义"为核心的社会价值取向,就很难界定中华民族的制度文明。忽略了孔子对社会制度的批判精神,更无法说明儒家思想的本色。③

(3)道德教育的方法

关于道德教育的方法,不同学者着眼研究点也不同。方琳认为儒家德育的根本路径就在于唤醒道德自觉,因此儒家不遗余力地论证道德自觉的人性根据,提出人性之中蕴涵有道德的因素,为唤醒、培育道德自觉提供了理论基础,设立理想人格,为世人树立了可效仿的榜样。儒学家倡导"反省内求、独慎"的修身之法,理学家提出"主敬、集义"等方法,但二者一致认为,依靠主体的道德自觉、保持扩充本心之善才是德育的最根本路径。④

罗本琦、方国根对儒家荣辱观大众化的基本路径进行了探讨。他们认为荣辱观之所以能普及首先在于它自身对人与社会的关注程度及价值。其次在于儒家坚持"有教无类",构建荣辱观教育体系。再次在于儒家培育精英群体,弘扬荣辱观的实践典范。最后是建立制度体系以维护荣辱观的至上权威。⑤

董金裕认为《周礼·地官》言保氏"养国子以道,乃教之六艺",六艺乃古代学校教育所设科目。六艺中的礼、乐重在伦理的培养及情意的陶冶,射、御重在体能

---

① 刘峻杉. 老子的智德观及其德育价值[J]. 大学教育科学,2014(2)
② 傅琳凯、王立仁. 汉代德育思想初探[J]. 社会科学战线,2014(9)
③ 单纯. 孔子对"礼乐"制度的批判精神[J]. 中国政法大学学报,2014(2)
④ 方琳. 唤醒道德自觉——儒家德育的根本路径[J]. 中共郑州市委学校学报,2014(2)
⑤ 罗本琦、方国根. 儒家荣辱观大众化的基本路径[J]. 哲学动态,2014(8)

的训练及技艺的精熟,书、数重在知识的获取及其在日常生活中的运用。各自的属性虽不同,但彼此相关。六艺的教学特色有三:文事与武备兼具,道德与知识、技艺并重,身心交融、人我互动。六艺教学合乎五育并进的全人教育,可作为我们今日的取法之资。①

祖国华、孙鑫则深入探讨了儒家礼乐传统的化育机制,认为礼乐化育强调的是缓慢渐进、氤氲化生,区别于一般意义上的"教化"、"培育"。儒家礼乐传统的化育,其本质是儒家礼乐文明的内化外现过程,这一过程体现出鲜明的过程性、秩序性与向善性等特征。化育功能分为"礼化"功能与"乐化"功能,二者潜移默化地改变着人与社会的生成与发展状态,对于个体道德化与社会秩序化具有重要的价值和深远的影响。要发挥儒家礼乐传统巨大的化育功能,需在儒家礼乐传统的思维路径、资源整合、实践方式等方面下工夫。②

顾红通过对荀子"化性起伪"道德教化思想的分析,把道德践行分为"知道"、"可道"、"好道"三重境界,与此对应"道德认知、道德自律、道德养成"三种人格。这种道德教化思想对当今高校"立德树人"的德育意旨具有一定的借鉴意义。为此高校学生德育工作应该坚持"以人为本"的教育理念,遵循道德品质形成的层级规律,按照"他律—自律—律人"的路径,向学生传授道德知识,增强道德认知;设立道德情意,激发学生道德情感;强化道德实践,培育学生道德行为。③

韩玉胜则考察了乡村地区开展道德教化的形式"乡约",尤以"宋明乡约"为重,来探究道德教育的方法。通过对"宋明乡约"乡村道德教化思想的整体考察,发现其展开的历史逻辑:"宋明乡约"通过沿革古礼获得了道德教化思想的图景设计,然而在当时基层社会丰富的现实生活中,各种势力纷繁复杂、相互博弈、此消彼长,使得乡约道德教化的初衷未能得以自然生长,却几经流变才得以充分展开,在"德刑之辩"的价值抉择和张力维持中形成了从道德理想到政治实践、从单一模式到多元并存、从理论沿袭到理论创新的三大演进路向。④

2. 道德修养

中国各古代思想家,尤其是儒家学派十分重视道德修养,此后经历代思想家的继承发挥和不断完善,形成了源远流长、内容丰富、自成体系、独具特色的道德修养理论。所谓道德修养,指是的个人自觉地将一定社会的道德要求转变为个人道德品质的内在过程。不同社会、时代和阶级的道德修养有不同的目标、途径、内容和

---

① 董金裕.《周礼》六艺的内涵及其在教育上的作用[J]. 孔子研究,2014(1)
② 祖国华、孙鑫. 儒家礼乐传统的化育机制[J]. 道德与文明,2014(3)
③ 顾红. 荀子"化性起伪"的德育践行观及其当代价值[J]. 现代教育科学,2014(6)
④ 韩玉胜. "宋明乡约"乡村道德教化展开的历史逻辑[J]. 伦理学研究,2014(3)

方法。2014年,学者们对道德修养的可能性、内容、目标及方法等各方面进行了深入分析。

(1)道德修养的可能性

对于道德修养何以可能的问题,陈二林认为孔子提出的"为仁由己"是最好的解答。"为仁由己"重视个体内在德性的激发与道德主体意识的培育,这对以重德为特征的中国传统文化型塑具有关键作用。也给了我们一个启示,即当今社会进行思想道德建设,既要重视制度性之公德建构,也要重视个体性之私德涵养,并努力促进二者的良性互动。①

刘增光从宋明理学中的"道德意志"视角入手来回答了为善何以难的问题。他指出,朱子理学主要是以关于天理的"真知"作为增强人道德意志从而行善去恶的保障,王阳明的良知学则主要是以人人本有、人人自信自知的良知作为增强人道德意志的保障,而罗近溪及晚明的很多儒者则有着以外在超越的、有人格意志的上帝或天公作为增强人道德意志保障的倾向。宋明理学家怀抱现实之关切,对道德意志问题的思考逐层转进,从理论上穷尽了如何解决这一道德哲学议题的各个维度,体现出了相当的思想深度。②

王新春研究了周敦颐的人性论及德性修养理路。在他看来,周敦颐认为人的性命有本然与实然两个层面。在本然层面,人人皆直承终极大宇宙根基根据之诚而来,拥有纯粹至善的性命本然;在实然层面,人因禀受气质的差异而具有了不同的人性。前者是人成就圣人的充足资源,后者的障蔽可以超越。成圣成贤不仅可能,而且应当。为此,人应尊道贵德,作无欲主静和思的德性涵养修为工夫。周敦颐以此推出了其人性论与德性修养理路,初步构设出了一个以性命心性论为根基的、贯通天人的思想系统,为理学的确立奠定了厚重基石。因此,人性论是道德修养可能性的前提。③

(2)道德修养的目标

传统儒家伦理学的核心是修身之学,思想家们把个人品德修养、品德教育、培育理想人格视为齐家、治国、平天下的根本,因而理想人格的培育、理想境界的达成都是道德修养的重要目标,不同思想家道德修养的目标各异。

李景林通过对孔子"闻道"进行重新阐述,论述了"闻道"作为道德修养目标的重要性。他认为,孔子终生追求的"闻道",是"知道",但不是"见而知之"意义上的

① 陈二林. 孔子"为仁由己"道德主体学说及其启示[J]. 江苏师范大学学报(哲学社会科学版),2014(7)

② 刘增光. 为善何以难? ——宋明理学中的"道德意志"问题及其他[J]. 燕山大学学报(哲学社会科学版),2014(6)

③ 王新春. 周敦颐的人性论与德性修养理路[J]. 道德与文明,2014(5)

知,而是"闻而知之"意义上的知,是之谓闻道。其所要表现的正是一种自觉继先王之道,重建并开出华夏文明新统的圣道和文化担当意识。①

张容南认为道德成熟是道德修养的目标。在他看来,先秦儒学认为道德成熟的标志是通过道德教化而达到人与周遭环境的和谐,以及人对具体情境做出及时反应的实践智慧的增长。道德教化是唤醒内在于人自身中的道德潜能的过程,应首先让人们意识到内在于他自身的道德情感,然后依据道德规范在实践的过程中让道德情感得到充沛发展,进而形成道德人格。道德修养的核心在于修身的实践,君子应从有关身体的伦理做起,一步步向外推广,直到洞悉天地之大德。此外,由于道德风气的传播主要依靠示范和榜样的力量,所以社会中的主政者对此负有更大的责任。②

黎红雷通过对《论语》首章"集译"分析出孔子"君子学"的三种境界:一是学习实践,二是相互切磋,三是求之于己。③ 杨黎则对孔子道德情感的审美意识进行了探源,认为孔子从未将"仁"或"知"或道德与人的情感相脱离,孔子思想中道德情感的审美特征为现实性、内省性和实践性并且孔子提倡的人道和德行,被灌注了充满人文理性精神的情感。④

韩星对孟子的道德修养进行了解读,认为他提出的大丈夫人格便是道德修养的目标。他指出,孟子提出大丈夫,与之相对的否定性人格有贱丈夫、小丈夫、齐良人、纵横家等。大丈夫人格的造就须以修养"浩然之气"作为其内在的精神支撑。浩然正气要"直养而无害",要靠日积月累的长期坚持,还须经受长期而艰苦的磨炼。大丈夫的最高境界是杀身成仁,舍生取义。⑤

刘晓靖对孔子的道德理想进行了论述,指出孔子为建立一个富足、文明、和谐、稳定的理想社会而提出了一个以"仁"为核心、以"礼""义"等为基本范畴的社会道德价值体系,设计了具有不同层次品格的理想人格形象。其中谈论最多的道德理想人格是"君子"。君子人格应当具有的品格主要是"仁""知"和"勇"三方面。⑥

夏当英则从孟子入手,对道德修养的较高目标——道德信仰进行了研究。他指出,孟子在孔子"仁学"基础上建立了以仁为本的道德体系,主张普及道德信仰以维护社会秩序。在孟子视界中,道德信仰的生成逻辑体现在道德形而上学的建构中,"尽心知性以知天"规定了道德信仰是理性生命活动的重要内容。孟子又赋予

① 李景林. 孔子"闻道"说新解[J]. 哲学研究,2014(6)
② 张容南. 何谓道德成熟:来自先秦儒学的回答[J]. 道德与文明,2014(3)
③ 黎红雷. 孔子"君子学"的三种境界——《论语》首章集译[J]. 孔子研究,2014(3)
④ 杨黎. 道德与审美——孔子道德情感的审美意识探源[J]. 道德与文明,2014(2)
⑤ 韩星. 孟子的大丈夫人格及其历史影响[J]. 孔子研究,2014(3)
⑥ 刘晓靖. 孔子道德理想论析[J]. 郑州大学学报(哲学社会科学版),2014(9)

道德信仰形而下的意义,主张社会人伦提供了培育道德信仰的具体情境,要求行为主体以践行人伦规范的方式来显现道德信仰与道德情感,从而有效调整社会运行秩序。孟子"仁政说"强化统治者在推行道德信仰中的功能,期望国家权力给建立道德信仰以制度上的保障。①

（3）道德修养的方法

道德修养的方法,是使外在的道德规范内化的一种功夫,历来为思想家所重视。赵清文通过对《论语》的分析与挖掘,提出"学"的方法。在他看来,"学"是一种兼具现实性和超越性的活动,它的目标是人的完善,标准是"上达"于天,关键是"自觉悟"。"时习"之"说（悦）"、"朋来"之"乐"、"人不知"之"不愠",正是在自我超越的"学"中才能够有机统一起来。"时习"之"说（悦）"和"朋来"之"乐"旨在从积极的方面阐明"学"的乐趣,而"人不知而不愠"则试图从消极的方面来避免人们在"学"的过程中可能出现的懈怠情绪。在"学为君子"的宗旨之下,"君子"成为一种可以自我塑造的身份。②

黄玉顺对良知与正义感的培养方法"养气"进行了仔细分析。他认为,孟子所说的"气"或"浩然之气",也叫"正气",是一种情绪体验,而"夜气"是一种比喻。这种情绪体验来自一种内在感受,即通常所谓"正义感",孟子谓之"是非之心"。这种内在感受来自一种关于是非曲直的直觉判断能力,这是孟子"良知"观念的含义之一。这种直觉判断能力源于人们在共同生活中形成的共通的是非观念,而这种生活即孟子所说的"居"、"养"。所谓"养气",就是在生活中自觉地培养这种是非观念以及相应的直觉判断能力、内在感受能力、情绪体验能力。③

程旺则另辟蹊径,从儒家的"困境智慧"入手来探讨道德修养的方法问题。在他看来,儒家的"困境智慧"是关于人类生存困境的根本性反思。儒家以主体性的德行修为与道义担当为本根,以终极性的天命为依托,通晓时遇和权变的方法原则,伴随着主体内在的充实和自信,保有乐观之心境,从而实现对外在困境态势的消解和转化。儒家的"困境智慧"蕴含着人生意义如何生成的内在考量,对于"作为现实中的存在"的人,具有广泛而深刻的指引意义。顺境中常思"忧患意识",逆境中不忘"困境智慧",两者相辅相成,共同构筑起儒家圆满自觉的人生智慧以及安身立命的人生哲学。④

刘亮红对柳宗元"方其中圆其外"的道德修养方法论进行了阐述。在他看来,

① 夏当英. 孟子视野中道德信仰的生成逻辑与建立机制[J]. 孔子研究,2014（4）
② 赵清文. 自我超越的"学为君子"之道——《论语》"学而时习之"章析义[J]. 孔子研究,2014（3）
③ 黄玉顺. 养气:良知与正义感的培养[J]. 中国社会科学院研究生院学报,2014（11）
④ 程旺. 论儒家的道德智慧[J]. 孔子研究,2014（1）

要达到中方外圆的道德修养目的,必须要从以下几个方面入手:一是要植志笃道,即自小立下忠正信义之志,笃行尧舜孔子以利民济世为目的的大中之志;二是要"固其本,养其正",即认真学习孔子之道及圣贤经典,并通过学习圣贤经典、笃行圣人之道来巩固立身行事的根本、涵养自己的浩然正气;三是要"韬义服和,外圆内方",并一再强调,君子的外圆并不是圆滑以趋利,苟合以取容,而是像车轮一样牢固圆融,勇往直前时锐而不滞,必要的后退时也可安而不挫,顺势而为。①

韩玉胜、解本远两人均通过对王阳明良知观念的挖掘阐述了道德修养的方法。韩玉胜认为,王阳明"致良知"思想的伦理特质便是秉持慎独之功,所以要在"人所不知己所独知"之哉用力,主张通过"省察克治""破心中贼""存养夜气"等一系列内在工夫杜绝恶念、塑造新我。② 解本远则认为良知观念是一个包含道德主体、道德规范和道德能力三个层面含义在内的整体性的范畴。③

邓名瑛、吴建国④则对陆九渊的德性修养思想进行了总体性研究,既指出学为做人的修养目标,也提出了其本心至善,恶自偏失的修养依据,同时还有其"剥落"、自反的道德修养方法。无独有偶,蔡方鹿也是从总体上对二程的人性修养思想进行了探究,认为二程的修养方法是涵养以明天理,"性其情",以道德理性来节制情感、情欲,把修养贯彻到动静两端的人性修养上。⑤

五、家庭伦理

家庭是组成社会最基本的分子,家庭道德的建设关系到社会的稳定和长足发展,因此,重视对家庭道德的建设,可以为家庭和社会提供持续的精神动力。自古以来,我国就注重对家庭的建设,以儒家的"修身齐家治国平天下"最为典型。随着时代的变迁,农业文明被工业文明所代替,以家族宗法血缘关系为本位的封建制度被以核心家庭为主体的社会主义制度所代替,对家庭的道德提出了新的要求,即传统的"家庭美德型的私德模式"需向"私德与公德并重的道德建设模式"转变。⑥ 因此,学者们致力于吸收传统优秀的家庭美德来建设现代化的社会主义家庭美德,主要集中于父子间的代际关系和夫妻间的横向关系。

---

① 刘亮红. 论柳宗元"方其中圆其外"的道德修养方法论[J]. 湖南大学学报(社会科学版),2014(3)
② 韩玉胜. 王阳明"致良知"思想的伦理省察[J]. 广西社会科学,2014(8)
③ 解本远. 为善去恶亦良知[J]. 中国哲学史,2014(3)
④ 邓名瑛、吴建国. 陆九渊德性修养思想研究[J]. 道德与文明,2014(2)
⑤ 蔡方鹿. 二程的人性修养思想与价值观[J]. 道德与文明,2014(2)
⑥ 张建英、罗乘选、胡耀忠. 传统中国家庭美德型私德模式论分析[J]. 伦理学研究,2014(2)

1. 父子间的代际关系

父子一伦是最重要的家庭伦理之一,关系到血脉的延续、家族的传承乃至国家的延续。因此,传统社会十分重视对代际间的关系进行道德上的建构,"孝"是最核心的理论成果之一。

（1）孝的本来含义

传统经典中对孝的论述最有影响的是《论语》和《孝经》。关于《论语》中对孝的阐发,金小燕认为,虽然在孔子之前,"孝"就是一个重要德目,但论语作为儒家伦理的经典开创了儒家孝道作为家庭伦理重要德性的源流。历经两千多年,《论语》论述的儒家孝道,依然是现代孝道生活的主流。其中蕴含的最为稳定和核心的儒家孝道的伦理本质包括四个方面。首先,在善端的来源方面,孔子主张孝道是道德主体发自内心的真诚行为,是子女真情实意的自然流露,曾子继承发展了孔子的这一思想,认为孝道是对父母的忠爱、敬爱,这些是对父母养育感激之情的自然流露,而非外力约束。其次,孔子为孝道寻找的理论依据还有报恩,通过与西方观念中子女对父母的回报理论相较,并不能完全否认报恩是孝的一个基本理由。再次,敬是贯穿一切具体孝行的主线,也是激发孝道的源泉。敬强调对父母的敬爱,这主要源自于血缘亲情和自然仁心。最后,"礼"贯穿孝道所有的具体行为,如事亲、葬亲和祭祖等。孔子之后的儒家,尽管对具体内容的论述有所差异,但都没有离开《论语》中言说的情感源头、回报依据、敬的主线和礼的构成。①

黄琦认为孔子"以仁释孝",并提出孔子的"三重孝道":将"家庭孝道"扩充为"国家孝道",进而进升为"社会孝道"。孔子通过"以孝释仁",将西周时期专属于贵族阶层"尊祖敬宗"的宗教等级孝道观转变为春秋末期平民阶层"奉养爱亲""孝慈则忠""泛爱众"的宗法伦理孝道观。孔子以充满血缘亲情的"家庭孝道"为基础,通过"孝与为政"的相联进一步扩充到存在于政治领域中的"国家孝道",接着通过具备普遍意义的"仁爱原则"进升到存在于社会领域中的"社会孝道"。孔子"三重孝道"的思想是其整个伦理思想体系的根基,并为之后曾子、孟子、荀子等儒家孝道思想的发展奠定了基础。②

《孝经》是儒家十三经之一,虽然字数是其中最少的一篇,但对中国人孝观念的形成至关重要。吴涛通过对《孝经》的解读来窥探其与中国国民性格养成的关系。他认为《孝经》铸就了中国国民尊老爱幼、宽厚仁慈、重礼守法、尊君爱国等鲜明的民族性格特点,但《孝经》一味地提倡尚古守旧、泯灭个人权利的思想也对民族性格

---

① 金小燕.《论语》中的儒家孝道及其伦理实质[J].重庆社会科学,2014(10)
② 黄琦.孔子"三重孝道"思想探析[J].民族论坛,2014(3)

的养成产生了不利的一面。①

李炼石在行孝的根据、孝道的诠释和行孝的方式三方面对《孟子》和《孝经》进行了对比。在行孝的根据方面，《孟子》主张孝养父母是"仁"的根本，主要着眼于孝道的社会政治功能；《孝经》将孝确定为一切道德的根本，并提出了人性方面的依据。在孝道的诠释方面，《孟子》主张孝道要发自内心；《孝经》已经将重点从强调内心境界转移到为人子者对待双亲的外在态度上。在行孝的方式上，《孟子》主张以诚为前提，做到"尽心"和"竭力"，以"孝化天下"为最高境界；《孝经》主张要从事奉双亲开始，继而事奉君上，最终立身扬名、光宗耀祖。②

曾子是历史上有名的孝子，也是孝道理论的构建者。李仁君提出，曾子把孝道提升至宇宙间永恒不变的道德和规律的理论高度并予以论证，形成了以"孝"为核心的道德本体论思想体系。他论述了孝道在儒家道德中的重要地位，认为它是效法天地的自然之道，是德之本，教之所由生，是人类社会和政治的普遍法则，孝是对人的生命本源、回归的终极性思考，是对人类道德精神的超越。③

（2）孝含义的扩展

皇侃为南朝梁最为著名的经学家之一。张波认为，黄侃对《论语》《孝经》的疏释中，从自然人性论出发揭示孝的本质，视孝为"仁之本""百行之本""事亲之目"、为政之基等，有效地揭示了孝的意义结构。在孝的本质方面，黄侃认为"孝是仁之本"；关于行孝在社会生活的地位，皇侃提出了"孝为百行之本"的命题；在事亲方面，皇侃提出无违、爱、敬、贯穿始终、父子相隐等要求；皇侃在社会政治生活中，主张以孝友为政，将家庭伦理与国家伦理相结合。在身处南朝玄学流宕、三教盛行之时，皇侃对孝的疏释反映出儒家的孝、忠等纲常伦理依然是稳定政治秩序、弘扬社会教化的重要内容。④

舒大刚，汪舒旋则通过对顾炎武《日知录》进行研究，发掘出深厚的"孝悌"思想。他们提出，顾炎武认为，于人子而言，孝为德本，主孝；于人君而言，孝为教先，主仁；于国人而言，孝令俗美，主信。针对当时社会现状，顾炎武认为士君子无耻是所有社会问题的根本。要启发和维系士人的羞耻之心，最根本的杠杆便在于孝悌伦理的重新提倡，重塑和培植士君子人格。⑤

肖雄、郭齐勇从德目和德性两方面梳理孝的意义。他们经过研究认为，作为一种德目，孝不仅仅局限在如何对待父母，同时还关乎我们怎么做人，或者说孝是多

---

① 吴涛.《孝经》与中国国民性格养成之解读[J]. 运城学院学报，2014(4)
② 李炼石.《孟子》、《孝经》的孝道思想比较[J]. 湖北工程学院学报，2014(7)
③ 李仁君. 曾子以孝为核心的道德本体论思想[J]. 湖北工程学院学报，2014(1)
④ 张波. 黄侃孝道伦理研究[J]. 宝鸡文理学院学报，2014(12)
⑤ 舒大刚、汪舒旋. 顾炎武"孝悌"论管窥[J]. 西南民族大学学报，2014(5)

层次的,是从家庭到社会的层层铺开。作为一种德性,孝乃是有本有源者,故能引生其余德性、感召他人。通过孝和廉的对比,他们认为孝廉虽然一私一公,各自的义务对象不同,但它们确实有共同的根基,此即本心良知。孝和廉可以互相引发,但孝比廉更加根本。以孝来促廉,是有现实意义的。①

此外,史少博和申圣超也看到孝在中国传统伦理中的基础性地位。他们指出,孝从孝亲的家庭伦理出发,推至兄弟、夫妇、上下级以及朋友之间的相互尊敬与谏诤,体现在孝与仁义礼智信的关系中。归纳起来就是:孝为仁之本,孝慈谓仁;义为孝之实,诤孝为义;礼为孝之核,敬孝合礼;智为孝之方,诤孝需智;孝为信之基,诚孝为信。②

(3)孝在传统社会的运用

沿着推孝为忠的思路,孝文化在传统社会的运用,主要体现在家庭和社会两个方面。

事亲之孝,在日常生活中的行孝对象主要是父母,既包括上层统治者行孝于父母,也包括中下层人民于日常点滴中行孝父母。王法贵以孝悌为中心,探讨了虞舜、郑庄公的家庭关系:一方面,他指出人们对虞舜的友爱精神好评如潮,如孔子、孟子、陆九渊和王阳明等;另一方面,他认为郑庄公的家庭悲剧是由庄公的母亲、弟弟和他自己造成,郑庄公"黄泉相母"的实质是一场政治表演。因此,他提出家庭成员之间要自觉抑制对权利的诉求,着重于对对方履行义务,对于权利,只是隐形的存在。③

季庆阳认为,孝道伦理广泛渗透到了唐代人的社会生活中。在饮食方面,子女要尽心竭力的为父母长辈提供充足的食物,并进行饮食搭配;在穿着方面,子女要将最好的衣服留给父母长辈,同时子女着装有礼仪要求;在居住方面,要尽可能地与父母长辈累世同居,在父母长辈去世后,要结庐于墓侧进行守墓;在出行方面,要求父母在时尽量不远行,在出行时要尊敬父兄长者,为老者提供出行方便等。④

孝在社会中的使用很大程度上限于政治领域。张分田提出,就历史过程而言,"孝为德本"政治观念是王制时期"孝为政本"政治模式的产物,且其产生时间于商朝就已经体系化。他认为,先秦诸子谱表主张"孝治","孝理天下"是中国哲学最经典的命题。理论依据有六:其一,"事亲之孝"使用于一切社会个体和政治角色;其二,家庭伦理规范亦即国家政治规范;其三,孝是一切道德准则的源泉和宗本;其四,"孝"为至德要道;其五,推行孝道就是推行政治;其六,"孝治"是最高的政治原

---

① 肖雄、郭齐勇. 作为德目与德性的孝廉[J]. 江汉论坛,2014(11)
② 史少博,申圣超. 论孝与仁义礼智信[J]. 理论学刊,2014(3)
③ 王法贵. 虞舜、郑庄公家庭关系探讨[J]. 荆楚学刊,2014(2)
④ 季庆阳. 孝道与唐代人的衣食住行[J]. 长安大学学报,2014(4)

则和理想的政治模式。①

不仅如此,张分田还对"孝治"的特征,从王制"孝治"到帝制"孝治"的历史蜕变进行了深入的分析。孝治的特点有:伦理化的政治观念体系、宗法性的政权组织原则和礼制化的以宗法治天下。王制与孝治的共同点是,王制和帝制的社会形态都属于中国传统社会范畴,其基本特征是以传统农耕生产方式为主体的经济模式,以宗法等级关系为主轴的社会模式,以君主制度为主干的政治模式,以及与这种经济模式、社会模式和政治模式相匹配的文化模式。因此,王制与帝制以继承关系为主,而宗法色彩浓郁的政治观念体系的继承关系堪称一脉相承。两者的差异在于前者以分封制度为核心制度,构建了宗法性很强的"家国",后者以郡县制度为核心制度,构建了政治性凸显的"国家"。从"家国"向"国家"的演化,必然弱化"家"在政治上的作用。故而,王制"孝治"与帝制"孝治"的主要区别在于政治体制的变化。②

巴晓津以陆贾和贾谊的思想为中心,分析了汉初"孝德"的形成与确立。他认为,二者着力批判秦以"威德"为核心的皇权政治,大力倡导法先王、尚德行等儒家治国理念,为"孝德"提供了土壤。③

邓名瑛从社会礼俗的角度对魏晋时期的孝观念进行了研究。他认为,魏晋薄葬礼俗的兴起使孝回归本源,对于防止以厚葬"绑架"孝义具有重要意义。他首先对"礼"和"俗"分别进行溯源和定义,认为"礼俗"的本真特性在于对人、事、物种蕴含的"理"的把握,外在表现为一系列等级安顿,亲属之别,以及特定场合的言行标准。然后,他列举出上到统治者如曹操、刘备等,下到贵族和官员如曹衮、徐宣等,都实行薄葬。最后,他对薄葬的原因归结为三,即长期战乱、自然灾害和盗墓之风。④

(4)孝的现代价值

人们对传统文化进行继承和发扬的目的之一是为人们所处的社会服务,随着我国老年化趋势的加重,老年人口比重的增加,独居老人的数目持续增长,如何赡养父母长辈已成为社会必须面对的理论和方法论问题。

郝铁川通过分析现代家庭结构功能的变化,结合《唐律》,在平等相处、超乎功利的原则下,认为必须用扬弃的手段对古代孝道进行继承。⑤ 王璠认为,中华孝文化赡养父母、尊敬父母和劝谏父母三个方面对当代社会发展有一定推动作用,如何

① 张分田. "孝为德本"是"孝为政本"政治模式的产物[J]. 天津师范大学学报,2014(6)
② 张分田. 西周"孝治"的主要特征及其历史性蜕变[J]. 天津师范大学学报,2014(2)
③ 巴晓津. 汉初"孝德"的形成与确立[J]. 天津师范大学学报,2014(4)
④ 邓名瑛. 魏晋时期的薄葬礼俗[J]. 伦理学研究,2014(4)
⑤ 郝铁川. 浅议古代孝道的今日转化问题[J]. 学术界,2014(6)

让其继承、发展值得深思。① 牛磊对传统孝文化在社会主义和谐社会中的地位进行了探讨。首先,传统孝文化是人与人和谐的价值渊源,原因有二:其一,孝文化有利于形成"与人为善"的处世哲学;其二,孝文化是人际关系和谐的精神基础。其次,传统孝文化是人与自然和谐的情感基础,原因有二:其一,孝文化是爱万物的思想基石;其二,孝文化是维持生态平衡的规范基础。最后,传统孝文化是人与社会和谐的原始动力,原因亦有二:其一,孝文化是培养良好社会风气的有效途径;其二,孝文化是培养社会责任感的价值原则。② 不难发现,这些学者都着重于对孝文化内涵和地位的阐释,并为其他学者提出了方法论上的要求。

任鹏,娄成武认为,"孝"正处于当代中国价值冲突的中心地带和节点区域,主要表现为:"孝"作为元共识的整体性式微、"孝"作为"重叠共识"的非均衡发展和"孝"在实践层面的双重演化(由私德向功德、由德治向法治)。为此,他提出构建整体性共识格局,实现价值冲突的调适:确定不同层次共识的价值取向与寻求有效的共识"嵌入"机制相结合。③

路炳辉通过对"家风"热议现象的反思,总结出我国当前家庭伦理的困境及原因,并提出了方法论。首先,他认为,热议家风是人们对"家庭何以美满"的伦理审思。家庭美满主要表现为夫妻和谐、代际和谐和生活无忧。然而,在现实生活中,夫妻和睦经常受到挑战,核心家庭担不起传承传统家风的责任和市场经济给人造成极大压力。其次,他认为热议家风是人们对"社会为何不够和谐"的伦理省察,如民风、政风的不淳朴对家风造成了严重的冲击。最后,热议家风其实质是人们追求幸福的现实困境的伦理诉求。为此,他提出家风建设要以社会主义核心价值观为指导、以引领人们追求真正的家庭幸福为旨归。④

郭淑新、王子廓则发掘孝的另一重含义"敬老"。他们认为,《孟子》中的"老者"思想蕴含丰富的责任伦理意识,具体表现为:"养口体"与"养志"相结合的家庭责任伦理意识;"老吾老以及人之老"之社会责任伦理意识;"养生丧死无憾"之终极责任伦理意识。⑤

陈骏从传承孝德文化精髓出发,对大学生寄予了重大的希望。他认为,大学生肩负着甄别和弘扬传统道德文化的历史使命,重大学生活动是弘扬新型孝德文化精神的最佳舞台。⑥

① 王璠. 论儒家孝文化的当代反思[J]. 华北水利水电大学学报,2014(8)
② 牛磊. 传统孝文化:构建社会主义和谐社会的伦理基础[J]. 齐鲁书刊,2014(6)
③ 任鹏,娄成武. 孝文化视角下当代中国价值观念的冲突及其调适[J]. 东北大学学报,2014(5)
④ 路丙辉. 热议"家风"现象的伦理反思[J]. 道德与文明,2014(6)
⑤ 郭淑新、王子廓. 论孟子"老者"思想中的责任伦理意识[J]. 道德与文明,2014(6)
⑥ 陈骏. 传承孝德文化精髓弘扬社会主义核心价值观[J]. 理论视野,2014(7)

2. 夫妻间的横向关系

从古至今,夫妻关系都是家庭最重要的关系之一。随着近现代女性意识的觉醒,学者们对夫妻关系尤其是女性在传统社会中的地位和生存方式进行了更加深入的反思。

(1)传统的夫妻关系和女性的地位

夫妻关系很早就被看作是基本的人伦关系。李海超从先秦儒家《荀子·大略》《中庸》《礼记》等经典文献和先秦儒家举行婚礼郑重、新婚夫妇地位高、婚礼与为政关系紧密等史实中得出夫妇应当为人伦之首的结论;从与夫妇相关的历史事件中得出"凡夫妇有义的,都有好结果。凡失去夫妇之义的,都产生了不良的结果"的结论;从夫妇一伦的地位,即"夫妇一伦可以与所有人伦链条进行接通",得出夫妇一伦在人伦次序中的重要地位。基于此,李海超认为:先秦儒家的人伦次序安排与中国现代社会的人伦次序需求是非常符合的,在核心家庭中,夫妇一伦是家庭的重心。①

《白虎通义》第一次以官方的名义规定了"三纲"和女性的"三从四德",强调丈夫对妻子的绝对权利和妻子对丈夫的绝对服从。肖航以"夫为妻纲"为中心,介绍了《白虎通义》中的女性伦理产生的思想根源和社会背景,描绘了《白虎通义》中所寻求的理想的夫妻关系。在思想根源方面,"夫和妻柔"的对应性夫妻关系是一把双刃剑,不利于社会秩序的巩固,因此,思想家们开始寻求一种具有绝对性、普遍性的人际交往原则,即妻对夫的绝对服从。在社会背景方面,即使思想界提出了"夫为妻纲"的观念,当时的妇女仍拥有许多自由,如汉代的婚姻是本人的心意,妇女在商业、服务业等领域有一定的参加,部分女子有接受教育的机会,思想界对妇女守节与否有争议等。在理想的夫妻关系方面,他认为,"三纲"的"纲"是"典范","夫为妻纲"即为"在理想的家庭状况下,丈夫有道德修养、有主见、刚强有力、有所作为、能够用道义指导妻子,同时妻子柔顺贤淑、端庄温顺,按照丈夫的指导原则,治理家务有条不紊"。最后,他得出结论:其一,汉代妇女的地位比后世所想的高;其二,妇女的从属地位是社会文化建构而成,并不是天生的。②

习培俊、王艺洁认为,"夫死从子"理念与中国传统的孝道相违背。他们从"夫死从子"的执行程度来分析宋朝妇女的地位,女子出嫁后丧夫有两种情况,即"子幼未有所从"和"夫死,子已成年"。前者,既有再嫁的,又有带着儿子到自己的亲属家族中生活的,也有留在夫族自力更生的。在这种情况下,"母亲对子女的教导拥

---

① 李海超. 先秦儒家对人伦次序的安排[J]. 伦理学研究,2014(4)
② 肖航. 论《白虎通义》中的女性伦理[J]. 伦理学研究,2014(1)

有绝对的教育权,儿子必须听从母亲的教育"。后者,寡居女性一般由儿子奉养,也有由女儿奉养的情况,并且,母亲在儿子修身齐家从政等方面均有影响。因此,习培俊和王艺洁得出结论:身为人母的女性,易用"孝"来对抗"夫死从子",为自己争取较有力的地位,可见"宋朝中上层女子的社会地位并不像以往所认识中的那样低"。①

陆益军认为,受反封建思维和学术范式的影响,人们对"贞节"产生了认识上的偏差,他主要通过对道光年间旌表贞节及其争议进行研究来论证。他认为,当时社会对于妇女的贞节问题,观点是多样化的:旌表者有之,如以官方的形式对守节妇女进行表彰;批判者有之,如余正燮支持妇女改嫁,归有光坚决主张未婚夫死,女子再嫁;陈立等将为未婚夫婿死而殉节或守节与迁葬、嫁殇联系起来,呼吁社会予以禁止。也有调和二者观点的,如胡承珙等主张嫁或守志,在于自己,但贞节妇女承受了常人难以承受的苦难,是值得钦佩和旌表的,是符合礼制精神的。②

(2)现代女性意识的觉醒

近现代以来,西方女权主义的传入和国内男女平等观念的深入人心,女性的自我意识不断发展,对自我价值的实现和尊严的尊重的要求日益强烈。因此,这促使学界不断完善女性的社会定义和发展女性的道德人格。

彭华认为,儒家必须变革"女人"是什么的定义,重构"如何看女人"即重构女性伦理规范,才能实现长远发展,回应女性主义的挑战。为此,他提出由性别本质主义视角转向性别非本质主义视角、由女性他者主义视角转向女性主体主义视角和由男性专制主义视角转向性别平等主义视角的建议。③

李桂梅、黄爱英探讨了当代中国女性道德人格塑造的问题。首先,她们定义了道德人格。然后,分析目前女性道德人格塑造所面临的困境:其一,即法律平等与事实平等的背离,阻碍女性"四自"品格的养成;其二,家庭角色与社会角色的冲突,束缚女性自我发展的多重可能性;其三,心灵自由与心灵束缚的落差,制约女性人格价值的充分实现。最后,分析了摆脱困境的出路:女性全面解放,男性解放和两性平等和谐。④

当今社会,家庭是社会最基本的组成单元,父母与子女的代际关系、夫妻间的平行关系是最主要的两种关系,其发展的健康与否直接关系到社会家庭的幸福与稳定。因此,父母兄弟间的关爱孝悌、夫妻间的平等尊重与信任,成为了家庭伦理

---

① 习培俊、王艺洁. 孝道与纲常的悖逆:北宋女子"夫死从子"规范的践行[J]. 学术研究,2014(11)
② 陆益军. 道光朝旌表贞节及其争议[J]. 江西师范大学学报,2014(7)
③ 彭华. 儒家女性角色伦理视角转换的路径探析[J]. 伦理学研究,2014(3)
④ 李桂梅、黄爱英. 当代中国女性道德人格塑造的困境与出路[J]. 伦理学研究,2014(3)

的重要理论问题。我们要善于吸收传统文化中的优秀精神,结合社会现实,创立和选择正确的家庭伦理观。

六、政治伦理

2014 年,学者们对中国古代传统政治伦理进行了积极的探讨,并对其在现代的影响和作用进行了反思。学者们从政治制度的合法性、从政人员的道德伦理、世界政治模式,以及对传统政治伦理的现代反思几个方面,挖掘了中国传统政治伦理思想的内涵及其对现代社会的作用。

1. 制度伦理

政治制度伦理的内容,主要包括政治制度建立时和运行时所遵循的伦理准则,用以确保政治制度的合理性和道德性。

康宇阐述了先秦儒家政治伦理中有关"和"与"分"的思想。他认为两者看似矛盾对立,但却有着共同的理论依据——天人同构、相似的人性假设指向以及都有着"群"观念确立这一客观效果的产生。先秦儒家从"分"出发设立了"礼"和"法"两种社会控制方式;从"和"出发,一再强调"尊卑有等""群而相宜""分而有序"等政治原则。"和"是儒家政治伦理的内在精神,"分"则是其政治伦理的外在表现。①

张自慧对先秦儒家的"均平"思想进行了解析。她认为,孔子提出的"不患寡而患不均"是"均平"思想的起点,"均"不是"平均",而是"均衡",是人人"各得其分"。因此,适度的等差是社会保持活力的必要保证,能够做到"差别"中求"和谐","和谐"中存"差别",才是好的政治。先秦儒家的"均平"思想表现在经济、政治和社会等方面,将经济公平扩展至政治公平和社会公平。先秦儒家"均平"思想中的合理因素可以为中国当下社会公平机制的构建提供宝贵的借鉴。②

崔迎军讨论了儒家人性论对社会政治的影响。他认为先秦儒家从伦理和教化的视角对人性论展开了深入讨论,而汉代董仲舒一改先秦儒家人性善恶的理路,以天人关系立论,引"情"入"性",从社会政治的视角提出了"性未善""情亦性"的人性理论,最终落脚点是在现实的政治理念和政治制度构建中走向"性待教而善",为王道教化提供了人性依据。这实质上是从现实社会政治层面对人性论展开了探讨。他的这一创举,深刻影响了汉代以来中国封建社会政治伦理的融合和发展。③

---

① 康宇. 论先秦儒家政治伦理思想中的"和"与"分"[J]. 理论与现代化,2014(5)
② 张自慧. 真相与启示:先秦儒家"均平"思想探微[J]. 孔子研究,2014(4)
③ 崔迎军. 儒家人性论的社会政治化及其影响——以董仲舒人性论的内在逻辑结构为视角[J]. 广西社会科学,2014(5)

吴立群从儒家对公共性的理解和公私观念的形成来探讨儒家治世的价值观。儒家"公"的观念由先秦的"天下为公"到汉代时纳入了"礼"和"仁",发展至宋代,则将公、私同"天理"和"人欲"之辨相关联,使"公"具有了形而上的特征。近现代以来,西方"自由""平等""民主""科学"等观念被纳入了"公"的范畴。与此同时,在对中国国民性进行反思和批判的过程中,启蒙思想家们提出了具有现代启蒙意义的公民观,公私观念开始从传统向现代转型。儒家在为整个社会秩序提供合法性支持及终极意义的过程中建立了其公共性理论、形成了公私观念,而这一公共性理论及公私观念本身正是儒家价值观的表达。①

学者们对政治制度运行时所应遵循的伦理准则,主要集中在德治、法治、民本等方面。关于德治,王曰美对殷周交替之际德治思想构建的主体性进行了分析。他认为,在这一时期德治思想是跟随人的价值主体性的觉醒和不断完善而构建起来的。周初逐渐改变殷商时期的神本思想,这使得人具有了价值主体性,在"敬德保民"这一新的天命观基础之上兴起的礼乐文化则是人的类意识的觉醒。"礼"是外在的社会规范和行为准则,用以维持社会与人伦秩序;"乐"则是通过对人的道德、精神、情感的熏陶而达到维护社会秩序的一种手段。礼乐的旨归在于维护上下长幼、贵贱亲疏的宗法等级秩序。②

王立民从中国古代道德立法的角度来解读德治思想。他认为,中国法的起源、中国古代人治的治国方式、礼法结合的法律内容,这都决定了中国古代需要进行道德建设立法。以中国古代的著名法典《唐律疏议》为例来审视中国古代的道德建设立法,可以发现在法律原则、法律制度、法律内容里已存在大量的道德成分。其中,国家需重视主流道德的弘扬、立法人员需具备较高的法律与道德素质以及立法技术需高度重视等都可为今天的法治中国建设所借鉴。③

路强对晋法家的政治伦理思想进行了解析。他认为,晋法家强调外在约束力和强制力,即"法"的力量。法在政治伦理中处于核心地位,被理解为一种由国家强力保障的伦理秩序与伦理现实。晋法家以理性主义为基本逻辑,以功利主义的效果论为目标,建构了一整套自上而下的权力分配与制衡体系,形成了较为独特、客观的价值评判标准,在中国历史上第一次建立了一种国家理性的理念。④

段欣对韩非和马基雅维利的政治道德观以及对法的理解进行了比较研究。他认为,韩非并不似马基雅维利一样完全摒弃了道德,而是承认道德曾是古代治理国家的准则。在马基雅维利看来,君主不可以超越法律的权威,而韩非却认为法是君

① 吴立群. 从公私观念的演变看儒家价值观[J]. 福建论坛(人文社会科学版),2014(12)
② 王曰美. 殷周之际德治思想构建的主体性探析[J]. 道德与文明,2014(1)
③ 王立民. 中国古代的道德建设立法及其启示[J]. 浙江社会科学,2014(11)
④ 路强. 晋法家的政治伦理[J]. 江西社会科学,2014(3)

主专制统治的工具而已。①

亨里克·斯内德以一种非比较的方法对照西方法哲学中有关正义问题的看法对韩非子的正义观点进行了研究。非比较的方法来自 David Wong,他提出哲学传统不可被比较的观点,即一种不可比性包含不能将一种传统中的某些概念从意义和参照上翻译到另一种传统中。亨里克·斯内德认可非比较的研究立场,他并没有直接将中国法家思想与西方法哲学进行比较,而是在西方正义问题的论域内探讨韩非相关思想。他认为正义在西方法律体系中被看作最重要的目标之一。在韩非子这里,由于他关注的是国家和君主的利益,因而反对儒家道德意义上的"义",但极力提倡作为法律概念的正义。韩非子认为道德倾向的"义"会影响让国家机器发挥作用的因果系统,从而影响统治者的权力和社会福利,因而反对"义"。这并不意味着在韩非的思想体系中"义"没有任何地位。"义"作为如何保持法律系统的一个程序概念,指出正确的程序是什么,从而保证国家系统里的工作方式具有因果关系。尽管韩非子对结果正义不是很关注,他仍认为正义对于根据内在稳定性提出的司法体系的运作以及国家实力的提高有着根本的作用。对他来说,正义意味着法律实践的标准化,正义必须遵守君主所制定的标准。②

关于民本思想,谢景芳从专制和民本这一对儒家思想的内在矛盾出发,以明清时期《孟子》被皇帝删减的境遇来分析民本思想的沉浮。他认为在中国古代社会中,专制是一个政治体制或权力架构的问题,民本是一个政治理念或政治道德诸多内容中的一个组成部分。尽管民本思想是儒家极力推崇的政治正义原则之一,孟子也是民本思想最有力的倡导者,但因为缺少制约权力放纵的可操作性制度建构而软弱无力。然而"仁政"思想对理解"中国特色",无论是古代还是现代,都具有非常重要的价值和意义。③

杜鸿林通过重民思想与民本思想的对比研究,详细地分析了两者之间的关系,澄清了民本思想的实质。他认为先有重人重民思想,后有民本思想。重民思想较之民本思想具有更宏阔的解释力,其在实际政治运行中的实现程度远远高于民本思想的实现程度。关于民本的各式言说是对重民思想的多面相表达,而民本思想是依附于君本的。④

---

① 段欣. 思想国度中的现实智慧——韩非与马基雅维里政治道德观的异同[J]. 黄山学院学报, 2014(2)

② 亨里克·斯内德、侯俊杰. 韩非子与西方法哲学的正义:一种非比较的方法[J]. 哲学研究,2014(3)

③ 谢景芳. 专制与"民本"——兼论明清时期《孟子》的地位沉浮[J]. 孔子研究,2014(1)

④ 杜鸿林. 重民思想是中国古代人民群众观的核心范畴[J]. 天津师范大学学报(社会科学版),2014(4)

不仅如此,杜鸿林还通过对道家思想的解析,认为道家思想中含有丰富的关于治国安民的观点。主要包括待民必须守道遵玄德,百姓自然而为,实现自行化育,侯王们要无为好静、无事无欲、不扰民残民,谦民爱民合民心等。其中蕴含于道家纯自然主义思想中的大智慧和人民群众观,是谨防反自然的偏差和权利的异化,以及考察当代中国特色社会主义人民群众观的思想理论渊源的一个重要内容。①

此外,允春喜通过对黄宗羲政治伦理思想中的道义与事功的关系、公私观念的变化进行了梳理。黄宗羲对公私观念有新的认识,他认为君主只是一姓之私,而万民的利益联结之合才是公,在万民基础上道义和事功才真正地统一。②

2. 政治道德

政治道德讨论的是政治活动中的人的道德,这里所提到的"人",主要是指作为统治者代表的君主和官员。学者们围绕着中国传统政治伦理中君德、官德以及对官吏的治理展开讨论。

舒绍福对儒家"内圣外王"的政治伦理思想进行了解析。他认为,儒家"内圣外王"既力图通过内在德性的修炼培养自己的道德影响力和人格力,又将内在德性扩展为外在的社会伦理道德,为仁由己、为政以德、修己以安人,影响、教导以及引导追随者和社会大众,力图实现润物细无声的德性领导。"内圣外王"的德性领导是一种建设性的努力,"人人皆可为尧舜"则是一种精神隐喻,旨在最终实现一种"不知有之"的自我领导。他还对"圣人王"的原型进行了分类:一是圣王模式,这是儒家对封建君主的理想期望;二是圣人模式,这是儒家自身所向往和追求的理想人格。③

尚建飞对老子的公正理论进行了探析,将其公正理念分为具体公正和总体公正。他认为,老子把总体的公正解释为实现某种政治共同体的幸福,同时又将这一德性赋予了以合乎"道"的方式治理人类社会的侯王、圣人,从应然的层面澄清统治者所应该具备的德性及其获得政治权力的合法性。老子认为作为侯王、圣人还应具备"玄德",它是指对于幸福实质的正确理解,同时也揭示了侯王、圣人获得总体的公正的必要条件。④

吴雅思对处于变革中的颜李学派"经世致用"的政治伦理思想进行了解析。颜元提出的"济时"理念,认为君王应该具备"五德",即"躬勤俭、远声色、礼相臣、慎选司、逐佞人",同时还要做到"九典",即"除制艺、重征举、均田亩、重农事、征本

---

① 杜鸿林.简析道家的人民群众观[J].理论与现代化,2014(3)
② 允春喜.在道义与事功之间——黄宗羲伦理政治思想新探[J].北京行政学院学报,2014(2)
③ 舒绍福."内圣外王"的德性领导[J].中国井冈山干部学院学报,2014(6)
④ 尚建飞.老子的公正理论[J].道德与文明,2014(2)

色、轻赋税、时工役、静异端、选师儒”,唯有如此,国家才能够正常运转。颜李学派的“经世致用”思想深受明亡的影响,因此尤为看重君王的德政。①

各个历史时期中,各级行政官员的德性、操守是国家政治正常、有效运行的重要因素。学者们对官德的讨论和研究是很丰富的,其中尤其重视对忠德、廉洁、慎德等方面进行阐述。

肖群忠对传统的忠德思想进行了解析。他认为,“忠”作为一种传统的要求和德性,在历史上主要有两层含义:一是狭义上的臣对君的道德要求;二是泛义上的,即为人处世的道德要求与德性。为臣之忠,奉君竭力;为民之忠,报国兴群。在当代社会,我们国家政治生活和社会公共生活中应该大力提倡儒家之忠德,实现现代化的创造性超越,成为我们兴国立人、民族复兴的巨大精神动力。②

孙德厚对“忠”德的传统释义和现代化的意义进行了简单的总结。他认为“忠”德是中华传统美德和传统职业道德的重要内容:忠于民众是“忠”的起点,忠于君王是“忠”的发展,忠于职守是“忠”的归宿。从现代意义上理解忠于职守,则忠于国家是最高的形式,服务社会以及忠于人民是其宗旨,恪尽职守则是立身之本。③

桑东辉以东魏、北齐为例来分析魏晋南北朝时期忠德思想的嬗变轨迹。他认为作为三纲之首的忠德在魏晋动乱时期并没有废弛,反而在频繁的王朝更迭中愈受重视。东魏、北齐时期仍以尽心竭力为忠德的特质和内涵,但具体而言,忠德主要围绕忠君表现为忠谏、与人谋忠、忠贞、卫主和公忠体国等基本特质。④

张京华从对屈原之“忠”的讨论,以及忠孝之间的互训来界定什么是“忠”。“忠”释为“事君无二志,勤身以事君”,“孝”释为“顺于道,不逆于伦”,《庄子·人间世》中“是以夫事其亲者,不择地而安之,孝之至也;夫事其君者,不择事而安之,忠之盛也”可以看作是忠孝互释,忠孝的重点是“不择”,这是忠孝的常义,但忠孝也有权变,即可以择君而事之。他认为屈原当可权变之世,却谨守忠孝的常义,不是所谓的“愚忠”,其精神是可贵的。⑤

学者们还就廉俭对官员的意义做了重点的研究。张立文主要从儒家优秀的伦理思想出发,认为在中华民族传统伦理中,有着悠久、丰富而深邃的廉耻伦理道德:品行诚信的廉风,贫贱不移的廉志,节操爱民的廉士,清白高洁的廉洁,廉明公正的

① 吴雅思. 经世致用:历史变革中的颜李学派伦理思想[J]. 福建论坛(人文社会科学版),2014(9)

② 肖群忠. 谈忠德[J]. 中国德育,2014(13)

③ 孙德厚. 中国传统“忠”德释义及其现代意义[J]. 管子学刊,2014(1)

④ 桑东辉. 魏晋南北朝时期忠德嬗变之管窥——以东魏、北齐为例[J]. 伦理学研究,2014(3)

⑤ 张京华. 忠孝说[J]. 武陵学刊,2014(4)

廉正,洁身谨慎的廉谨,廉逊知礼的廉让,清廉知耻的廉耻。这些都是立身之本、立国之本、立世之本,对于反腐倡廉,具有特殊价值和现实意义。①

刘余莉、刘红利认为《群书治要》中从天道规律、人性规律、历史规律、社会规律、道德教育规律等五个方面系统论述关于奢靡之害的思想。因而倡导勤劳节俭、反对铺张浪费,强调领导干部与人民群众同甘共苦,反对一切形式的享乐主义、奢靡之风,警惧贪心和贪欲,将外在的道德要求转化为扭转党风、政风和社会风气的正能量。②

赵清文认为在中国传统官德体系中,"慎"和"清""勤"一样,都是最核心的道德要求。"慎"德既是"清""勤'等德性养成和保持的前提,"慎"为"入德之方",同时"慎"本身也是一种重要的德性,在施政中可以更好地维护老百姓的福祉和利益。在现代公共管理中,遵循"慎"德的要求,就要谨慎地使用手中的权力,审慎地对待每一项决策,同时还要在管理的态度和方式上更多地听取众人的建议。在现代行政管理中,"慎"德的价值主要体现在:它是确保行政人员以公共利益为价值目标的重要保障,是确保社会科学发展的内在要求,对于克服风险和危机、维护社会稳定具有重要的意义。③

王忠春以传统官箴果报文化为主要视角,对传统道德敬畏心态的形上建构进行了分析。他认为,敬畏心态是道德建构的重要内驱力,它使人的思想因敬重而不敢逾越界限,由畏惧而知收敛、约束,道家敬畏自然,孔子强调君子"三畏"。由"天命"而"果报"的传统思想所构筑的道德敬畏心态的形而上学,不仅对传统仕者的官德立品提供了内在动力,而且还展现了由"神道"而"设教"再到道德"说教"的"达人"之路。其于情感呈奉中所呈现出的审美旨趣、荣辱意识和道德用意,不仅启示我们要在社会发展定数的不可控中,于自身生存有限性的高度警觉里,将这种对于生存的敬畏演变成对于道德荣辱本身的敬畏和自觉,并由此转化为人类自身的道德救赎行动,而且其由"神道"到"人道"的重心演变,更引导我们在其价值的现代化转化中,要以对"形而下"世界的更多关照去实现其"形而上"的魅力。④

马秋丽、刘婵婵对传统文化中的"君子三戒"思想进行了解读。孔子的"君子有三戒:少之时,血气未定,戒之在色;及其壮也,血气方刚,戒之在斗;及其老也,血气既衰,戒之在得",涉及人性中的好色、好斗、贪得,贯穿了每一个个体少、壮、老等人生阶段。孔子从血气出发所谈的戒色、戒斗、戒得,更多指向了从自然生命向道

---

① 张立文.儒家伦理与廉政[J].中州学刊,2014(6)
② 刘余莉、刘红利.《群书治要》论奢靡之害[J].中共中央党校学报,2014(2)
③ 赵清文.行政管理中"慎"德的内涵及其现实意义[J].道德与文明,2014(2)
④ 王忠春.传统道德敬畏心态形上建构的思维演进与价值考量——以传统官箴果报文化为主要视角[J].山东科技大学学报(社会科学版),2014(1)

德生命的提升,注重人对色、斗、得的节制,对礼法、习俗等社会规范、道德规范的遵守。"君子三戒"透显出的儒家道德智慧和道德修养资源,为当下中国官员坚守职业道德提供了丰富的智力支持。①

唐凯兴、梁银湘、潘晓灵对广西忻城莫氏土司的政治伦理思想进行了研究。他们认为莫氏土司深受中华传统政治伦理思想的影响,尊崇儒家"德治""仁政"政治伦理为其治理之道,遵循效忠王朝、仁民爱物、勤于政事、节俭勿奢、睦族匡政等土司官族的政治伦理规范,并倡导博读经史、敦行慎言、乐善改过等为其官族道德修身的基本方法。由于时代和阶级的局限,忻城莫氏土司提倡的为官从政者的道德中难免会有一些糟粕,但是他们所提出和倡导的一系列土司官族的政治伦理规范主张和修养方法,对加强当代中国从政道德建设和社会伦理治理,增强社会主义人民公仆的德性修养有着重要的启示。②

治吏思想阐述的主要是国家对行政人员、即各级官员的管理和选拔所遵循的一些伦理准则。学者们对这一问题的探究主要是以儒家和法家的治吏思想展开的。高云、杨明采用历史和逻辑相结合的方法,对先秦儒家的行政伦理思想进行梳理、诠释、挖掘,揭示其思想精华及内在价值。他们认为,儒家理想的社会状态是德治仁政成王道,在实现这一理想的过程中,选拔任用德才兼备的人才是实现德治仁政的根本环节。选贤任能首先要做到善于知人识人,同时以德行高下和以实际才能为标准,既重贤也重能,将德才兼备的人才提拔任用到相应的位置上来,即"论德而定次,量能而授官,皆使其人载其事而各得其所宜"。另外,也强调官员要注重自身的学习。③

李贤中以《荀子》一书为基础,总结了荀子有关尚贤与管理思想。他认为,荀子是以人的欲望调整为核心,以满足人群合宜的欲望为目标。管理的依据包括礼、法、道。礼有"养"的功能,也有"节"的作用,而"别"正是取得"养"与"节"相互平衡的制度设计原则;法是圣王依礼而制定,作为推行礼的具体措施,从实际效果来看,法比礼更具有强制力;道则是治理国家各层面中的条理,也是礼法的综合运用。根据礼、法、道建立起管理阶层,设官分职,尚贤使能,并建立起考核和监督的机制,以使贤人在位发挥出应有的功能,进而"建立一成就礼义的客观轨道"。④

宋洪兵对韩非子治吏思想的前提以及运作进行了探究。韩非子具有丰富的治

---

① 马秋丽、刘婵婵. 传统文化中的"君子三戒"思想及其对当代中国官员道德建设的启示[J]. 山东大学学报(哲学社会科学版),2014(4)
② 唐凯兴、梁银湘、潘晓灵. 广西忻城莫氏土司的政治伦理思想研究[J]. 广西社会科学,2014(12)
③ 高云、杨明. 先秦儒家行政伦理思想探析[J]. 南京政治学院学报,2014(2)
④ 李贤中.《荀子》尚贤与管理思想探析[J]. 孔子研究,2014(1)

吏思想,曾明确强调"明主治吏不治民"。他将韩非子治吏思想的前提预设为"坚习假定",政治实践过程是君主与臣子之间基于利益与权力而形成的博弈过程,政治力量之间的利益博弈效果,取决于博弈规则之性质。克服恶性博弈的策略最终取决于最高执政者的政治见识与决心,具体措施在于打击恶性博弈规则蔓延及其隐性制定者,即当权重臣。他认为韩非子的治吏思想至今依然具有理论解释力,对于当今中国正在进行的反腐败策略亦有借鉴价值。①

3. 社会政治理想

社会政治理想是以国家政治意识形态为主导的,也是每一个社会成员所向往的理想的社会状态。学者们将传统的"天下一家"理想与现实的民族国家联系起来,探究国家与天下间的关系。

陈科华认为"协和万邦之道"是传统中和思想的重要组成部分,中国传统政治文化在国家治理方式上的理论构建是围绕着"和为贵"这一核心价值观而展开的。它以"夷夏之辨"为理论基础,从"天下一家"的民族国家观出发,建构了一个具有天然合法性且具有等级尊卑秩序的和谐世界图像,对当代中国民族关系处理及世界和平的构建具有重要的参与价值和借鉴意义。②

卢兴对牟宗三的"道德—历史目的论"进行了探究,认为牟宗三的历史哲学带有浓重的黑格尔色彩,继承了黑格尔"精神辩证法"及历史进步的基本观念,但对黑氏所谓支配和推动世界历史进程的"精神"进行了儒家式的改造,突出了"精神"的道德义涵。在牟宗三看来,在道德的推动下,民族历史之目的指向民族国家的建立,世界历史之目的指向"天下大同"或者说"世界大同",这种"大同"观代表了儒家传统面向现代性转化的一个典型范例。③

战争是与理想天下背道而驰的,却是解决国家间利益冲突的必要手段。骆毅对孔子和墨子的战争观进行了比较研究,认为孔子、墨子皆反对非正义之战,在这种相似背后,二者对于战争的伦理思考又有着巨大差异:孔子贵"仁"、尚"礼"而非战、慎战,墨子贵"兼"、尚"利"而非攻;孔子以合"礼"为正义之战,墨子以合"利"为正义之战;孔子尚"勇"结合儒家之"仁""义""礼""智",墨子尚"勇"结合墨家之"仁""义""智"。通过比较二者的异同点,更深入地了解、扬弃孔、墨的战争伦理观,对我们今天树立正确的战争伦理观、指导军事实践仍具有重要启示。④

①　宋洪兵. 韩非子治吏思想的前提预设及运作思路[J]. 哲学研究,2014(3)
②　陈科华. "中""和"思想与"协和万邦"的民族国家观[J]. 求索,2014(11)
③　卢兴. 论牟宗三的"道德—历史目的论"[J]. 华东师范大学学报(哲学社会科学版),2014(2)
④　骆毅. 孔、墨战争伦理观之比较[J]. 东南大学学报(哲学社会科学版),2014(5)

4. 现代反思及其他

对传统政治伦理的发掘最主要的意义在于对其进行现代反思。王云萍、王四达和董成雄分别对儒家和法家的政治伦理思想进行了现代反思。王云萍对儒家政治伦理潜在的局限性进行了探究,并指出了它对中国官僚文化的影响。儒家的政治伦理其局限性在于缺乏一种抽离于和超越于所有具体的人际关系的亲疏远近的视角,使得儒家政治伦理在处理陌生人的关系中缺乏资源。我国官僚文化中的"唯官""唯上主义"、缺乏"非人格化""法治化"的情形,深受儒家政治伦理思想的影响,对这一点的清醒了解有助于深化对中国官僚制的特点及去向的认识。①

王四达、董成雄则对法家治世"二重性"的研究和中国传统的政治治理思想中的"儒法互补"进行了新的解读。他们认为,法家思想存在理性与非理性的二重性:为了争取执政,它确实有以君主为本位的非理性倾向;出于治国需要,又必须立足于国家本位作理性思考。儒、法两家的"治世"思想确实各有所长,亦可优势互补,但在专制权力面前,法家的工具理性、儒家的价值理性都丧失了自己的力量。中国两千年来"治世"思想的探索与其说是"互补"的问题,不如说是"民主"的问题。②

七、生态与生命伦理

伴随着全世界工业文明的迅速发展,人与自然的关系也日益紧张,资源过度开采、环境污染、自然灾害频发,使人们开始对生态的健康与平衡日益重视,并进行反思。中国学者不断地在中西文化的精华中,寻找生态伦理的内在价值,力图使生态伦理思想转化为人的内在德性,实现人与自然的和谐相处。

1. 生态伦理思想

纵观 2014 年我国学者对中国古代生态伦理的研究,可以发现,生态伦理思想的研究主要集中在对儒、道显学的经典研读上。

(1)儒家生态伦理思想

学者们对儒家的生态伦理思想的探讨,集中在对"天地贵生"和"天人合一"的理解和阐发上。在此基础上,学者们试图提出方法以解决当前日益严重的生态问题。

---

① 王云萍. 儒家政治伦理的潜在局限性及对我国官僚文化的影响[J]. 中共天津市委党校学报,2014(4)

② 王四达、董成雄. 法家"治世"思想的二重性与"儒法互补"的新视角[J]. 哲学研究,2014(7)

刘魁认为《周易》中"天地之大德"体现出重视生命的"生生不息"的盛德价值观思想,既是《周易》的道德观、价值观、人生观与宇宙观,也是中国传统文化的根本特色。通过阐释《周易》的过程主义、重生主义、自然主义和道德主义的特征和盛德价值观的当代价值问题,他提出既不能盲目地强调"人类中心主义",也不能盲目地强调"生态中心主义",而要端正人在自然中的位置,在两者中找到一个动态的平衡,实现人与自然的"共生"。由此他明确人类行为的最高价值与行为准则:第一,无论科学技术如何发达,人永远是自然存在的一部分,不可能成为自然界的主宰。第二,"生生不息"既是自然规律,也是人类行为的最高准则与最高价值,我们发展科学技术、发展经济必须是为了人类的繁衍与永续,否则就是自取灭亡。第三,人类既是自然的存在物,也是能动的存在物,需要辩证处理人类利益与生态平衡之间的关系。第四,人与自然万物的存在是共生的关系,生存权是平等的。最后,他提出,中国作为一个社会主义大国,决定了中国必须承担拯救人类文明、建设生态文明的"领头羊"的"全球责任"。①

陈科频、余文好站在现代的立场上,对儒家"天人合一"生态伦理取其精华、去其糟粕,提出既要改造自然也要顺应自然,既不屈服于自然也不破坏自然。在实践方面,陈科频和余文好提出要从生态自觉(将生态意识体现在日常生活中的一举一动,养成爱护自然环境的习惯)、生态经济(维护生态的可持续发展)、生态宇宙(人类共同行动起来构建符合全人类的生态宇宙)等方面对"天人合一"进行现代转化。②

(2)道家生态伦理思想

道家似乎蕴含着更多的关于人与自然如何相处的思想。张旺致力于从理论上追溯老子的生态伦理思想。他认为,《道德经》中所诠释的"道生万物,道法自然"的生态自然发展观、"万物自化,少私寡欲"的生态社会进步观和"天人合一,物我为一"的生态和谐统一观包含着深刻的生态伦理意义,给我国在经济发展过程中所面临的人与自然的关系问题提供了巨大的现实启迪:树立起尊重自然、保护自然的观念;提高遵循自然界客观发展规律的生态意识;树立人与自然平等发展的文明观念;建立理性消费、绿色消费的价值理念;深入贯彻和落实生态环境可持续发展战略。③

郑子峰、黄旺生提出老子生态观包含了"自然无为"的生态实践观、"物无贵贱"的生态平等观、"知止不殆"的生态发展观和"少私寡欲"的生态生活观等重要

① 刘魁."天地之大德"与"中国本色"的生态文明建设[J].南京航空航天大学学报,2014(12)
② 陈科频、余文好.论儒家"天人合一"生态伦理思想的现代转化[J].郑州轻工业学院学报,2014(12)
③ 张旺.论老子生态伦理思想对我国生态文明建设的启示[J].延边党校学报,2014(10)

思想。这对树立健康的生态观有重要的启示意义:其一,人与自然和谐的生态整体观,即人与物都是整体的一部分,整体内各部门之间有密切的关系,因此人类就应该和大自然保持一种和谐的关系;其二,尊重自然规律,顺其自然发展;其三,树立尊重自然、人与自然平等的思想;其四,统筹发展与生态的关系,坚持生态发展观;其五,克制贪欲,树立健康的消费观。①

(3)儒道生态伦理思想对比

佘正荣主张回到中国的德性论传统来弥补西方规范环境伦理学的不足,并认为应从规范论和德性论两个维度来研究生态伦理。首先,他分析了中国德性论传统的复杂性与独特性。其一,中国德性论伦理传统的德性概念,并不完全与西方的virtue等同。儒家德性论传统强调德性来源于人的本性,人性来源于人的生命,生命来源于天。在道家那里,人性即是自然,是人所固有的本性。生命源于自然之大化,也归于自然之大化,而且也只能在天地万物形成的自然条件下生存。其二,人的德性的逐渐形成、不断完善、自我超越,需要个体在现实中参与到改善社会关系、适应自然过程和开发自我潜能的身心修行生活中。儒家主张国源于家,家国同构。道家主张人的生命和价值重于国家、社会,要求个人以天地万物协调的方式去尊重自己生命的价值。其三,中国的德性论传统主张德性与德行的统一。其次,他分析了中国古代德性论生态伦理要义。其一,天人合一的主张是中国生态伦理传统思想的根本前提。其二,人与万物既是一个不可分离的整体,那么人的德性的实现也离不开万物自身之性的实现。儒家提出成己成物之说,道家主张应排除人类对万物习性的人为干扰,采取因任自然的无为态度。其三,中国传统德性论生态伦理的追求主要是出于一种内在的自觉和需要。其四,中国德性论的生态伦理是一种具有内在道德驱动力,不断向上超越、不断自我完善的价值实践学说。②

(4)中西生态伦理思想比较

随着全球化的发展,生态问题已经成为全世界人民必须共同面对的问题。因此,对中西生态伦理观异同的比较,有利于构建健全的生态伦理观。

赵睿诗立足于中西不同的文化传统,对中西生态伦理观的异同进行了分析。首先,她阐述了中西传统文化中的生态伦理思想。以儒释道为轴心的中华传统文化,反映在生态伦理思想上集中体现为"天人合一"理念。如孔子的"以仁致和",孟子的"爱物"、"制用"、"时养",荀子的"受时"与"治世"的统一等;道家利用"道"的概念将天、地、人组合成一个整体,从整个自然、社会出发去审视事物;佛教的"众生"概念由"有情众生"演进到涵盖有情和无情两类的宇宙万物。

---

① 郑子峰、黄旺生. 老子的生态伦理观及其现代启示[J]. 山西农业大学学报,2014(12)
② 佘正荣. 中国古代德性论生态伦理思想的当代意义[J]. 上海师范大学学报,2014(9)

近代到工业革命,西方伦理世界几乎被人类中心主义全盘占据。笛卡尔"我思故我在"树立了人之于自然的征服和统治地位,培根第一个意识到科学及其方法论的历史意义以及它在人类生活中可能扮演的角色,而牛顿等科学家所构筑的近代科学体系则完成了机械论自然观最终的华丽蜕变。20世纪60年代,施韦兹的"敬畏生命"思想为非人类中心主义的成熟与稳固打下坚实基础。美国科学家利奥波德在其著作《沙乡年鉴》中提出的"大地伦理"思想是人类对环境伦理的首次系统性论述,生态中心论进一步将道德关怀延伸至整个生态循环系统。以挪威哲学家奈斯等为代表人物所创设的"深层生态学",则把生态伦理学扩展为囊括政治、经济、社会和日常生活各个领域的意识形态和行动指南。

其次,她分析了中西生态伦理的形成基础(地理环境、思维模式、共同的时代课题)和内核(自然概念、权利、责任)进行了深入的分析,以求建立新的生态伦理参照系。[①]

生态环境的恶化日益威胁着人类的生存状况,人类应该树立正确的生态观念,共同承担生态责任,保持人与自然的动态平衡。

2. 生命伦理学

面对我国生命伦理学深受西方学统的影响而缺乏本土色彩的现状,中国学者致力于对中国传统的生命伦理观的研究,试图从中国的重德文化传统中寻找目前人类生存困境的文化土壤和方法论。学者们主要对儒家和儒道对比两个方面对生命伦理学领域进行了探讨。

(1)儒家生命伦理观

儒家的生命伦理观极具特色,既有对生命的道德感悟,又有对生命的道德命令,使其在参与社会生活的过程中兼具理论性与现实性。2014年,学者从以孔子为代表的重德、重身的生命伦理学、传统节日所展现的伦理学来阐释儒家生命伦理学。

马翠莲从孔子"仁者寿"的道德养生观念出发,将其分为"修身"养生观和"爱人"养生观两个方面。在她看来,"修身"养生观及其价值有六:其一,正心诚意可维持心神合一;其二,自省坦荡可涵养浩然之气;其三,无怨无尤可发扬乐观精神;其四,谦虚敬畏可保持平和心态;其五,节制和乐可促进身心平衡;其六,树志立功可激发自强活力。"爱人"的养生观有三:其一,忠信爱人可创造和谐关系;其二,宽恕容人可开阔博大心胸;其三,教育立人可陶冶高尚情怀。她认为,通过这两个方

---

① 赵睿诗. 论中西伦理观的异同[J]. 观察与思考,2014(7)

面的自觉的道德修养,能促进自身道德的完备和外部关系的和谐,进而利于身心的健康发展,有助于达到"仁者寿"的境界。①

张周志通过对以近代自然人性论基础上的功利主义,以及精神主体预设的理性哲学为基础的西方规范伦理进行分析和反思,意识到不能不重视守护道德底线的生命伦理思维。他认为,中国传统思维,尤其是儒家的正德,利用厚生的泛伦理思维,不仅弘扬人的道德生命,而且珍爱人乃至万物的自然情欲生命。他分析了中国传统哲学思维的道德理性特质,即关注人的性命的伦理思维偏向、悟性直觉式的生命伦理体认途径、德性成人的伦理思维理想和历久弥新的伦理思维力量,得出了生命伦理思维的现代价值:性命双修的生命追求、充弘彰显人的道德精神生命、推己及人的生命伦理实践和泛爱众的崇高伦理情感。他认为,这不仅能够避免人类中心主义的弊端,还有利于构建合理的生命伦理思想体系。②

吴奎彬认为,"生生"理念是儒家生命伦理思想的起点和基石,并以此为基础衍生出敬重、尽性、和谐三大生命伦理原则,其中,"敬重"是"生生"阐发出的生命本体论道德原则。基于敬重原则,儒家认为"天地万物本吾一体"。敬重原则还要求把对天、天道的敬畏心变成自我内心的虔诚、无妄之心,以实现天道。儒家认为"敬"是各种德性的关键因素。"尽性"是"生生"衍生的生命认识论道德原则:其一,尽性即万物各尽其性分;其二,尽性原则,在先秦儒家那里体现为取之以度、用之以时的生态伦理思想。"和谐"是"生生"所指引的生命实践观,人应该通过自身所拥有的智慧去合理地进行实践,人应该通过"赞天地之化育"来补天道之不足,积极地成就"天地之道",使自然万物各得其宜。儒家伦理思想包含关爱动植物及无生命物质的价值情怀,但是儒家又认为人类价值高于自然物价值,在人与人关系中,至亲的利益又高于其他人的利益。他认为,这种和谐共荣的人与自然状态,既是人的延续,又是自然的延续。③

廖美玉以其深厚的古诗词底蕴,从一个新颖的角度——"清明"向我们展示了中国古代的生命伦理。她通过对"清明"的含义进行阐述,表达了自然物象的澄澈清明和人文修养的清净明理,并指出"清明"融合了寒食禁火和祭祀修禊,成为了清明节令群,具有了节气与节令的双重意义。以唐代为最,在万物滋长、繁花盛开的大自然舞台上,慎重追远的家族祭墓,郊游踏青的两性恋情,雅集宴聚的人际关系,乃至拔河、蹴鞠、秋千等体能活动,都有助于塑造出人天一致的生命观。④

---

① 马翠莲. 孔子"仁者寿"道德养生思想及其价值[J]. 齐齐哈尔大学学报,2014(11)
② 张周志. 德性对于规范的滋养[J]. 上海大学学报,2014(5)
③ 吴奎彬. 论儒家"生生"理念及其衍生的生命伦理原则[J]. 山东政治学院学报,2014(3)
④ 廖美玉. 祭墓与踏青:唐代"清明"所展演的生命伦理[J]. 西北大学学报,2014(9)

（2）儒道生命伦理思想对比

刘风雪认为,儒家哲学和道家哲学都认为"生生"之"道"是万物之源,是道德之本,都表现出一种强烈的生命意识,但二者有明显的差异,儒家注重生命的人文性,道家更关注生命的自然性。

儒家生命观的人文精神主要表现在两个方面。其一,《易经》视天地万物为一完整的生命系统,以"阴阳"为基础,以"生生"为核心,天地万物依阴阳而生,阴阳也是万物的特性,所以,儒家认为个人、家庭和社会都应合天之德,生命的价值在于人的生命与宇宙的生命合二为一,个人应该成为君子、大人甚至圣人,实现齐家、治国、平天下的目标。其二,在儒家的思想里,人不仅是自然人,也是社会人,承担着社会责任和义务,仁义礼智等社会道德是区别人与动物的本质区别,所以,当个人的生命与社会责任、义务发生冲突时,要舍生取义。因此,儒家对生命的态度是乐生,乐在精神,乐在"道"。道家的生命观注重个体生命的保存,以自然为本杜绝社会和物欲给人带来的异化,追求个体对自然的回归。在老庄的生命图景里,除了生命和自然,任何人文的东西都不能立足。同时,道家的这种贵生、重生的思想会走向任情纵欲和为所欲为。一是追求当下的享乐,二是"心斋"、"坐忘"等使人精神萎靡不振和不思进取。因此,对人的生命进行由内到外的伦理关注,有利于个人身心的健康发展和顺利的参与社会生活,实现人、自然、社会的和谐统一。①

---

① 刘风雪."人文"与"自然"[J].山东政治学院学报,2014（3）

西方伦理思想史研究

一、古希腊至文艺复兴伦理学(含政治哲学)研究

2014 年,在古希腊至文艺复兴的伦理学、政治哲学研究领域,涌现出了更多高学术含量的研究成果,这个可喜的变化无疑令人振奋。本书按照时间顺序,分六个部分对一些代表性成果进行综述:(一)柏拉图以前;(二)苏格拉底、柏拉图与色诺芬;(三)亚里士多德;(四)晚期希腊及古罗马;(五)基督教与中世纪;(六)文艺复兴与宗教改革。另外,对中西比较研究方面的最新进展加以简单的综述。

1. 前柏拉图时期

从伦理政治的视角研究作为希腊思想起源的荷马与赫西俄德一直不是国内学者关注的重点,但是 2014 年这方面的研究还是有所增加。刘未沫的论文从《伊利亚特》中有关生与死的若干概念入手,讨论了上古时期希腊人的生死观,在此基础上分析了上古希腊社会借由赛会化解个体死亡威胁以及共同体自我净化的有效机制。① 吴雅凌讨论了赫西俄德对荷马的反叛,同样是着眼于 *ergon* 这个核心概念,赫西俄德将荷马那里的"作战行动"转变为了"农业行动",以此作为新的城邦时代(黑铁时代)英雄的核心品质,并据此教育青年。②

希腊古风诗歌的研究一向是国内学界研究的短板,张巍讨论梭伦《致城邦》的论文是 2014 年这方面研究的代表作。他指出梭伦在诗歌中歌颂的 *eunomia* 首先是"分配正义"意义上的城邦政治秩序,但在具体的诗歌表演情境中,这一观念又达到了更高的心智层面,从而实现了心智秩序与理想政治秩序的结合。因此,作为诗人与作为立法者的梭伦相互补充,梭伦的诗歌并非政治宣传的工具,而是从一个更深的层面发挥政治功能。③

关于希腊悲剧的研究中,唐根希的论文讨论了《俄狄浦斯王》中表现的人的理

① 刘未沫.《伊利亚特》的世界——有关生命、死亡、葬礼及其竞技[J]. 外国文学,2014(2)
② 吴雅凌. 传统与创新——《劳作与时日》中的英雄叙事[J]. 社会科学,2014(7)
③ 张巍. Eunomia:梭伦的理想政制[J]. 历史研究,2014(1)

性,并将这种理性界定为在神的理性和兽性之间游移不定的人类本性,这种本性需要有高于人的存在作为依据才能够存在。① 王楠主要从伊利格瑞、钱特和巴特勒等人对黑格尔的《安提戈涅》解读所做的解构入手,讨论了这部希腊悲剧经典在当今性别伦理研究中的突出地位,为女性主义思想家提供了可以发展自己理论的良好机会。② 罗峰的两篇论文分别从微观和宏观的角度讨论了欧里庇得斯超出他那个时代的"现代性",她一方面通过对《酒神的伴侣》的分析,讨论了欧里庇得斯推崇的平等、自由(尤其是女性的自由)和快乐的生活方式,重塑"自然状态",重构新的人类共同体形式,并自觉与古典传统与德性决裂的"现代意识";另一方面通过重申现代学者关于欧里庇得斯是诗人还是哲人的争论,认为就他的现代性而言,"舞台哲人"与"现代诗人"可谓一体两面。③ 马骁远则分析了欧里庇得斯在《情愿妇女》、《奥瑞斯特斯》和《特洛伊妇女》三部悲剧中表达的对当时雅典民主政治的批评,以及反对人民领袖误导人民,反对雅典在国际政治之中实施霸权的基本立场。④

阿里斯托芬喜剧中体现出的伦理政治思想从来不会缺少关注,黄薇薇认为理解《鸟》之中政治意涵的关键就在于主人公从寻找"梵静之邦"到建立"云中鹁鸪国"的这个变化。仔细分析后者,可以看到它并非一个自由国度,而是"对雅典古制和旧俗的重申与维护",表达了阿里斯托芬对传统礼法的重视,也折射出当时雅典面临的政治困境。⑤ 胡镓围绕《马蜂》中的"义愤"梳理了斐罗克勒翁和布得吕克勒翁这对父子关于是否应该参加庭审的"斗争",同情地理解了斐罗克勒翁因为对民主原则的坚守和由于可能丧失这种原则的恐惧表现出来的近乎疯狂的执着甚至残暴。⑥ 陈国强的论文则以《云神》和《蛙》为主要文本,处理了阿里斯托芬对学校教育和诗歌教育的批判,强调这两种教育都要以城邦福祉为目的,而非以个人为导向,因此堪称一种"教育政治学"。⑦

通常被归入"前苏格拉底哲学"的赫拉克利特、恩培多克勒、德谟克利特和智者的著作中也有丰富的伦理政治思想,但是因为他们作品的残篇性质,关注的学者较少。刘玮的论文涉及赫拉克利特残篇中重要的伦理—政治维度,认为"礼法"和其

---

① 唐根希. 理性与疯狂:《俄狄浦斯王》对人性的双重解读[J]. 南京邮电大学学报(社会科学版),2014(6)

② 王楠. 性别与伦理间的安提戈涅:黑格尔之后[J]. 外国文学研究,2014(3)

③ 罗峰. 欧里庇得斯悲剧与现代性问题——以《酒神的伴侣》为例[J]. 思想战线,2014(2);罗峰. 诗人抑或哲人——论欧里庇得斯批评传统[J]. 浙江学刊,2014(3)

④ 马骁远. 欧里庇得斯对"后伯里克利时期"民主政治的批评[J]. 学习与探索,2014(12)

⑤ 黄薇薇. 从"梵静之邦"到"云中鹁鸪国"——阿里斯托芬《鸟》的政治含义[J]. 思想战线,2014(2)

⑥ 胡镓. 诸神信仰与民主信仰:阿里斯托芬《马蜂》中的怒火与义愤辨析[J]. 江汉论坛,2014(3)

⑦ 陈国强. 阿里斯托芬"教育政治学"探析——以《云神》和《蛙》为主[J]. 西南交通大学学报(社会科学版),2014(4)

他几个重要主题共同编织起了赫拉克利特的思想之网。① 崔延强和杨甜的论文试图改变柏拉图和亚里士多德给后世留下的过于负面的智者形象,强调这个群体改变了希腊智慧属神的性质,将求知变得职业化、公开化、民主化,从而引领了西方思想史上第一次启蒙运动,标志着人类自我意识的觉醒。② 陆杰荣和谢兴伟的论文讨论普罗泰戈拉以"人是万物的尺度"为核心的相对主义思想,以及与之相伴的绝对主义思想,强调了这种相对主义以其怀疑和批判精神为西方哲学做出的贡献。③

2. 苏格拉底、柏拉图与色诺芬

2014 年,中文学界对苏格拉底其人的讨论不约而同地集中在"虔诚"这个主题上。余纪元考察了西方学界对苏格拉底的理性和信仰之间张力的争论,认为苏格拉底的信仰是真诚的,相信有高于人的、善的神圣力量,但是这种信仰并非立足于当时的宗教实践,而是出自理性的探索,内在于他的哲学,而他的哲学服务于这种将神道德化的信仰,在这个意义上他与前苏格拉底的自然哲学家的工作实则一脉相承。④ 顾丽玲继续她对《欧叙弗伦》的研究,指出这部对话是对苏格拉底之虔敬的哲学辩护,在其中苏格拉底不仅展现了对雅典所面临的信仰危机所做的深刻反思,同时也从实践角度讲劝阻游叙弗伦做出不虔敬的行为。⑤ 孔祥润则更多强调了苏格拉底的不虔诚,指出苏格拉底对神毫无所求,强调理性的检审,以及所信的 *daimonion* 具有很强的私人性,由此认为雅典人控告苏格拉底不敬神绝非空穴来风,但是另一方面,苏格拉底在智慧的问题上又确实对神充满了谦卑和虔诚。⑥

国内学者关于柏拉图的研究总是最为集中的。陈郑双翻译和注疏了《吕西斯》,吴明波翻译和注疏了通常认为是伪作的《情敌》,为汉语学界讨论这两部作品提供了更好的译本和更加坚实的基础。⑦

在有关柏拉图伦理政治思想整体性的研究中,先刚的专著《柏拉图的本源学说》从图宾根学派主张的未成文学说的视角按照"走向本原的道路"和"从本原出发的道路"系统考察了柏拉图的思想,尤其是形而上学问题,其中第 11 章对柏拉图

---

① 刘玮. 赫拉克利特的思想之网[J]. 世界哲学,2014(1)

② 崔延强、杨甜. 人的觉醒:古希腊智者学派的群体映像[J]. 西南大学学报(社会科学版),2014(5)

③ 陆杰荣、谢兴伟. 围绕"人与尺度"的旋转——普罗泰戈拉的相对主义及其价值[J].《世界哲学》,2014(4)

④ 余纪元. 苏格拉底的理性与信仰[J].《求是学刊》,2014(1)

⑤ 顾丽玲.《游叙弗伦》作为苏格拉底的哲学申辩[J].《现代哲学》,2014(4)

⑥ 孔祥润. 论苏格拉底的不虔诚[J].《南昌大学学报(人文社会科学版)》,2014(1)

⑦ 柏拉图著. 陈郑双译.《吕西斯》[M]. 北京:华夏出版社,2014;柏拉图著. 吴明波译.《情敌》[M]. 北京:华夏出版社,2014

政治哲学中的本原问题有所讨论，核心关注是哲学家王作为政治的本原与民众的关系问题。① 此外，先刚的论文《柏拉图与"智慧"》反对德国浪漫派对柏拉图"智慧"作为"匮乏"的理解，论证在柏拉图那里哲学是可以达到智慧的，哲学与智慧之间存在一种动态的、密切的联系。哲学往返于神和人、智慧和无知之间，循环往复；哲学家对于智慧的爱并不意味着本质上的绝对隔离，而是意味着必须循环不断地重新开始。② 王柯平的论文讨论了柏拉图追求智慧的最高成就，同时也是生活的最高理想，即"人与神相似"和"人向神生成"，而之所以如此是因为柏拉图的三个重要学说：神乃是善之因，神赋予人理性以及灵魂不朽，这个理想就是要给人更高的标准，从而完善自己的道德行为和巩固自己的德性，这个理想虽然在现实中难以实现，但是作为范导却不乏启发意义。③ 吴广瑞的《柏拉图的论善：〈菲利布篇〉方法论、快乐论研究》从柏拉图的方法论入手，进入本体论，最终引向价值论——柏拉图在晚年再一次重新思考和回应来自享乐主义的挑战。他提出，这一问题也开启了亚里士多德对快乐问题的思索和回应，亚里士多德批评了柏拉图对快乐的见解，提出了更为丰富的快乐理论，并且在此基础上形成了以完善论目的论为特征的美德伦理学。作为附录，他提供了一个新的《菲利布篇》译文。④

对具体柏拉图对话的研究中，彭磊的论文处理了《卡尔米德》开篇的情节如何展现苏格拉底的节制（sōphrosunē），强调苏格拉底的节制确实在很大程度上背离了"节制"一词的传统含义，更多关乎他的哲学在年轻人中的传播问题，而整部作品体现了苏格拉底对自己的哲学所做的自我反思。⑤ 王鹏飞和包利民的论文讨论了《吕西斯》中不同层面的"友爱"（philia），作者将"友爱"作为柏拉图幸福论的核心内容，指出柏拉图那里不同的爱最终要达到对哲学之爱，而哲学之爱也并没有也不该否定具体的对他人的爱。⑥ 罗晓颖的论文讨论了《克里同》中苏格拉底使用的两种辩证法，哲学辩证法呈现哲人的正义，而非哲学的辩证法则关乎法律和城邦的生活秩序。后者虽然说服了克里同，但是却同时暴露了法律的缺陷和苏格拉底的冤屈，但苏格拉底选择留在狱中表明了他一方面要为城邦法律辩护，另一方面也要为未来哲人在城邦中的生存辩护。⑦ 董波将《拉克斯》的主题概括为勇敢与知识的关

---

① 先刚. 柏拉图的本原学说：基于未成文学说和对话录的研究[M]. 北京：三联书店,2014
② 先刚. 柏拉图与"智慧"[J]. 学术月刊,2014(2)
③ 王柯平. 人之为人的神性向度——柏拉图的道德哲学观[J]. 杭州师范大学学报（社会科学版）,2014(3)
④ 吴广瑞. 柏拉图的论善：《菲利布篇》方法论、快乐论研究[M]. 北京：中国社会科学出版社,2014.
⑤ 彭磊. 从《卡尔米德》的开场看苏格拉底的节制[J].《古典研究》,2014(2)
⑥ 王鹏飞、包利民. 人生三爱、哲学、幸福[J]. 道德与文明,2014(3)
⑦ 罗晓颖. 论《克里同》的机构和意图[J]. 古典研究,2014(4)

系,重点分析了尼基阿斯的信念与他的实践之间的关系,在此基础上作者指出,勇敢不仅仅依赖知识和理性,也依赖行动和非理性因素,只有两者的统一和和谐才是勇敢的完整定义,而苏格拉底正是这样的典范。① 王江涛从亚里士多德在讨论勇敢时对苏格拉底的批评切入,回溯性地考察了《拉凯斯》和《普罗塔戈拉》中关于勇敢的讨论,将苏格拉底作为哲人对勇敢的观点与普罗塔戈拉作为智者对勇敢的看法做了尖锐的对比。② 刘小枫讨论《普罗塔戈拉》的论文试图解释为什么柏拉图一面在作品中反对诗和诗人,一面又采用了诗的形式来写作。他认为,普罗塔戈拉和苏格拉底都了解对大众宣扬哲学的危险,但是普罗塔戈拉却不同于先前的哲人装扮成诗人教导大众,而是公开讲授政治,并认为这就是哲学智慧。苏格拉底指出这样做的危险,并且用关于克里特人和斯巴达人的戏言告诫普罗塔戈拉,真正爱智慧的人应当像克里特人和斯巴达人那样隐藏自己。③ 李向利的论文对《高尔吉亚》中苏格拉底的灵魂审判神话作了分析,提出了政治和哲学的对立,哲学对真理的绝对追求并不符合政治和统治的要求。在关于灵魂审判的神话中,苏格拉底阐述了修辞术、政治和哲学三者之间的关系,哲学虽然可以战胜和取代修辞术,但是不能够在政治中追求绝对公正的审判。④ 潘一禾的两篇论文讨论了《普罗塔戈拉》、《泰阿泰德》和《高尔吉亚》中有关德性教育的问题,核心就是对灵魂的塑造,指出这种针对灵魂的教育对当代中国的教育和政治也有重要的启示。⑤

黄颂杰对《理想国》做出了整体性的讨论,指出柏拉图哲学的论题缘起于社会实践,而其解决之道是思辨,作为《理想国》核心论题的灵魂正是思辨与实践的交会之处,是柏拉图哲学的原创地,而理念论同时为思辨哲学和实践哲学提供了理论依据。⑥ 王扬的论文对《理想国》中的"和谐"(harmonia)做出了深入的分析,论证和谐可以被看作是"正义"的翻版和对应物,是贯穿着《理想国》全书的一个理论模式,也是苏格拉底教育理论和哲学的重要基石。⑦ 翟志勇的论文从法律哲学的角度解读了《理想国》,认为整部对话作为哲学家的"制宪会议"关注的核心是灵魂的正义,诗歌与哲学之争,本质上是立法权之争,哲学家要取代诗人,成为代神立言的立

① 董波. 勇敢与知识:对柏拉图对话《拉克斯》的解读[J]. 现代哲学,2014(4)
② 王江涛. 试论古典政治哲学中的勇敢美德[J]. 海南大学学报(人文社会科学版),2014(1)
③ 刘小枫. 内敛的哲学和张扬的诗——论《普罗塔哥拉》中苏格拉底关于哲学和诗的戏言[J]. 思想战线,2014(2)
④ 李向利. 剌达曼堤斯的审判——《高尔吉亚》灵魂审判神话中的哲学与政治[J]. 海南大学学报(人文社会科学版),2014(1)
⑤ 潘一禾. 教不可教之美德——柏拉图《普罗泰戈拉篇》及《泰阿泰德篇》阐释[J]. 美育研究,2014(1);潘一禾. 与公职人员讨论正义和幸福——柏拉图《高尔吉亚篇》阐释[J]. 哲学研究,2014(1)
⑥ 黄颂杰. 回到西方哲学的原创地:思辨与实践——柏拉图《理想国》新解[J]. 复旦学报(社会科学版),2014(2)
⑦ 王扬. 柏拉图《理想国》中的"和谐"[J]. 古典研究,2014(2)

法者。① 张立立批判性地考察了萨克斯对柏拉图《理想国》的一个经典批评,即柏拉图提出的灵魂正义与世俗正义之间没有相关性。他指出柏拉图的这两个正义观念之间并非等值,但是存在因果相关性,灵魂的正义除了萨克斯关注的和谐含义之外,还有认知的层次和对善模仿的层次,而这些更高的层次可以成功避免萨克斯的批评。② 刘飞的论文从另一个角度讨论了灵魂与城邦正义的一致性问题,他指出这两者的共同基础在于理念论,尤其是善的理念。③

樊黎讨论了《斐德若》中苏格拉底的"翻案辞"中关于爱欲的叙述。他指出,这种叙述与《斐多》中的"第二次起航"密切相关,引入了灵魂的目的论结构,爱欲正是人类的最大福祉和目的,而灵魂的运动正是一种爱欲的运动,追慕诸神、渴望看到天外的存在,对善的爱欲会带来上升和下降两种不同的运动,前者对应沉思生活,而后者则对应政治生活。④ 梁中和讨论了阿尔西比亚德与苏格拉底的关系。他认为,苏格拉底对人的爱是对每个个体的安顿,是每一个人在符合各自本性和能力的位置上生活。这样看来,苏格拉底的爱就不是对个体本身的爱,而是对城邦幸福的追求,甚至是更高层次的对"相"的爱,因此哲人的生活要超越作为个体的自己。⑤ 吴广瑞的专著《柏拉图的论善:〈菲利布篇〉方法论、快乐论研究》围绕颇为难解的"神赐方法"和对快乐的复杂讨论对这部对话做出了系统的疏解,并以亚里士多德对柏拉图快乐观的回应作结,作为附录他也提供了《菲利布篇》的一个新译本。⑥

国内学者对色诺芬伦理和政治思想为数不多的关注几乎都是由于施特劳斯将色诺芬看作审慎的政治哲人的典范,因此对色诺芬的讨论通常也就带上了浓厚的施特劳斯印记。高挪英的论文抓住色诺芬在《阿格西劳斯颂》中言辞上的极力赞颂和行动描写上的薄弱,以此解释色诺芬对阿格西劳斯一方面行赞扬之表,另一方面又从哲人的角度批判了政治美德,而主张勇敢应该兼具正义和智慧。⑦ 刘振的论文直接讨论了施特劳斯与科耶夫围绕色诺芬《论僭政》的争论,作者指出科耶夫相信哲学就其本性而言具有历史性质,哲人必须通过实现政治性的普遍同质国家才能获得最终的理论真理,而施特劳斯坚持古典的哲学理解,反对历史主义和彻底的哲

① 翟志勇. 立法者:灵魂与城邦——对柏拉图《理想国》的法律哲学阐释[J]. 苏州大学学报(法学版),2014(3)
② 张立立. 柏拉图真的在《理想国》中犯下了"不想干谬误"吗?[J]. 世界哲学,2014(2)
③ 刘飞. 论柏拉图《理想国》中城邦正义与个人正义的一致性[J]. 哲学动态,2014(6)
④ 樊黎.《斐德若》中灵魂的自我运动[J]. 古典研究,2014(2)
⑤ 梁中和. 苏格拉底会爱一个人吗——论柏拉图式的爱与"个人"的关系及其展示出的哲人处境[J]. 海南大学学报(人文社会科学报),2014(1)
⑥ 吴广瑞. 柏拉图的论善:《菲利布篇》方法论、快乐论研究[M]. 北京:中国社会科学出版社,2014
⑦ 高挪英. 色诺芬《阿格西劳斯颂》中的"勇敢"[J]. 古典研究,2014(3)

学启蒙。施特劳斯与科耶夫的争论从表面上看是关于哲学与政治关系的争论,而从根本上说,则是古今思想关于真理观和存在论的分歧。①

3. 亚里士多德

国内学者对亚里士多德伦理学一直保持着高度的关注。陈玮的两篇论文分别讨论了亚里士多德伦理学中的自愿性问题以及与自愿性密切相关的想望(boulēsis)这种特有的人类欲求。在《自愿、决定与品格》中,他讨论了亚里士多德对"不自愿"条件的严格界定,从而将柏拉图对真知识的强调转变为行动者对具体行动的把握。在有关行动者要对自己的品格负责的讨论中,亚里士多德解决了柏拉图那里出现的责任不对称性问题。在《亚里士多德论想望与道德生活的可能性》中,他讨论了亚里士多德道德心理学中最接近理性的人类特有的欲求"想望",认为这个概念的提出超出了传统的理性与欲望的二分图景,对于我们理解不自制、幸福和道德的基础等问题都有重要意义。②

朱清华的论文讨论了 phronēsis 概念从柏拉图那里作为"智慧"的普遍含义到亚里士多德那里作为"实践智慧"的特殊含义的演化,进而论述了实践智慧在亚里士多德那里的实现方式、与理论智慧的关系、与幸福的关系等重要论题。③

陈庆超讨论了亚里士多德实践智慧与道德德性如何统一的著名难题,并且在一定程度上为亚里士多德做出了辩护,比如他指出二者在正确选择中获得各自的本质特征,它们虽然有所重叠,但是依然可以做出明确的区分,而拥有完全德性的人虽然很难在现实中看到,但并不妨碍它成为政治共同体的目标。④

郝亿春分析了麦金泰尔在现代语境下恢复亚里士多德伦理学的尝试,认为他充其量复兴了追求"优秀"的内向实践的主导地位,但是在现代语境下却不可能恢复亚里士多德那里的"美德生存",因此麦金泰尔其实是以亚里士多德美德之名在行现代道德之实。⑤

在亚里士多德的政治哲学方面,刘玮的论文全面梳理了亚里士多德对"最佳政体"的论述。他指出,亚里士多德从"某个政体前提之下的最佳状态"、"适合某个人群的最佳政体"、"适合大多数城邦的最佳政体"、"不管外在限制的'依靠祈祷'的最佳政体"和"依赖超凡德性的最佳政体"五个不同的角度回答了"最佳政体"的

---

① 刘振. 哲人与僭政——施特劳斯与科耶夫关于《论僭政》的争论[J]. 海南大学学报(人文社会科学报),2014(2)
② 陈玮. 自愿、决定与品格——《尼各马可伦理学》第三卷论道德责任[J]. 道德与文明,2014(4);陈玮. 亚里士多德论想望与道德生活的可能性[J]. 伦理学研究,2014(5)
③ 朱清华. 再论亚里士多德的实践智慧[J]. 世界哲学,2014(6)
④ 陈庆超. 实践智慧与道德德性的统一:问题与辩护[J]. 哲学动态,2014(11)
⑤ 郝亿春. 美德与实践——在亚里士多德与麦金泰尔之间[J]. 哲学动态,2014(11)

问题。①

田道敏的论文讨论了亚里士多德的政治自然主义面临的一个重要困难,即一方面亚里士多德强调城邦的自然性,另一方面又不承认城邦是自然产生的事物。该学者讨论了两位当代学者对这个问题的处理,之后提出了"派生的内在目的论解释"作为理解亚里士多德城邦自然生成的方式。②

黄璇的论文讨论了亚里士多德政治哲学中好人与好公民之间的张力,认为即便在最佳政体中,这两者也不能够完全重合,由此出发讨论了"好公民"问题在现当代政治哲学中的差异性表现——一个是共和主义下强调公民参与的公民美德,另一个是绝对主义之下强调臣民服从的德性。③

刘小枫延续着近几年对亚里士多德《论诗术》(《诗学》)的研究思路,从政治哲学而非文学的角度阐发这部作品。他详细分析了该书第 6 章对悲剧(肃剧)的著名定义,尤其是其中最难理解的"净化"问题,指出亚里士多德刻意提出"怜悯和恐惧"的关注点在于培育好的公民,尤其是城邦卫士,因为柏拉图在谈及音乐教育时论述的就是这两种感受。④

此外,王雷的论文讨论了亚里士多德思想中多层次的平等观,重点讨论了亚里士多德的思想资源对今天处理政治权利的分配、民事损害救济制度、情谊行为、尽力回报等问题具有重要的借鉴意义。⑤

4. 晚期希腊与古罗马

过去几年在希腊化和罗马伦理政治思想方面,国内的研究都相对匮乏,而 2014 年这个领域取得了长足的进展。

包利民和徐建芬的论文宏观地讨论希腊化时期伊壁鸠鲁主义和怀疑派对传统柏拉图式的基于理性知识的幸福论的反叛,伊壁鸠鲁主义者认为只有快乐才能够得到满足,而怀疑派则从反面论证对知识的欲求无法满足,对观这些不同的幸福论对于我们理解古希腊伦理学的整体图景不无裨益。⑥

具体到伊壁鸠鲁主义的研究,刘良华的论文相对概括性地讨论了伊壁鸠鲁以

① 刘玮. 论亚里士多德的"最佳政体"[J]. 天府新论,2014(3)
② 田道敏. 亚里士多德城邦自然存在论的比较阐释[J]. 南昌大学学报(人文社会科学版),2014(6)
③ 黄璇. "好人"与"好公民":一个政治伦理难题的亚里士多德解[J]. 武汉大学学报(哲学社会科学版),2014(3)
④ 刘小枫. 城邦卫士与性情净化——亚里士多德《论诗术》中肃剧定义试解[J]. 海南大学学报(人文社会科学版),2014(1)
⑤ 王雷. 亚里士多德的平等观及其法律意义[J]. 北京科技大学学报(社会科学版),2014(2)
⑥ 包利民、徐建芬. 时代巨变之际的希腊幸福论之争[J]. 伦理学研究,2014(6)

哲学代宗教的快乐主义和以"观念"代"感觉"的自然哲学,指出正是这两者成为伊壁鸠鲁哲学治疗的基石。① 罗晓颖撰文分析了伊壁鸠鲁残篇中表现出来的神学向度,确证了伊壁鸠鲁作为无神论者的形象,但是另一方面,伊壁鸠鲁也并不否认宗教在规约城邦和个人方面有着积极的作用。由此,他又提升诸神、纯化宗教,消除宗教给人带来的恐惧,同时也借此保存了自己的安宁。② 张轩辞联系伊壁鸠鲁的治疗哲学,讨论了他在诗与哲学之争这桩公案中的位置,并试图解释为何伊壁鸠鲁本人严词反对诗歌,但是他的学派中却产生了像斐罗德谟斯和卢克来修这样的诗人。他讨论这个问题的切入点是普鲁塔克《论学诗》中对伊壁鸠鲁一正一反的两次提及,最终表明在普鲁塔克看来,伊壁鸠鲁和柏拉图一样,都认识到了哲学与诗歌并非水火不容,而是要由哲学为诗教提供领航和目的,在这个意义上,哲学与诗歌既保持距离又并非截然隔绝。③ 孙磊讨论了伊壁鸠鲁基于原子论和快乐主义的个体本位的政治哲学,论证政治哲学的现代性转向(不再追求城邦的善、德性、神性,而将政治的关注点转化为保障个体的安全和自由),正是起源于伊壁鸠鲁,在这个意义上马克思也是伊壁鸠鲁的继承者。④

与伊壁鸠鲁主义形成直接竞争关系的斯多亚派也同样将哲学当作一种带有治疗作用的生活方式。于江霞的论文讨论了斯多亚派对柏拉图和亚里士多德"技艺"观念的改造,在实践领域中将技艺与知识、德性等同。在斯多亚派看来,技艺始于生活所需,源于生活经验,成于生活中的训练,服务于生活总体,从而增强了技艺概念的知识性、伦理性,并以此解决了技艺之"可得"与"善用"的统一问题,最终是要实现某种"技艺人生"。⑤ 方环非、徐婧超的论文讨论了斯多亚派在罗马帝国的重要代表塞涅卡带有宗教倾向的伦理学,指出了这种伦理学的核心特征(顺应命运、克欲求善、世界主义)和现实意义(稳定罗马的统治、推动基督教的发展、推进罗马史学和柏拉图学派、慰藉现代人的心灵)。⑥ 毛丹和徐健的论文讨论了斯多亚派政治哲学的三个主要特点,即世界主义的普适性,将政治当作中性的事物从而有保留地参与实际政治,以及对命运和现有的政治统治形式的顺从,而这三个特征与古典政治哲学的特殊性、积极性和引导性形成了鲜明的对比。⑦

① 刘良华. 伊壁鸠鲁的生命教育及其哲学治疗[J]. 上海师范大学学报(哲学社会科学版),2014(4)

② 罗晓颖. 隐退的诸神——伊壁鸠鲁若干残篇研究[J]. 现代哲学,2014(3)

③ 张轩辞. 普鲁塔克《论学诗》中的伊壁鸠鲁与"诗与哲学之争"[J]. 华东师范大学学报(哲学社会科学版),2014(4)

④ 孙磊. 伊壁鸠鲁的政治哲学与现代性[J]. 现代哲学,2014(3)

⑤ 于江霞. 作为一种生活方式的技艺——析斯多亚派的技艺概念[J]. 自然辩证法研究,2014(5)

⑥ 方环非、徐婧超. 塞涅卡宗教倾向的伦理学及其意义[J]. 西南石油大学学报(社会科学版),2014(1)

⑦ 毛丹、徐健. 廊下派政治哲学的三个维度[J]. 浙江大学学报(人文社会科学版),2014(5)

关于晚期希腊和罗马的柏拉图主义和新柏拉图主义的方面，罗晓颖讨论了普鲁塔克在《爱欲论辩录》中对柏拉图《会饮》的发展和修正，在普鲁塔克看来爱若斯不是"精灵"，而是"神"，他不但有助于友谊的形成和美德的成长，而且引领男人的灵魂走向哲学的上升之路；而性爱的庇护神阿佛洛狄忒则在婚姻中襄助爱若斯。基于此，普鲁塔克驳斥了男童恋者对美德和友谊的虚假关怀。他指出，婚姻是古老宗教传统下神圣的结合，能够藉"夫妇互爱"成就哲学对智慧和美的"爱欲"。① 郑戈撰文讨论了西塞罗对共和宪制思想的贡献。他从西塞罗面对的时代际遇入手，讨论了西塞罗以学园怀疑论为主同时结合了各派学说的独特政治哲学方法，进而详细考察西塞罗对"共和国"作为"人民的事业"的经典理解，以及基于自然法和理性的混合宪制学说。最后，他讨论了西塞罗的学说对中世纪和文艺复兴政治思想的影响。② 王强的《普罗提诺终末论思想研究》用"终末论"一词概括普罗提诺的死亡论和灵魂论。他指出，普罗提诺终末论的核心因素——自由意志，并讨论了灵魂回归的整个过程。在这些讨论中蕴含了对普罗提诺伦理思想的叙述、分析和探究，在普罗提诺这里，终末论在伦理学中的重要地位对后世思想（尤其是对基督教）产生了极大影响，从很大程度上构造了基督教伦理学的格局。③

5. 中世纪

奥古斯丁和阿奎那几乎主导了国内学界对基督教和中世纪伦理政治思想的考察，基督教早期教父，安瑟尔莫、邓·斯科托、奥卡姆的威廉、马西利乌等人，以及希伯来和阿拉伯传统中的伦理政治问题鲜有学者涉及。

陈越骅的著作《跨文化视野中的奥古斯丁》重点从新柏拉图主义哲学与基督教相遇的跨文化视角，阐释了奥古斯丁的形而上学、认识论、伦理学说。其中，第五章专论"幸福与拯救"，着重介绍了在灵魂理论上奥古斯丁对新柏拉图主义的继承。该学者指出，奥古斯丁从普罗提诺的新柏拉图主义那里获得了关于幸福的最高境界——灵魂之旅的终极目标。在奥古斯丁对终极目标的思考中，"美"占了很大的比重，这一点也来自普罗提诺的《论美》。奥古斯丁的"世界灵魂"和对肉体做了适度抬高的做法也来自新柏拉图主义。④

孙帅的著作《自然与团契：奥古斯丁婚姻家庭学说研究》从一个很小的切口深入到奥古斯丁博大的体系之中。他以罗马家庭形态和奥古斯丁个人的婚姻和家庭

---

① 罗晓颖. 爱欲、哲学与婚姻——普鲁塔克与柏拉图的爱若斯形象比较[J]. 思想战线,2014(2)
② 郑戈. 西塞罗与共和宪制的起源[J]. 浙江社会科学,2014(5)
③ 王强. 普罗提诺终末论思想研究[M]. 北京:人民出版社,2014
④ 陈越骅. 跨文化视野中的奥古斯丁:拉丁教父的新柏拉图主义源流[M]. 杭州:浙江大学出版社,2014

生活作为背景,讨论了奥古斯丁关于原罪、肉欲与节制的理解,婚姻作为圣事与基督教团契的关系、家庭与国家的关系、在团契中的爱等重要问题。该著作堪称研究奥古斯丁伦理政治思想的一部力作。①

论文方面,彭小瑜更多地从史学视角讨论了奥古斯丁的修道理想,反驳了对这种理想的一些片面理解,比如认为修道就是禁欲,或者片面强调修道传统来自新柏拉图主义灵魂与肉体的二分。该学者从社会历史的角度进行考察,论证这种修道理想具有强烈的社会批判意义,代表了一种积极和乐观的生活态度,而这种态度最好地体现在《圣经·诗篇》中的话"我的佳偶在女子中,好像百合花在荆棘内"。②肖剑讨论了奥古斯丁对柏拉图—斯多亚派"自由"观念继承(即自由并非随心所欲,而是追求至善)和改造(即理性不足以让人成善,而是需要依靠对上帝的信仰),从而讨论了早期基督教思想的复杂背景。③ 王腾也讨论了奥古斯丁的自由意志学说,从奥古斯丁的思想的内在理路角度强调了自然理性和神学恩典的两个维度。正是靠着恩典,人的理性中才被注入了善的意志和能力,才有了过良好生活的可能,在此基础上,作者论证了在《论自由意志》与《恩典与自由》两部著作中思想的连贯性。④ 柯岚的论文讨论了奥古斯丁基于基督教教义在继承的古希腊自然法观念的基础上增加了"永恒法"的概念,为中世纪神学自然法确定了前提。他指出,永恒法在根本上是一种宗教道德法则,其终极目的是人死后的救赎,而实现途径则是在爱上帝和爱邻人中体现的正义原则。⑤

刘素民的专著《托马斯·阿奎那伦理学思想研究》从阿奎那思想系统的角度讨论了他的伦理学说,即由知识论入手走向形而上学之"体"、再落实于伦理学之"用"的哲学进路。从而使知识、存有和道德在"人是上帝的肖像"的前提下得以有效定位,并由此在神圣与世俗间寻求人的本体存有与人性超越价值。具体到伦理问题,他讨论了阿奎那理解的人的目的、意志与激情、人性行为的内在和外在原则。⑥ 江畅的论文专门讨论了阿奎那的德性论如何创造性地综合亚里士多德与奥古斯丁。阿奎那对德性的三分中,道德德性和理智德性主要继承了亚里士多德的德性理论,都在人的本性之中,而信、望、爱这三种神学德性则更多继承了奥古斯

① 孙帅. 自然与团契:奥古斯丁婚姻家庭学说研究[M]. 上海:上海三联出版社,2014
② 彭小瑜."好像百合花在荆棘内"——奥古斯丁的修道理想与文本解读之惑[J]. 杭州师范大学学报(社会科学版),2014(5)
③ 肖剑. 希腊化至罗马时期"自由"观念之嬗变——从晚期廊下派到奥古斯丁[J]. 暨南学报(哲学社会科学版),2014(12)
④ 王腾."自然理性"与"神学恩典":奥古斯丁意志哲学的两个向度[J]. 宁夏社会科学,2014(3)
⑤ 柯岚. 奥古斯丁与神学自然法的奠基[J]. 西北大学学报(哲学社会科学版),2014(1)
⑥ 刘素民. 托马斯·阿奎那伦理学思想研究[M]. 北京:中国社会科学出版社,2014

丁,来自神的恩典。① 赵琦从当代讨论"友谊"时出现的一个难题入手,即我们有什么动机为了朋友自身之故采取行动? 该学者认为当代流行的"价值论"并不能解决这个困难,而托马斯主义强调友谊活动本身的道德性则可以为这个难题给出更好的解答。②

6. 文艺复兴与宗教改革

随着文艺复兴哲学在国内学界的升温,往年马基雅维利在文艺复兴伦理政治思想研究中一枝独秀的局面也有了较大的改变。虽然马基雅维利依然是学者们关注最多的文艺复兴思想家,但是我们也看到了更多关于但丁、布鲁尼、皮科、圭恰迪尼等人的研究。

朱振宇的两篇论文深入分析了但丁神曲的细节。在《弗朗奇斯嘉的"高贵"与阿加通爱的颂歌》一文中,该学者讨论了《神曲·地狱篇》中弗朗奇斯嘉"爱的独白",认为这段独白的原型是柏拉图《会饮》中的阿伽通。但丁的向导维吉尔虽然对此保持清醒,却不像《会饮》中的苏格拉底那样提醒周围人,而是眼看着朝圣者受到蛊惑晕倒在地,他的沉默也表现了斯多亚派而非苏格拉底面对爱欲的态度——节制而非提升。在《灵魂的形体》一文中,朱振宇讨论了《神曲》中"有身体的灵魂"的说法。他主张这种看法并非由于但丁对古典思想的继承,而是来自《圣经·约翰福音》中耶稣与犹太人的对话,是在讽刺无信仰者看只能看到身体,看不到灵性,而在天国中身体性将最终消失。③ 蒋鹏的论文讨论了《神曲·地狱篇》中的"灵泊"(Limbo),即地狱的最上面一层。这里居住着有缺陷但无罪的灵魂,他们是古典时代智慧的追求者(包括维吉尔在内),是高贵的灵魂,但是因为无法信仰上帝,而无缘一窥天堂的壮丽,这意味着古典时代的智慧与德性无法洞穿基督教世界的黑暗。④

郭琳的论文讨论了布鲁尼市民人文主义的两面性,即他一方面强调古罗马共和主义传统,这种自由理想和法治意识无疑对中世纪的封建神学政治观构成了强有力的冲击;另一方面,布鲁尼又精心维护城市显贵的寡头政治传统,巧妙地运用西塞罗式的修辞语言掩盖社会现实的不平等和政治自由的排他性,为当权者实行寡头政治提供了合理的说辞。这种两面性充分展现了转型过渡时期人文主义者思

---

① 江畅. 托马斯·阿奎那论德性[J]. 华中师范大学学报(人文社会科学版),2014(2)
② 赵琦. 论友谊的"正当性"——一个托马斯主义的回答[J]. 哲学分析,2014(5)
③ 朱振宇. 弗朗奇斯嘉的"高贵"与阿加通的颂歌[J]. 古典研究,2014(4)
④ 蒋鹏.《地狱篇》第4曲中的"灵泊"[J]. 古典研究,2014(2)

想的复杂性和矛盾性。① 徐卫翔的论文则讨论了在皮科给巴尔巴罗的信中体现的哲学与修辞学之争。该学者试图指出，皮科在这封信里带着双重面具，他以经院哲学家的面具所讲的话代表了自己的真实思想，而他以第一人称所讲的话则是为了客套和掩饰自己的想法，减轻其冲击。通过这样的分析，该学者确证并提升了传统对皮科的理解，即皮科站在哲学的立场上反对修辞。②

张弛的论文讨论了马基雅维利《李维史论》中国家的自主性问题，即共和国要中立于具体的社会阶层，用体制或法律取代君主与公民的对立。共和国本身要具有攫取社会财富的能力，为了防止政治派系的产生，马基雅维利提出"国富民穷"的主张。作者认为，一个拥有强大"自主性"国家与公民自由之间毫无矛盾，并且恰恰是由于马基雅维利主张公民自由，从他的国家独立性中也不能推出"主权"的观念。③ 郭琳通过考察《君主论》，处理了国家作为政治共同体所具有核心特征，比如体现公民权利和义务，保障各种政治权势力量的平衡，确保权力机构有效运作、发挥政体功能。④ 黄涛围绕《李维史论》I.11-15 的核心文本讨论了马基雅维利公民宗教观，论述了马基雅维利对宗教和神学问题本身并无兴趣，而是要让一切都围绕政治运作，但是与古典作家对宗教的使用不同，马基雅维利是要以宗教取悦大众，将大众结合成一个整体。⑤ 陈华文的论文试图从方法论上将马基雅维利的喜剧《曼陀罗》独立出来，反对学界流行的根据其政治背景进行"隐喻式解读"，也反对根据其政治作品进行"印证式解读"的倾向，认为应当强调文学作品作为独立文本的重要意义，唯此方能揭橥作者在其戏剧作品中的哲学蕴义。⑥

国内学者对圭恰迪尼的研究大多参照马基雅维利的思想展开。朱兵的论文比较了马基雅维利与圭恰迪尼在人性论（都清楚地认识到人的缺陷）、命运观（都主张与命运抗争，但是马基雅维利更强调"美德"的力量，而圭恰迪尼则更强调"命运"的左右）、政治现实主义（都意在颠覆古典和基督教的既定主张，都对"国家理性"观念的产生做出了重要贡献）、共和主义（圭恰迪尼更主张贵族共和而马基雅维利则主张平民共和）和国家统一观（马基雅维利展现的是对全意大利的爱，而圭恰迪尼则是城邦意义上的爱国主义）上的"和而不同"。⑦ 郑红的论文比较性地处

① 郭琳. 论布鲁尼市民人文主义思想的两面性——以《佛罗伦萨城市颂》为例[J]. 政治思想史，2014(2)
② 徐卫翔. 皮科致巴尔巴罗信中的双重面具[J]. 古典研究，2014(1)
③ 张弛. 论马基雅维利的"自主性"国家[J]. 政治思想史，2014(1)
④ 郭琳. 马基雅维利的国家政治共同体意识[J]. 上海师范大学学报(哲学社会科学版)，2014(2)
⑤ 黄涛. 马基雅维里论公民宗教——《李维史论》第一卷 11-15 章释义[J]. 海南大学学报(人文社会科学版)，2014(6)
⑥ 陈华文. 作为政治哲学的文学：论《曼陀罗》之于马基雅维利学说的意义[J]. 学海，2014(4)
⑦ 朱兵. 马基雅维利与圭恰迪尼政治思想比较刍议[J]. 政治思想史，2014(2)

理了圭恰迪尼的效用观、混合政体的理论以及权术观。在效用观上,圭恰迪尼更主张因地制宜,这种观点加强了政治的世俗性,让政治更稳固地建立在当下政治生活的复杂性之上;在混合政体的思想中,他更倾向于贵族美德,从而开启了现代国家理论中的精英政治观;在权术观中,他表现得更加保守,这也揭示了他具有过渡性的时代地位。① 章永乐针对麦考米克的《马基雅维利式民主》一书所做的长篇评论与朱兵论文中提到的马基雅维利式的平民式共和有关——那正是麦考米克着力论证的观点。章永乐认为这种看法虽然有一定的根据,但也大大降低了建构帝国在马基雅维利思想中的重要地位,没有展现出马基雅维利思想中对"大人物"的倚重。②

对宗教改的研究结合了史学、宗教学和哲学的进路,2014 年也有一些与路德和加尔文政治思想有关的成果值得我们关注。江晟的论文讨论了路德反对暴君理论的转变,早期的路德坚持"两个国度"的划分,反对民主反抗世俗统治者,主张消极抵抗;而之后路德从保守转向激进,接受了立宪主义的反抗学说,进而又部分采纳了自然法的反抗理论。③ 林纯洁的论文更强调路德国家观中保守的一面,认为路德以"两个王国"与"两种治理"理论为基础,在政教关系上做出了对国家更有利的权力划分。路德认为世俗政府应该维护基督教信仰,教会则应该专注于属灵事务,由此进一步划清了属世治理与属灵治理的界限,有利于近代国家世俗化的发展,甚至奠定了近代政治的基础。④ 张传有讨论了加尔文的宗教改革带来的结果论伦理学,但同时指出这种结果论并未偏向把物质欲求作为其追求目的的单一倾向,而是始终把宗教信仰的得失放在首位,强调改革在称义得救方面的作用,强调基督徒的天职。加尔文的这一做法避免了由于经济的发展而带来的拜物教的弊病,保证了改革能朝着正确的方向发展。⑤ 何涛的论文分析了斯金纳在自己的名作《近代政治思想的基础》中对加尔文的误读,从方法论的高度强调了研究加尔文的政治思想需要深刻理解其神学理论基础、区分其中构成性的因素和策略性的因素,还要关注思想史发展的断裂性与一致性。⑥

---

① 郑红. 圭恰迪尼的政治思想与现代政治观念的形成——兼与马基雅维利政治思想的比较[J]. 政治思想史,2014(2)

② 章永乐."马基雅维利式民主"还是"麦考米克式民主"?——评麦考米克著《马基雅维利式民主》[J]. 政治思想史,2014(1)

③ 江晟. 保守与激进——论马丁·路德与反抗暴君理论[J]. 世界历史,2014(5)

④ 林纯洁. 政教关系的重建:马丁·路德与近代政治的起源[J]. 世界宗教研究,2014(5)

⑤ 张传有. 加尔文宗教改革的伦理价值观基础及其启示[J]. 河北学刊,2014(5)

⑥ 何涛. 加尔文政治思想研究路径反思——论斯金纳《近代政治思想的基础》下卷对加尔文的误读[J]. 政治思想史,2014(3)

7. 中西比较研究

目前国内中西伦理政治思想的比较研究,整体水平还不够高,大多数研究并没有真正揭示比较的意义,而更像是为了比较而比较。2014 年,相对而言,比较值得关注的研究集中在儒家与古希腊思想的比较上。

韩燕丽的论文比较了柏拉图与孟子对善的追求。她指出柏拉图从真理情结出发走向了求善之路,并把求善问题转化成为真理认识论问题——真正的善即真理;而孟子则从善的定义走向体善之路,把善的问题转化为功夫论问题。① 曾雪灵讨论了柏拉图与孟子的政治分工理论,以及由这种分工理论体现出的政治价值观:柏拉图认为人的德性天然具有差异,因此其分工理论的核心是各安其分,各守其职,这也成为理想城邦统一稳定秩序化的保证;而孟子则指出人性皆善,个人都有经由努力修养达到圣人的可能性,强调王道政治和人治。②

何益鑫的论文比较了亚里士多德和孔子的德福观。在亚里士多德那里,二者的一致表现为德性论从属于幸福论,而孔子的德福一致,落在道德与孔颜之乐的关系上,这又进一步反映在"德"-"得"二者的本质关联之中。亚里士多德的幸福论进路,是当代人思考和追求全面的幸福生活的基本框架,而孔子对道德价值本身的挺立及其对由此而来的自得和受用的阐明,则将为当代幸福理论之下的道德实践提供重要的动力。③ 李超比较了亚里士多德和孔子在理解德性之为"中庸"时不约而同地提出的"射"的例子,但更多强调了二者的差别。作者指出亚里士多德关注的更多是射箭之理,目的在于善,价值指向是幸福,侧重于灵魂理性功能的实现,因此亚里士多德的德性论是一种理性逻辑。孔子关注的是射箭之德,目的在于礼,价值指向是和谐,侧重于情感表现中和,其理论预设是天道,天道下贯而成的人道始于情感,故其德性论是一种情感逻辑。④ 蒋国保讨论了儒家与亚里士多德的德性论,论证儒家认为"德性"即"本性",为"天"所"命",以"仁"德为至善和全德。亚里士多德则明确区分"德性"与"本性",强调"德性"或者由于教导、培养,或者来自风俗习惯,以中庸为至善,以公正为全德。⑤ 揭芳的论文认为亚里士多德所讨论的友爱主要出于理性,属于明智的范围,而儒家友爱的来源更多是对义理的遵守,而这种差异是由亚里士多德伦理学和儒家伦理学的基础和目的决定的,亚里士多德

① 韩燕丽. 求善与体善:柏拉图与孟子[J]. 南昌大学学报(人文社会科学版),2014(6)
② 曾雪灵. 论柏拉图与孟子的政治价值观及其分工理论[J]. 浙江学刊,2014(5)
③ 何益鑫. 孔子与亚里士多德:德福一致的两种范式及其当代意义[J]. 道德与文明,2014(3)
④ 李超. 亚里士多德与孔子论"射"——德性伦理的理性逻辑与情感逻辑[J]. 华中科技大学学报(社会科学版),2014(2)
⑤ 蒋国保. 儒家伦理之特性——以儒家、亚里士多德"德性"说之比较为论域[J]. 社会科学战线,2014(8)

伦理学以理性为内核,而儒家则以人伦道义为核心。①

亚里士多德与荀子在政治和法律思想上的相似与不同也得到了较多的关注。陈治国讨论了两位哲人在城邦的自然性与正义理论方面的异同,指出用亚里士多德的普遍正义理论可以帮助我们理解荀子思想中的"礼义"问题,进而将这种不同追溯到各自形而上学理论基础上的差别。② 李慧子认为亚里士多德与荀子都强调运用法律抑制人性中的恶,以此来实现社会的稳定与完善。但不同在于,亚里士多德强调法律的根本性,人治只是法治的补充,旨在通过对法律的严格遵守以实现正义。荀子"有治人,无治法"的思想,更多强调了超越于法律层面的,更丰富的对"义"的追寻。③

陈立胜以"怒"为切入口比较了儒家和斯多亚派的情感理论。他梳理了儒学史上各家对"怒"的评价、分类和行为规范,指出儒家对"怒"多使用明理、自制、敬人的君子人格和德性来处理怒气。斯多亚派认为治疗激情的首要任务就是治怒,他们将激情的发生分为三个阶段,然后用对权能的正确认识来纾解人们常常遇到的怒气。随后,他对儒家和斯多亚派的"怒观"做了比较分析:"怒"原本是指向他人的情感,但斯多亚派和儒家都将"怒"转化为一种涉己的理论,将与"怒"相关的心理活动指向自我提升,无论是儒家的"治怒"还是斯多亚派的"不动心"都是一种朝向完美人格的努力。但是,儒家比斯多亚派对"怒"的态度更加积极,肯定一部分"怒",并且认可一部分"怒"的合理性。这是因为儒家比斯多亚派更重视"情",更肯定情理之间交汇的可能性,而在斯多亚派那里"情"和"理"却是二元对立的。④

二、近代西方伦理思想研究

就既有的研究文献来看,近代西方伦理思想研究主要包括近代英国伦理思想研究和近代德国伦理思想研究。近代英国伦理思想研究又可以分为三部分,即霍布斯与洛克的社会契约思想研究,从沙夫茨伯里到斯密的道德感学派研究,以边沁和密尔为代表的古典功利主义研究。近代德国伦理思想研究则主要围绕康德和黑格尔展开。此外,卢梭的伦理思想也备受关注。考虑到卢梭从属于契约论思想的脉络,且经常被拿来与霍布斯和洛克的思想比较,我们可以把这三个人放在一起处

---

① 揭芳. 人道之谊与理性之爱的分野——儒家友道论与亚里士多德友爱观之比较研究[J]. 河南社会科学,2014(6)

② 陈治国. 城邦、人与正义:亚里士多德与荀子之间的对话[J]. 周易研究,2014(5)

③ 刘慧子. 法与义之辨——亚里士多德与荀子法律思想比较研究[J]. 管子学刊,2014(2)

④ 陈立胜. "怒观"、"治怒"与两种"不动心"——儒学与斯多亚学派修身学的一个比较研究[J]. 哲学门,2014(1)

理。如此一来,近代西方伦理思想研究就有四大块组成,即霍布斯、洛克与卢梭的社会契约思想研究,沙夫茨伯里到斯密的道德感学派研究,古典功利主义研究,康德和黑格尔伦理思想研究。

1. 古典功利主义

古典功利主义的代表人物为边沁、密尔与西季威克。相对而言,密尔受到的关注最多,边沁次之,西季威克最少。但综合来说,古典功利主义在当前学界并没有得到足够的重视,相关的研究文献数量不多,质量也很不理想,在边沁这里体现得尤其明显。

就边沁而言,他的法哲学思想受到了一定程度的关注。有学者对他的《政府片论》进行了细致解读,对他与普通法大家布莱克斯通之间的那场思想论战做了正本清源的梳理,并指出,就边沁一生关注的法律变革问题而言,利益博弈与正当性基础是他思考的重心所在。边沁那些表面上激进的改革主张,是基于对理性与科学的执着和坚守。他反对制度繁文缛节,词语故弄玄虚,是为了揭示其背后所隐藏的腐败堕落等邪恶利益,蕴含着对自由平等的一贯追求。[①] 此外,也有学者从法的正当性这一问题出发,考察了边沁的基于功利主义的法哲学理论。[②]

就密尔而言,他的政府理论、民主理论、自由原则得到了进一步的探讨。

在讨论密尔的政府与民主理论时,他的《代议制政府》是关注的焦点。有学者认为,在该书中存在着民主原则与精英主义原则之间的张力。密尔在为代议制政府的优越性辩护时,同时诉诸了这两个彼此冲突的原则。[③] 有学者更明确地指出该书中存在的几组矛盾,如对贵族自由的天然倾向与对民主平等的理性向往之间的矛盾,理论上推崇代表全体的民主与实践上限制投票权之间的矛盾,鼓励人们广泛参与政府与精英掌权思想之间的矛盾,国内政治领域民主与国际政治领域种族主义之间的矛盾。[④] 也有研究者考察了密尔在这本书中阐述的行政思想。[⑤]

在考察密尔的自由思想时,有学者在协商民主的语境下重点论述了他为思想自由和讨论自由的辩护,并认为这为近代以来以协商讨论的方式来推动民主政治、实现民主治理奠定了认识论上的基础。[⑥] 有研究人员探讨了密尔关于言论自由的

---

① 谌洪果. 变革之难:谁之利益? 何种正当性——边沁对布莱克斯通的批判述评[J]. 中国法律评论,2014(2)

② 陈征楠. 去道德化视角下的法正当性问题[J]. 西北政法大学学报,2014(5)

③ 胥博. 代议制政府与民主的张力——对约翰·密尔《代议制政府》的一项考察[J]. 陕西行政学院学报,2014(2)

④ 邓杨. 密尔《代议制政府》中的调和与矛盾[J]. 江西社会科学,2014(9)

⑤ 李荣亮. 约翰·密尔行政思想探析[J]. 天津大学学报,2014(2)

⑥ 王洪树. 协商民主:近代西方的思想探索与实践发展[J]. 马克思主义与现实,2014(4)

价值与限度的论述。① 还有学者考察了密尔的自由思想与功利主义原则的相容性问题,并指出他的自由原则有一个坚实的功利主义基础,功利主义与自由原则是一致的。② 另外,有学者以密尔的自由思想为背景,考察了作为自由主义者的密尔,为何会主张对野蛮社会实施专制或殖民统治,分析了他的辩护逻辑。③

密尔的快乐主义思想也受到一些关注。有学者认为,密尔的快乐主义与亚里士多德的快乐学说之间有很多相通之处。密尔并不仅仅把快乐理解为精神状态或内在体验,而是也包括作为它们来源的实现活动。对快乐的这种理解有助于回应对快乐主义的一些诘难。④ 另有学者重点关注了密尔对高等快乐和低等快乐的区分,并认为他并没有提出恰当的判断标准来令人们鉴别何为高等快乐。⑤

密尔对美德的论述也受到一些研究者的注意。有学者从美德伦理的角度考察了密尔的美德思想,并指出,虽然密尔可以在功利主义的结构中解释美德,但他将美德工具化,进而导致行为者人格特质与行为价值的不一致,因而未能免于来自美德伦理的批评。⑥ 有学者结合密尔的自由学说和政府理论,详细讨论了他的品格思想,分析了这一思想与他的自由理论、平等思想以及民主理论之间的内在关系。⑦ 也有学者考察了密尔美德学说的实质内涵与政治意蕴,认为美德是运用和发展自己的高级官能而获得的,是实现幸福的基础,是一种关注社会利益、具备公众情感的道德品质,同时也构成优良政治培育和实现的目标。⑧

2. 道德感学派

在道德感学派中,休谟受到的关注最多,斯密次之,其他思想家则很少有人问津。我们这里只能概述对休谟和斯密的进一步研究。

就休谟而言,他的正义理论、情感主义思想、政治思想以及休谟问题受到了研究者较多的关注。

在考察休谟的正义理论时,有学者全面梳理了他的正义思想的基本内容,如正义的根源,以财产权为中心的正义规则,正义作为一种人为的美德,以及维护正义

---

① 陈霞. 密尔论自由的价值及其限度[J]. 理论月刊,2014(10)
② 威廉姆·H. 肖. 自由与功利主义:论约翰·穆勒的"自由原则"[J]. 学习与探索,2014(2)
③ 张继亮. 野蛮、文明与自由帝国——约翰·密尔对自由帝国的论证[J]. 政治思想史,2014(4)
④ 任付新. 对密尔"快乐"概念的亚里士多德式解读[J]. 道德与文明,2014(5)
⑤ 任付新. 书本优先于巧克力? ——论密尔关于高等快乐的证据的不充分性[J]. 广州大学学报,2014(2)
⑥ 原成成. 试析效用主义对德行的定位——以穆勒效用主义为例[J]. 人民论坛,2014(3)
⑦ 盛文沁. 19世纪英国自由主义的品格论[J]. 学海,2014(1)
⑧ 詹世友. 密尔美德学说的实质内涵及其政治意蕴[J]. 道德与文明,2014(1)

规则的条件等。① 有学者则认为,学界对休谟正义理论的关注过多集中在正义作为一种规则,但却忽视了正义作为一种美德这一维度。② 另有学者指出,休谟与斯密的正义理论是一种情感正义论,他们以情感为基础建构了一套经济、政治与法律的正义论,"旁观者"和"同情"是这种正义论的关键概念。③

在研究休谟的情感主义伦理思想时,有学者从道德建设的角度考察了他所论述的道德感的重要性。④ 也有学者重点论述了他的基于情感主义的美德伦理学,认为他开创了美德伦理的新范式,有助于回应当代美德伦理学所遭遇的一些批评。⑤ 也有学者依据美德是成于实践且不可教这一标准,认为应把休谟的自然之德理解为实践性美德。⑥

在探讨休谟的政治思想时,有学者考察了他对政治权威和政治义务的论述,认为他所给出的理由并不能证成政治权威的正当性与政治义务的存在。⑦ 也有学者研究了休谟对契约理论的批评,认为他的批评促成了后来的功利主义政治理论的兴起。⑧

关于著名的休谟问题,有学者从道义逻辑的角度给出了考察,并提出应把该问题理解为"是"与"应当是"的关系问题。它包含两个问题,即事实判断如何与价值判断相推,实然判断如何与应然判断相推。⑨ 还有学者探讨了休谟问题与法学理论之间的关系,并指出,休谟问题和休谟法则是引导乃至决定近现代法学论战、发展和演变的主要动力之一。⑩

有研究者关注到了休谟伦理思想中的利己主义,认为他在道德哲学中拒斥利己主义,可在政治哲学中却将其作为基本预设,这两者似乎构成矛盾。但这一矛盾可以被理解为实现正义的不同策略。⑪ 还有学者指出,不同于传统的误解,休谟并没有将理性自利看作是人的主导动机,他虽然重视人的自利倾向,但却否认这类激

---

① 靳继东. 人为之德与财产权利:休谟正义理论述评[J]. 伦理学研究,2014(3)
② 汶红涛. 规则与美德——休谟正义观的双重维度[J]. 河北工程大学学报,2014(3)
③ 张正萍. 情感正义论:从诗性正义回到苏格兰启蒙[J]. 浙江大学学报,2014(3)
④ 宋君修. 道德建设的哲学反思——基于休谟理论的探讨[J]. 江西社会科学,2014(2)
⑤ 张炜炜. 当代美德伦理背景下的休谟"同情"原则研究[J]. 北方工业大学学报,2014(1);黄济鳌. 德性伦理的启蒙话语——休谟德性伦理探析[J]. 湖北大学学报,2014(5);赵素锦. 休谟情感主义伦理学的道德哲学解读[J]. 广西社会科学,2014(11)
⑥ 马永翔. 属人的良品成于实践且不可教授——超越亚里士多德和休谟的思路[J]. 北京师范大学学报,2014(2)
⑦ 毛兴贵. 休谟论政治义务与政治权威[J]. 天津社会科学,2014(3)
⑧ 汶红涛. "理性"的反思与解构"自然法"——休谟对契约论政治哲学的批评[J]. 南京航空航天大学学报,2014(3)
⑨ 万小龙、李福勇. 从道义逻辑看"是"与"应该是"的关系[J]. 华中科技大学学报,2014(3)
⑩ 蔡守秋. 休谟问题与近现代法学[J]. 中国高校社会科学,2014(1)
⑪ 李伟斌、张李娜. 休谟对利己论的认识及其道德目的的设定[J]. 道德与文明,2014(6)

情可以和理性稳定结合,形成理性自利的动机,更否认这个动机可以持续稳定地主导人的行为。他强调激情和与欲望的多种多样,批评近代式的化约倾向。①

有学者关注了休谟的道德动机理论,认为他在道德动机问题上存在一个转变,即从最初的善良动机变为后来的自爱与仁爱相结合的双重动机。② 还有学者从规范性问题的角度分析了休谟的道德动机理论,并与康德相比较。康德主张理性必然也是实践的,休谟则坚持实践理性的工具主义和动机怀疑主义。康德回答了道德的客观性问题,休谟则回答了道德的动机有效性问题。在两者基础上提出的欲望–信念的动机解释框架,既可以看作是对康德与休谟的调和,也可以视为解决道德客观性与动机有效性相统一的有效路径。③

就斯密而言,相关的研究比较散乱,且资料不多。有学者从道德治理的角度提出,斯密对道德情操败坏原因的分析,为认识并解决当今的各种败德现象提供了很好的借鉴。④ 有学者则把斯密的法哲学与中国儒家的法律思想进行比较,认为两者都是奠基于情感秩序,儒家的"仁"与斯密的"同情共感"高度相似,但斯密法哲学中强调的无偏观察者在儒家那里并无对应。⑤ 也有研究者比较了中国的颜李学派与斯密关于理想社会的阐述。⑥ 有学者从人性、财富、美德以及制度四个维度考察了斯密的幸福学说。⑦ 还有学者从启蒙运动的角度比较了严复和斯密的相关思想,并认为斯密的自由主义以个人为本位,关注的是自由与富裕繁荣的关系,而严复的自由主义—民族主义以国族为本位,更关注自由和国家富强的关系。⑧ 有学者从同情心的自利性角度试图论证所谓的斯密悖论并不存在。⑨ 此外,另有学者探讨了斯密关于运气与道德之关系的论述。⑩

3. 霍布斯、洛克与卢梭

纵观 2014 年,伦理学界既有对这三位思想家的单个研究,也有对他们的比较

① 程农. 休谟与理性自利问题[J]. 贵州社会科学,2014(11)
② 黄济鳌. 从善良动机到双重动机——对休谟道德动机观转变脉络的考察[J]. 伦理学研究,2014(1)
③ 蒋昭阳. 规范辩护与动机解释——康德与休谟的分歧及其当代弥合[J]. 厦门大学学报,2014(3)
④ 费尚君. 道德治理的三重向度——斯密视角及其当下启示[J]. 兰州学刊,2014(7)
⑤ 丁建峰、陈探宇. 奠基于情感秩序的法律——亚当·斯密法哲学与中国儒家法律思想之比较[J]. 现代哲学,2014(5)
⑥ 吴雅思. 伦理学视域下颜李学派与斯密之理想社会理论比较[J]. 天津社会科学,2014(6)
⑦ 蒲德祥. 幸福社会何以可能——斯密幸福学说诠释[J]. 哲学研究,2014(11)
⑧ 高力克. 斯密与严复:苏格兰启蒙运动在中国[J]. 浙江社会科学,2014(11)
⑨ 彭代彦、郭更臣. 同情心的利己性与"斯密悖论"的破解[J]. 河南工业大学学报,2014(2)
⑩ 费尚君、徐璐. 运气之网与道德情感——论亚当·斯密《道德情操论》中的运气与伦理[J]. 西南大学学报,2014(6)

研究。然而,就已掌握的资料来说,比较研究大多流于表面,主要是对三者不同观点的简单复述,故在此不论。本部分主要考察对霍布斯、洛克和卢梭的单独研究。

就霍布斯而言,他的主权理论受到了较多的关注。有学者认为,霍布斯虽强调主权者绝对的、唯一的和至上的权威,但他并非一个专制主义者,而只是一个绝对主义者。赋予主权者绝对的权威主要是为了驯顺臣民的激情,令其服从理性和法律的约束。然而,霍布斯没有注意到主权者的权威也需要制约和平衡。① 有学者指出,《利维坦》并非要为绝对的君主制辩护,霍布斯所描述的利维坦是一个现代法人形象,不是一个无所不能的主权者。主权是一种人格,只是这种人格要有主权者这种自然人承担而已。② 有研究者指出,《利维坦》中的国家主权和个人的自我保存权存在着很大的张力:一方面,不受制约的国家权力必然导致主权者权力的滥用,从而损害个人的自我保存权;另一方面,对个人自我保存权的过分强调使臣民对抗法律和主权有了道义上的根据,从而损毁国家主权的基础。《利维坦》中逻辑困境的症结在于:一方面,霍布斯没有把主权的至高无上和治权的应受制约区别开来;另一方面,他对自然状态和国家状态下的自我保存权未作区分。③ 有学者也注意到了绝对的国家主权和个人权利之间的冲突所带来的困境,并考察了当代政治哲学解决这种困境的诸多方案。④

有研究者考察了霍布斯的法哲学思想,认为面临古典的"灵魂宪法哲学"所造成的秩序混乱的局面,霍布斯从身体出发去探求宪法的本性,确立了"身体宪法哲学"。⑤ 也有人考察了霍布斯的权利观念,并认为可以从中得出实证主义法学的结论。⑥

有人考察了霍布斯的平等概念,认为他在两种意义上使用这一概念:自然平等意指自然人由于无法确定测度彼此的未来行动,从而引起的不安全感或在行动上不确定的心理状态;政治平等则意指国家成员的行动品质和行动与国家法相符合的特征。对平等的这种理解可以看作是数学中"相等"概念的延伸。⑦

有学者仔细考察了霍布斯的自然状态学说,并指出,霍布斯所谓的"自然状态"是借助经验原则建构的一个指向未来的空间。在这一空间中,自然平等的人之间因为力量的比较而导致的内在冲突(自然激情论证),与每个人从自我保存的绝对

① 洪琼. 激情与权威——霍布斯主权理论新释[J]. 石河子大学学报,2014(2)
② 晋振华. 主权抑或主权者——论"利维坦"的政治意旨[J]. 河南工业大学学报,2014(3)
③ 申林.《利维坦》中国家主权和个人自我保存权之间的张力[J]. 武汉大学学报,2014(3)
④ 张国清. 利维坦、国家主权和人民福祉[J]. 华中师范大学学报,2014(4);张国清. 利维坦、无支配自由及其限度[J]. 浙江大学学报,2014(5)
⑤ 汪祥胜. 霍布斯的"身体宪法哲学"[J]. 北方法学,2014(2)
⑥ 李天昊. 霍布斯的权利观及其实证主义法学本质[J]. 研究生法学,2014(5)
⑦ 刘海川. 霍布斯论平等[J]. 云南大学学报,2014(5)

自由推出的"对一切东西的权利"所引发的矛盾(自然权利论证)都证明,自然人性,如果没有人为的共同权力,无法建立和平的共同生活。霍布斯有关自然状态是战争状态的学说,实际上是他的国家契约论的人性论基础。① 也有学者仔细比较了霍布斯和斯宾诺莎的自然法权学说,试图解释两人为何从相似的前提会得出不同的关于最佳政体的结论②。

关于洛克的思想,有些研究者关注了他的"同意"概念,阐述了洛克所理解的同意的主体、同意的内涵、同意的方式等相关问题。③ 还有学者从政治正当性的角度考察了洛克的同意理论,并探讨了其所遭遇的困境。④ 另有学者考察了洛克的同意理论所包含的个人主义立场是否能与他接纳的父权制国家相容的问题。⑤

有人比较了黄宗羲和洛克的宪政思想,并指出,通过对黄宗羲的政府批判及其相关制度设计进行梳理,发现其中所蕴含的基本思路为"议行分离",而其精神旨归则在于"驯化君主"。以西方洛克思想为参照进行横向比较,可以发现黄宗羲与洛克法政思想具有深层相通之处。⑥

关于洛克的自然状态学说,有学者认为他的自然状态是受道德法则支配的世界,因而其实就是一种社会状态。这一点与霍布斯和卢梭的自然状态明显不同。⑦

另有人研究了洛克关于正义战争的论述,并提出,他的理论中存在一个明显的问题,即承认正义战争的胜利者有权利统治那些战争的支持者。这一点与他所提到的靠征服不能建立合理的政府矛盾。⑧

与霍布斯和洛克相比,卢梭的思想更受关注,相关的论文数量也更多。

有研究者关注到了卢梭思想中的立法者这一形象,并指出,"立法者"这一主题突兀而又令人费解:一方面,它主要涉及政治立法实践,因而与卢梭的政治权利原理之间存在内在的紧张;另一方面,相比于现代自然法传统的思想家,它又构成了卢梭法律思想的重要特征。传统上,往往认为立法者的任务是将政治权利的原理适用于特定的民族或国家。但这一解释忽视了立法者问题的复杂性,没有看到在卢梭这里,除了政治权利的原理和立法者的实践技艺,还存在第三个内容:关于"社

---

① 李猛. 自然状态为什么是战争状态? ——霍布斯的两个证明与对人性的重构[J]. 云南大学学报,2014(5)

② 黄启祥. 斯宾诺莎与霍布斯关于自然法权学说之比较[J]. 云南大学学报,2014(1)

③ 刘朝武、施坚. "同意":洛克政治哲学的圭臬[J]. 河南社会科学,2014(11)

④ 吕耀怀. 同意观念的历史谱系与当代困境[J]. 吉首大学学报,2014(6)

⑤ 张荟云. 父权与同意:洛克的政治人类学与国家建构[J]. 华中科技大学学报,2014(1)

⑥ 时亮. 论合理可欲的统治:黄宗羲与洛克之政制批判简明对勘[J]. 政治思想史,2014(3)

⑦ 李季璇. 自然状态即是一个"社会"——论洛克的自然状态学说[J]. 浙江学刊,2014(6)

⑧ 袁征. 正义的战争与错误的公民——洛克政治哲学的一个缺陷[J]. 首都师范大学学报,2014(1)

会"本身的科学,亦即"民情"的科学,其主要体现在卢梭对公意与公民宗教的论述中。① 也有学者着重强调了风俗和公民教育问题与立法者的密切关系,指出立法者必须洞察民情,重视社会和道德风尚的培育。②

卢梭的自然状态理论受到一些学者的关注。有研究者认为,在卢梭所描述的自然状态里,孤单与闲散是初人最本质的生活方式,前者被用以表明人最初是封闭的单子式个体,个体之间没有相互性的共在,因而没有任何内在的关系;后者则被用来表明初人最初没有未来、没有预期,只生活在当下,因而无需为明天筹划、无需为目标匆忙。这种不能打开未来的初人也不可能敞开自己而与他人共在。因而,在自然状态下,每个人都是独自生活而完全自由的。但人这种存在者具有学习与自我改善的能力,这使他终究能够发现"他人",对他人的发现构成了自然状态向社会过渡的关键环节。③ 还有学者考察了曼德维尔对卢梭自然状态学说的影响,并提出,曼德维尔是早期现代社会的重要辩护者,他关于社会起源的论说对卢梭的《论人与人之间不平等的起因和基础》构成了深远的影响,后者的野蛮人形象、文明的演进论以及对文明实质的判断都得益于曼德维尔。但曼德维尔与卢梭在人性论上的分歧使他们对文明的态度截然对立:曼德维尔所展示的社会形成过程实质上是人之粗鄙野蛮的激情如何得到驯服的过程,现代文明正体现了这种高超的驯化人性的技艺。在卢梭看来文明恰恰是套在人身上的沉重枷锁,既剥夺了其原初的自由,亦扭曲了其纯真的天性。曼德维尔那里所隐含的文明的进步观在卢梭这里变成了人类的堕落史。④ 也有学者认为,卢梭分别在逻辑意义、历史意义和法律意义上提出了自然状态理论。逻辑意义的自然状态是论证契约社会正当性的理论前提;历史意义的自然状态构成了批判一切现存政治制度的经验性基础;法律意义的自然状态既为推翻阶级压迫的暴力革命进行辩护,也为实现理想的契约社会提供了实践路径。⑤

有研究者考察了包含卢梭重要教育思想的著作《爱弥儿》,认为该书开创了"教师的儿童研究"的先河。在卢梭看来,"教师的儿童研究"的目的是发现儿童阶段及其儿童成长的自然特性。观察是教师研究儿童的主要方法,同时亦可通过倾听和反思研究儿童。儿童的天性和需要是教师最需要研究的内容,根据儿童的天

---

① 张国旺. 公意、公民宗教与民情——卢梭论立法者的科学与技艺[J]. 政治思想史,2014(4)
② 康子兴. 立法者与公民的复调——一位社会学家眼中的卢梭[J]. 社会,2014(4)
③ 黄裕生. 论卢梭的自然状态及其向社会过渡的环节[J]. 浙江学刊,2014(6)
④ 苏光恩、高力克. 曼德维尔对卢梭自然状态学说的影响[J]. 浙江大学学报,2014(2)
⑤ 杨健潇. 论卢梭的三种自然状态与二种社会契约——卢梭政治哲学的一致性问题[J]. 求是学刊,2014(4)

性和需要实施的教育才是真正适合儿童自然成长的教育。① 也有学者重点考察了该书包含的自然教育思想。② 还有人从异化的视角给出了考察,认为卢梭正是基于斯多葛派的"美好生活"设想来克服"自然人"向"公民"成长过程中的有意识的异化。他的方案虽然祛除了有意识异化,但会泯灭人的创造能力、想象能力,丧失自我实现的满足感,从而衍生更深层次的无意识异化。因此,这一"美好生活"的设想是个乌托邦。③

卢梭与启蒙运动的关系也备受关注。有学者指出,卢梭接受了启蒙运动提出的范畴,却不赞同知识和理性能够解决一切问题的启蒙原则,而是提倡返回人的真实的自我来认识和解决现代社会的问题。通过研究人的自然原则来拯救病态的社会,由此实现关于美德和幸福的启蒙。④ 也有学者比较了卢梭和马克思对启蒙的反思和批判,认为他们从不同的路径实现了对启蒙的超越:卢梭在政治学语境中实现了他对于启蒙的批判,提倡公意、追求良知、道德自由;马克思则在经济学语境中实现了他对于启蒙的超越,把启蒙问题转化为了"非神圣形象中的自我异化"问题。⑤

有研究者考察了卢梭与专制统治的关系,认为他并非专制统治的拥护者,因为他对生命、财产和自由等权利同样关注,对权力导致专制的趋向十分警惕。他不仅严格界定了公意、全体和主权等被反复误解的概念,避免人们将多数理解为全体,将多数的意志理解为公意,还设计出种种方案限制政府权力,保证公意的实现。⑥

有学者从社会结构的分层这一角度比较了卢梭与洛克的社会契约理论,并提出,洛克的公民社会由掌握立法权、行政权的政府和接受政府统治的人民两个层次组成,但他同时认为政府立法机关的立法权是由人民交给立法机关的。卢梭的共和国由人民—政府—人民三个层次组成,政府之上的人民作为主权者掌握立法权,政府负责执行法律,并依照法律来统治作为臣民之全体的人民。从社会结构的分层来看,卢梭与洛克社会契约最根本的区别在于主权的归属不同:洛克把主权即立法权交给政府中的立法机关,而卢梭则让人民直接掌握立法权,这便是代议制民主与直接民主的区别。⑦

此外,还有学者考察了卢梭与中国哲学的关系,认为卢梭虽然对中国传统文化

---

① 王丽华. "教师的儿童研究"的图景——读卢梭的《爱弥儿》[J]. 浙江社会科学,2014(4)
② 尚杰. 卢梭的自然教育思想[J]. 云南大学学报,2014(6)
③ 尤西·尤纳. 论卢梭《爱弥儿》的"美好生活"诉求——以异化为视角[J]. 社会科学战线,2014(8)
④ 林泉、高宣扬. 论卢梭启蒙思想的独特性及其幸福导向[J]. 求是学刊,2014(3)
⑤ 李慧娟. 卢梭和马克思——超越启蒙的两条路径[J]. 学习与探索,2014(10)
⑥ 刘时工. 专制的卢梭还是自由的卢梭——对《社会契约论》的一种解读[J]. 华东师范大学学报,2014(1)
⑦ 舒远招. 从社会结构的分层看卢梭与洛克社会契约论的异同[J]. 世界哲学,2014(1)

有很激烈的批评,但其实却是18世纪法国启蒙学者中受中国哲学影响最深的人。他所理解的"真正的哲学"有三个主要特点:一是良知先于理性,主张返求诸己,明显具有孟子、陆王心学的特征;二是自然优于文明,主张返璞归真,具有鲜明的道家哲学特征;三是"努斯"高于"逻各斯",表现为诉诸情感的自然神论信仰,以及既把人性本善作为其"公共意志"论的理论基石,又讲"圣人神道设教"的"代神明立言",亦具有某些中国哲学的特点。①

4. 康德与黑格尔

关于康德的伦理思想,研究者们关注的问题主要集中在以下几个方面:德福统一的至善理论,法权思想,启蒙思想,尊严思想,宗教与伦理的关系,与中国伦理思想的比较,与亚里士多德伦理思想的比较,针对康德伦理学的整体解读、批判与回应,与现实社会问题的关系,对自由概念、目的论维度、道德法则、自律问题以及人性问题等的讨论。

德福统一与至善问题是康德伦理学关注的焦点之一。其研究大致分为三种倾向:第一种是分析康德幸福理论的形成并反思其现实意义;第二种是对康德"幸福"概念本身进行探讨;第三种是澄清康德的"至善"概念,进而证明至善的重要性及其实践意义。

关于康德的幸福理论或幸福观,有学者认为,虽然在到达幸福旨归的路上存在多重二律背反,但康德通过"自由"、"灵魂不朽"与"上帝"三大悬设,将其一一化解,最终在理论和实践上达到至善与幸福。在这里,无论悬设对象本身的真伪性如何,它都保证了一种戒尺,或一种界限的存在。它昭示我们:人的能力是有限的,人应该敬畏那些我们人力无法达到的领域,这具有一定的现实意义。② 也有学者认为,康德关于幸福的观点与他的义务论本质上是一致的。将他人幸福作为义务,不仅为道德增添了新的内涵,而且使追求幸福成为道德完善的过程。然而,康德的幸福观虽然从哲学上证明了我们关于幸福的日常道德直觉,也体现了人生的经验和理性相结合的积极追求,但它必须转换到为马克思、恩格斯的社会实践理论所指明的道德才能实现。③ 还有学者认为,康德的幸福理念经历了一个从潜隐到显白的过程,这一过程也是从单纯的自爱目的到合理目的的提升过程,且将康德的这种思路理解为"合理的幸福论",以区别于基于单纯自爱意图的"幸福论"。假如没有幸福论的这个维度,德性和道德法则的理念都将是空洞的,毫无结果的。④

---

① 许苏民. 卢梭与中国哲学[J]. 江汉论坛,2014(3)
② 刘玲. 康德:二律背反的破除与幸福的达成[J]. 湖北理工学院学报,2014(6)
③ 姚云. 论幸福与道德的一致——康德幸福观[J]. 苏州大学学报,2014(3)
④ 刘凤娟. 幸福的潜隐与显白:康德的合理的幸福论研究[J]. 理论月刊,2014(6)

有学者对康德"幸福"概念本身进行解析,认为"幸福"概念作为康德德福一致的至善观中的一个必不可少的部分,是理解康德至善思想的基点,而学界却始终没能触及。该学者从人性论的角度切入,逐步解析康德的"幸福"概念,试图回答"幸福是什么"以及康德反对幸福原则充当道德法则的原因。康德对幸福概念的理解基于其对人的本性的界定,即人是感性与理性的统一体。康德对幸福概念的思考有一个自感性到知性再到理性的上升过程,幸福概念自身的特征决定了我们追求幸福所遵循的原则具有质料性、主观性、经验性和偶然性,因而不具备充当道德法则的资格。人作为有限的理性存在者,能做的只是形成一个人们只能无限接近、却永远无法达到的幸福理念。人应出于义务而义务、出于道德而道德,将幸福限制在德行的条件下,获得配享幸福的资格,努力达到"德福相配"的至善。最后,该学者提出,康德幸福思想的局限性在于他将人的感性需要限制在理性诉求的基础之上,甚至有一定程度的禁欲主义倾向,趋向于一种理想主义。这种理想主义正是当代社会所缺乏的,康德所树立的信仰与理性为我们返回人性指明了方向。①

还有学者对康德的"至善"理论进行了研究。康德的至善概念在学界备受冷遇的原因在于,论者或者认为它违背自律原则,或者认为它不过是个理性的辩证概念,不具有实践意义。然而,至善是我们一生中所有行为的终极目的,为我们的具体行动提供了一个参照点和总体方向。至善还是任何道德行为已经预设的一个道德世界观,是行动得以可能的形而上学背景,因此它是道德实践不可或缺的部分。该学者从关于康德"至善"概念的当代论争开始,对至善理论及其实践意义进行了具体阐释。②

康德的法权思想近年来也引起了学者们的关注。有学者从哲学史上关于康德法权概念的异议出发,剖析法权概念的体系意义和现代意义。静态地看,法权概念是法权论形而上学知识的基础和来源;动态地看,法权概念的阐明进程就是法权论形而上学的构建过程。在高度复杂的现代社会,以自由实践和道德义务为要旨的康德式的法权概念具有不可替代的价值。③ 还有学者从"权利的道德基础"这一视角出发,对康德法权思想进行解读。康德为法和正义的合理性寻找出发点和基础是绕不过的问题,而关于这一问题的反思就涉及法、权利与道德的关系。康德以先验哲学的方式澄明权利的起源,权利的基础在于道德,权利道德基础的内在规定是自由,而权利体系的构建在于最终走向宪政正义。总之,该学者认为他是在一个弱的意义上为康德进行辩护,并反思康德法权思想的当代价值与意义。④

① 白海霞. 康德哲学中的幸福概念解析[J]. 理论月刊,2014(4)
② 张晓明. 康德的至善:重要还是不重要[J]. 道德与文明,2014(6)
③ 刘泽刚. 康德法权概念及其现代意义[J]. 云南大学学报,2014(5)
④ 李金鑫. 权利的道德基础——一种关于康德法权思想的解读[J]. 浙江伦理学论坛,2014(5)

　　关于康德的启蒙思想,有学者认为康德的态度是双重的。一方面,他对于法国启蒙运动所提出的自由、平等等社会政治理念持积极的拥护态度并为之进行辩护;另一方面,他对于法国启蒙思想家关于这些理念的哲学论证持批判态度。这种双重态度决定了康德在启蒙中所起的推动作用并不是一种所谓的"奠基",而是一种"重建"。① 也有学者认为,康德的"启蒙"不但意味着人作为理性主体的自我解放,而且这一解放在本质上要求"理性的公共运用",后者则体现为一个言论自由的公共领域。"理性的公共运用"这个概念不但反映出了他对于理性的基本看法,而且它是对于早期启蒙的个人主义的"理想化"方案的实质性修正,亦在政治哲学上回应了以霍布斯为代表的早期启蒙思想家提出的自然状态理论及其在政治上造成的基本困境。② 还有学者认为,康德对晚期斯多亚派的"道德"继承和福柯对晚期斯多亚派的"伦理"研究既体现了各自的理论旨趣,也印证了二人在启蒙问题上的根本歧见和所处境遇的历史差异。③

　　康德的尊严思想也引起了学者们的密切关注。"人人平等享有尊严,因此我们应该尊重人"这一理念似乎已经被看作康德尊严思想的一个自明的命题。但有学者提出质疑,认为"为什么要尊重人"的根据不在于人人享有尊严,而是因为道德法则要求我们尊重人,所以每个人都享有尊严。故而,有学者以"尊严是什么"与"为什么要尊重人"为视角切入,对尊严思想进行了批判性反思。并认为,自由是人拥有尊严的根据。④ 同时,有学者以"尊严与价值的关系"为视角,通过对康德哲学中"内在价值"和"绝对价值"概念的分析,试图得出结论:绝对价值与内在价值是对尊严之价值属性的描述,而非定义。学界关于将尊严定义为价值,并进一步将其视为尊重人这一道德命令的根据的观点,事实上与康德哲学的思想是存在分歧的。因为在康德哲学中,价值概念不可能成为道德命令的根据。⑤ 还有学者以"道德与人的尊严、幸福、卓越的关系"为主题,与托马斯·希尔教授关于康德的道德哲学进行了对话。⑥ 此外,另有学者以"人之尊严与国家尊严"为主题,探讨了什么样的国家尊严可以有效保障人之尊严,并对康德的国家分权理论进行了重建。在反思二者的关系时,作者指出,理性推理只是人之尊严的一个维度,感性决断同样重要。寻找到二者在国家权力划分上的合比例的关系,对于精确区分不同的国家权力以

---

　　① 王建军."奠基"还是"重建"?——康德与启蒙运动的关系[J].复旦学报,2014(4)
　　② 胥博.康德:启蒙与理性的公共运用[J].浙江社会科学,2014(6)
　　③ 于江霞.在"道德"与"伦理"之间——论康德与福柯的晚期斯多亚情结之殊异[J].道德与文明,2014(3)
　　④ 王福玲.为什么要尊重人——康德尊严思想之争[J].道德与文明,2014(5)
　　⑤ 王福玲.康德哲学中的尊严与价值[J].齐鲁学刊,2014(6)
　　⑥ 周治华.道德与人的尊严、幸福、卓越——与托马斯·希尔教授谈康德道德哲学研究[J].道德与文明,2014(6)

及保障人之尊严都意义重大。①

关于宗教与伦理的关系,学界也有涉及。有学者认为,康德的道德凭借至善的牵引最终导向了宗教。康德的理念论、目的论和逻各斯中心论的运思路径显示"道德导致宗教"的隐性逻辑是:理性仅凭自身难以满足其对绝对统一性的渴求,通过援引上帝从而走向宗教。这一隐性逻辑揭示了康德的"道德导致宗教"的隐蔽的秘密,彰显了康德伦理学神学维度。②

近年来,将康德伦理思想与中国伦理思想进行比较,已经成为学界的一种流行趋势。有学者比较了康德的德福一致论与孔子的天命观。③ 有学者比较了康德与孟子人性论的异同,通过比较"自由意志与人性本善""意志立法与仁义内在""道德动力与理义悦心"三方面,得出结论:康德将道德的目标导向"至善",而孟子则以"尽心知性知天"的模式,确立了"性善"学说。④ 有学者引用当代具有反理论主义倾向的伦理学家威廉姆斯的观点,将伦理学区分为"厚"与"薄"。由于古代哲学家更关注道德生活"厚"的方面,如成为什么样的人或过什么样的生活,因此忽视了原则的东西。若想要发现和重建古代伦理学中"薄"的方面,就有必要从文本中将原则论证出来。该学者试图从孟子关于舍生取义的论证中发现一个基于其"本心"概念的原则,并与康德绝对律令的第二表述即人性公式做了比较,认为"本心"与"人性"具有高度的形式相似性。⑤ 有学者以"道德之于人类实践的意义"为主题,将康德与牟宗三的哲学进行了比较。⑥ 此外,还有学者以康德伦理学为工具,借助对康德伦理学的超越信仰性与儒家伦理学的内在信仰性的比较分析,说明儒家伦理与道德包含内在信仰性的重要性。⑦

学界对康德伦理思想与亚里士多德伦理思想的比较研究可以说是多角度的。有学者对康德道德形而上学德性论的"建筑术"与亚里士多德幸福论德性论的"建筑术"进行比较,并认为康德的德性论建筑术是一种道德性的建筑术,德性论中道德意识结构,即德行的存有论是行动出于德性;亚氏的则属于目的性的建筑术,德性论中的道德意识结构则是灵魂合于逻各斯的中道选择。⑧ 有学者以亚里士多德

---

① 张龑. 康德论人之尊严与国家尊严[J]. 浙江社会科学,2014(8)
② 白文君. 论康德"道德导致宗教"的隐性逻辑[J]. 经济与社会发展,2014(6)
③ 杨祖汉. 比较康德的德福一致论与孔子的天命观[J]. 深圳大学学报,2014(6)
④ 李勇强. 至善与性善:德性与孟子人性论的异同[J]. 江汉论坛,2014(3)
⑤ 颜青山. 孟子的本心原则与康德的人性公式[J]. 湖南师范大学学报,2014(5)
⑥ 窦晨光. 设准与呈现:康德与牟宗三关于道德之认识[J]. 齐齐哈尔大学学报,2014(5)
⑦ 成中英. 信仰与伦理——从康德伦理学的超越信仰性到儒家伦理学的内在信仰性[J]. 华夏文化论坛,2014(11)
⑧ 陈晓曦. 试论康德道德形而上学德性论的"建筑术"——兼与亚里士多德幸福论德性论"建筑术"比较[J]. 嘉兴学院学报,2014(5)

和康德伦理学为学术资源,在目的论的视域下探讨了西方德性论道德哲学形态的嬗变。① 有学者比较了康德与亚里士多德"至善"概念的主要异同,最后给出解决康德伦理学的解释学路线,即康德和亚里士多德伦理学结合的可能性。② 也有学者对二者的情感思想进行了比较,认为自制者与具有完满德性之人的区分、情感不是行为良好的保证等方面,二者是有共同之处的。但在解释情感与德性、情感与理性的关系方面,亚氏要比康德主义更具优势。③ 此外,还有学者比较了二者的"实践"范畴。④

有学者审视了阿多诺对康德道德律令自明性的批判,认为道德律自明性的根源是早期市民阶层的理性激情。⑤ 有学者关注康德哲学中"正当优先于善、道德优先于政治"的思想,认为这一思想从正当的形式条件入手进行正当性证成,奠定了现代政治的基调与方向。只有回到对道德形而上学的前提的辩证理解中去为"正当优先于善"奠基,才有望解决正当性的危机。⑥ 有学者通过考察想象在《实践理性批判》中的位置,得出结论:第一,虽然康德明确地要求在实践理性领域中排除想象,但他实际上并没有也不可能完全把想象从他的道德哲学体系中排除出去;第二,形式主义伦理学自身有其必要性,康德伦理学的形式主义特征一方面是他最大的贡献,但另一方面也因压抑和束缚了想象力在道德实践中的根本作用而误解了实际道德行为,否定了实践智慧。因此,任何一种伦理学,若不懂得想象在道德实践中的根本作用,就意味着致命的缺陷。⑦ 还有学者从康德的视角分析了什么是伦理学。康德对伦理学这门学科的界定或描述是:伦理学是道德的人世智慧,它研究意志的自由法则,即万物应当据以发生的规律。伦理学关注的不是一个人如何获得幸福,而是一个人是否具有享有幸福的资格。⑧

关于康德伦理学与现实社会问题相结合的研究,有学者比较了康德与罗尔斯顿的环境伦理思想,试图引起人们对环境问题的深层次反思。⑨ 有学者探讨了康德关于对动物的间接义务的观念,认为这不仅符合日常道德直观,而且揭示了我们日

---

① 赵素锦. 目的论视域下西方德性论道德哲学形态的嬗变——以亚里士多德和康德伦理学为学术资源[J]. 南昌大学学报,2014(4)

② 许言、胡良顺. 论康德纯粹实践理性的实现——兼论康德与亚里士多德至善概念的主要异同[J]. 福建行政学院学报,2014(4)

③ 杨艳、张光华. 亚里士多德与康德情感思想比较研究[J]. 合肥工业大学学报,2014(3)

④ 陈维荣、姚爱琴. 康德和亚里士多德哲学实践范畴比较[J]. 甘肃高师学报,2014(6)

⑤ 甘培聪. 道德律自明性的根源:早期市民阶层的理性激情[J]. 道德与文明,2014(4)

⑥ 王艳秀. 论"正当优先于善"的道德形而上学前提[J]. 伦理学研究,2014(3)

⑦ 黄旺. 想象与形式主义的伦理学——以对《实践理性批判》的批判性考察为例[J]. 道德与文明,2014(5)

⑧ 李怡轩、张传有. 什么是伦理学?——从康德的视角看[J]. 哲学动态,2014(1)

⑨ 翟乐. 浅析康德与罗尔斯顿环境伦理思想[J]. 理论前沿,2014(3)

常道德直观的根基——人的自由存在。① 有学者通过对康德的道德合理性的构建思想的探讨,认为康德诉诸实践理性的先天分析,构建了以道德法则为原则,以主体人为基础,以自由、平等为核心价值理念的道德理论体系,对道德合理性进行了卓越论证。这是现代性道德建设的重要理论前提,为当代社会道德合理性的构建指明了方向。② 有学者基于康德视角,对诚信问题做了形而上学的思考,认为康德之所以以绝对命令的形式提出"勿说谎"的要求,并非是因为任何外在的威慑或利益的诱惑,而是因为这一命令是理性存在者自己为自己提出的要求。坚守诚信原则是一个人人格和尊严的体现。③ 还有学者从康德的视角入手,探讨了当今社会歧视问题,认为他对探索消除社会歧视和实现平等尊严来说至关重要。④

关于自由问题,有学者认为,康德的"自由"与"必然"的理论具有某种不协调性,"必然"具有知性—理性双重性,"自由"具有感性—理性双重性。⑤ 有学者认为,康德把道德律看成是一个"理性的事实",它不需要任何演绎和论证,自身就具有客观必然的有效性。这个"理性的事实"可以充当对自由能力进行演绎的起点。从它出发首先经由对纯粹实践法则与自由的交互关系的论证,可以推导出自由的实在性,既而通过知性世界与感性世界的二重设定,可以解决自由和必然性的冲突,使自由有了通向现实的孔道。⑥ 还有学者就康德伦理学的几个问题对艾伦·伍德教授进行了访问,其中也涉及自由问题。⑦

从目的论维度理解康德的批判哲学也是学界一大热点。有学者认为,康德在实践哲学中的目的论并不与其义务论相冲突,而是在更高的层次上将效果论整合到道德目的论之中。⑧ 有学者对康德道义论之自然目的论进行审视,认为自然目的论在至善论中起到了根本的作用,自然的目的以道德目的论为基础,道德目的论的依据是实践理性。由此,康德之道义论的终极目的是要实现人的自由及其结果至善,从而彰显人在宇宙中的价值。⑨ 还有学者认为,尽管康德的狭义道义论的确不是幸福论意义上的感性目的论,但毕竟是一种把理性本身直接当作最高目的来加以尊重的理性目的论。在康德广义道义论即至善论中,幸福则作为一个从属于德

① 刘作. 康德论对动物的间接义务[J]. 山东科技大学学报,2014(5)
② 陶立霞. 道德合理性的构建:康德伦理思想的解读[J]. 前沿,2014(5)
③ 王福玲. 关于诚信问题的形而上学思考——基于康德哲学的视角[J]. 伦理学研究,2014(2)
④ 王福玲. 消除社会歧视,实现人的尊严[J]. 湖北大学学报,2014(1)
⑤ 陈晓平. 从"二律背反"看"自由"和"必然"的双重性——康德"自由"概念辨析[J]. 西部学刊,2014(7)
⑥ 李扬. 康德《实践理性批判》对自由实在性的演绎[J]. 中南大学学报,2014(3)
⑦ 亓学太. 道德法则、规范性与自由——就康德伦理学的几个问题访艾伦·伍德教授[J]. 哲学动态,2014(1)
⑧ 白海霞. 康德实践哲学的目的之维[J]. 道德与文明,2014(6)
⑨ 刘作. 康德道义论之自然目的论审视[J]. 云南大学学报,2014(5)

行的目的而被康德容纳于至善这一总目的之中。①

关于康德的道德法则问题,有学者通过探讨《道德形而上学原理》和《实践理性批判》两本著作的差异来剖析康德对道德律的探索历程。康德独创性地从人自身的理性中寻找意志的决定根据,并最终确立了具有普遍必然性的道德法则,在道德哲学领域掀起了一场"哥白尼革命"。② 有学者认为,康德预设了意志自由和目的王国,也就预设了道德法则的普遍必然性。作为行为准则道德性的评价和选择标准,康德的道德法则既强调了理性的优先性,又保留了经验的开放性,为道德实践行为的创造性、乃至于为哲学的发展留下了足够的空间。③ 还有学者提出,道德教育的核心是建立一种思维方式,即思入本体,体认自由和道德法则的实在性,并使之成为德性的纲维。④

关于康德自律的道德观问题,有学者认为,道德自律以自由为根基,以实践理性能力来展示,以道德原则为指向,对人类道德哲学发展具有重要意义。⑤ 有学者从善的意志出发,认为只要理解了意志作为一种实践理性和作为一种自由因果性的观念,我们就会发现,自律的意志概念为我们理解善的意志概念提供了最好的说明,一个善的意志就是意志在道德法则下的自律。⑥

此外,还有学者从人性的角度剖析康德的伦理学思想。有学者认为,康德关于人性善恶的思想建立在他对人之本性的界定上。就人的自然本性而言,人并不涉及道德上的善恶问题;就人的理性本质而言,人的本性中既有向善的原初禀赋,又有趋恶的倾向,这为人向善或趋恶提供了可能性。康德说人的本性意味着出自自由的行动的根据,由此人性的善或恶取决于自由的任意将道德法则作为动机或将违背道德法则的动机纳入准则的自由。按照康德的严峻主义观点,人的本性天生就存在一种根本恶,这种恶败坏了一切准则的根据,造成了心灵的颠倒。正因为其源于人的自由本性,也为人改恶向善提供了可能性。⑦ 有学者从人类学角度,将康德与马克思二者的哲学思想做了一个哲学人类学的比较。⑧

对黑格尔伦理思想的研究主要表现在以下几个方面:市民社会理论,家庭伦理

① 舒远招. 康德道义论的目的论审视[J]. 云南大学学报,2014(5)
② 李德炎,白刚. 康德对道德律的探索[J]. 理论月刊,2014(11)
③ 潘中伟. 论康德哲学中普遍必然的道德法则[J]. 吉首大学学报,2014(6)
④ 詹世友. 道德法则是德性的纲维——康德的道德教育原则及方法探微[J]. 上饶师范学院学报,2014(5)
⑤ 姚云. 论康德自律的道德观[J]. 伦理学研究,2014(1)
⑥ 文贤庆. 如何理解康德的"善的意志"概念[J]. 道德与文明,2014(6)
⑦ 白海霞. 康德论人性的善恶[J]. 道德与文明,2014(1)
⑧ 方博. 从人的使命到人的解放——关于康德和马克思的一个哲学人类学比较[J]. 学术月刊,2014(9)

观,国家起源学说,自由理论,历史观,责任思想,教育思想,马克思与黑格尔伦理学的比较研究,康德与黑格尔伦理学的比较研究,黑格尔与其他哲学家伦理思想的比较研究,在探讨黑格尔伦理思想的基础上对我国现实社会问题的讨论,以及对黑格尔哲学的总体述评。

黑格尔关于市民社会的理论备受关注。有学者立足于黑格尔法哲学的逻辑规律与线索,通过对"需要的体系"的分析和梳理,试图对黑格尔的市民社会理论及其整个法哲学进行系统和准确的把握。① 有学者认为,黑格尔赋予市民社会这一范畴以现代意义,把国家看作是自在自为的理性事物。在两者关系上,市民社会先于国家存在并为其产生创造条件,国家高于且依赖于市民社会,特殊性与普遍性原则在市民社会和国家中既分离又统一,实现个体的自由成为二者的共同目标。通过对黑格尔关于市民社会与国家关系理论进行分析,展示其思想中的革命性与保守性的双重色彩,并进一步反思该理论对于现代社会建设的启示。②

有学者探讨了黑格尔的婚姻伦理思想,认为黑格尔的爱情、婚姻、家庭伦理思想,是他精神哲学整个体系中的基础性内容。不仅在概念上高度抽象、思辨、逻辑严谨,而且在现实层面也是细致、周密。从"个体的孤独、个体走向实体""不孤独的实体、实体走向主体""反思与改变——最后的家园"三部分对黑格尔的婚姻伦理思想进行阐述。③

有学者对黑格尔的国家起源学说进行了研究。黑格尔的国家起源学说认为,现代国家不是人们订立社会契约的产物,而是客观伦理精神实现自身的自有本质而必然外化的逻辑结果。这个外化的过程不是国家产生的具体的历史过程,而是一个由家庭——到市民社会——再到国家的逻辑运演过程。黑格尔对国家产生的这种解释是唯心主义的,但肯定国家生成具有客观必然性却是相当合理的。④

黑格尔的自由理论也引起了学界的极度重视。有学者对黑格尔的客观自由原则进行了研究、反思与批判。黑格尔的客观自由原则是对形而上学和经验主义的扬弃,黑格尔通过并扬弃形而上学、经验主义的自身环节,达到了客观自由。这一客观自由原则对于当代很有反思价值。比如,生命的本质不再是理性,而是活生生的生命之流;人生在世的本源存在首先表现为人的日常存在,而自由不再是悬搁了日常生活的普遍性理想追求,而是对现实生活不自由的抗争;自由的基础不再是"一只眼"的理性,而是融文化、价值观等在内的生活形式、实践。就客观自由作为人的价值来说,黑格尔的客观自由彰显了生命的升华,但也导致了对人的个性、多

① 吴建勇. 从"需要"概念透视黑格尔的市民社会观[J]. 理论与现代化,2014(1)
② 王增福,李文全. 黑格尔政治哲学中的市民社会与国家关系[J]. 哲学文稿,2014(1)
③ 阳姣. 黑格尔婚姻伦理思想的精神哲学[J]. 南通大学学报,2014(3)
④ 魏凤琴. 黑格尔国家起源论要义简析[J]. 宝鸡文理学院学报,2014(5)

元性和差异性的压制。① 有学者探讨了个人自由的实现,认为黑格尔的个人观并不从属于国家的概念,它以独立的地位为基础,而与国家形成一种相互依存的关系。个人在国家生活中不仅能充分追求自己的自由,并且并不与国家的利益相冲突。黑格尔的这种观点不仅克服了西方古典自由主义所形成的种种社会弊端,也为当今中国和谐社会的构建提供了一种新的社会理论契机。② 有学者以"意志"概念为出发点,通过对意志概念的变迁,阐述在每一阶段与之对应的自由的阶段,系统论述了黑格尔的哲学观。黑格尔的自由观是将近代的主体性原则与古希腊的伦理社会相结合而发展出来的一种新型自由观。③ 还有学者将黑格尔的"自由"概念与以赛亚·伯林的自由观相比较,进行了一场消极自由与社会自由之辩。④

关于黑格尔的历史观问题,学界也有一些探讨。有学者对黑格尔的历史观进行了重构与批判。⑤ 还有学者立足于理性与自由两个维度,分析了黑格尔的历史观,意在揭示黑格尔的历史哲学的深刻内涵。历史在黑格尔这里是历史理性的自我实现的历史,同时也是人类自由的实现史。自由是历史理性的内在目的,而理性是作为自由实现的必然性过程展示。理性与自由在黑格尔的历史观中实现了内在统一,二者构成理解黑格尔历史观的两个重要维度。⑥

有学者专门探讨了黑格尔的归责理论,认为"行为归责"是道德评价的基本前提。黑格尔批判了以康德形式主义为代表的动机论和以经验主义为代表的效果论,认为二者都属于抽象理智规定,在此基础上提出了动机和效果兼顾的行为归责思想。黑格尔的自由意志及道德行为归责理论对于其身后的哲学思想体系的发展来说,具有重大的历史意义和价值。⑦ 有学者探讨了黑格尔关于自律与他律的观点,指出康德使他律转变为自律的做法遭到了黑格尔的反对。黑格尔认为,道德虽然是主观意志的自我规定,但人的自我意志又是受到客观伦理关系和社会规律规定的。道德需要在伦理阶段才能突破它的主观性,实现其真正的内容,否则道德原则和义务原则就没有内容。与此相一致,作为道德要素的善、义务和良心在道德阶段也只是主观的、纯形式的,需要在伦理关系中才能变成现实。道德是他律与自律的统一,他律的内容需要通过自律的形式得以实现,自律的形式必须以他律为内容

① 刘宇兰. 黑格尔客观自由原则及其批判[J]. 理论探讨,2014(6)
② 阮媛. 论个人自由的实现——黑格尔法哲学的目标[J]. 贵州社会科学,2014(2)
③ 阮媛. 论黑格尔《法哲学》中的自由概念[J]. 兰州学刊,2014(2)
④ 张胜利. 消极自由与社会自由之辩——以赛亚·伯林与黑格尔的自由概念之比较[J]. 重庆师范大学学报,2014(4)
⑤ 杨云飞. 对黑格尔历史观的重构与批判[J]. 中国读书报,2014(1)
⑥ 于永成. 论黑格尔历史观的双重维度:理性与自由的变奏[J]. 学术探索,2014(12)
⑦ 冉光芬. 论黑格尔的道德行为归责理论[J]. 中山大学学报,2014(2)

才能变成现实。①

关于黑格尔的教育思想,有学者认为黑格尔把教育看作是培养人的艺术。人具有可塑性,教育使人成为人。人性恶优于人性善的人性观是教育的逻辑起点,教育的本质在伦理中。人要想达到自在自为的普遍必然性,必须通过家庭、市民社会和国家的教化实现:在家庭中要培养人的爱,灌输伦理原则和服从原则,反对儿童教育游戏说,重视母爱教育;市民社会具有理论教育、实践教育的职责,教育机关和同业工会是主要的培养方式,目的是为了培养人的权利和义务观,使人的权利和义务达到统一;国家具有监督的权利和教育民众的职责,在国家中培养了人的爱国情感,注重宗教对民众的教育方式,强调公共舆论的教育作用,培养公民良好的行为习惯。②

关于马克思与黑格尔伦理学的比较,其研究成果较多。有学者认为,马克思由起初的青年黑格尔学派走向自己的青年时期思想,并最终达到自己思想的成熟期,同时也是扬弃黑格尔哲学的过程。③ 有学者探讨了马克思《黑格尔法哲学批判》中的"批判"概念,对二者的"批判"概念以及费尔巴哈的"改造性批判"与"发生学批判"进行了辨正。④ 有学者通过探讨马克思社会政治理论与黑格尔法哲学的关系,得出结论:后者是前者的哲学奠基和理论渊源。具体来说,指社会现实的概念、国家机体的概念以及历史原则。⑤ 有学者剖析了黑格尔主奴理论与马克思《巴黎手稿》生态思想的内部关系。⑥ 有学者对马克思主义道德理论与黑格尔伦理学的关系进行了探讨,认为由分析的马克思主义引领的马克思主义伦理学研究在系统探索马克思主义道德理论方面做出了许多贡献,却也存在很大的缺陷,即严重低估了黑格尔的伦理学对马克思的影响,特别是在伦理道德的辩证关系这个问题上更是如此。马克思的伦理学吸收了黑格尔辩证法的精巧形式,却在实体、本质和内容上与黑格尔迥然有别。⑦ 也有学者探讨了马克思对于黑格尔行政权思想的批判,认为马克思批驳了黑格尔关于市民社会与国家行政权的同一的论证,提出了克服市民社会和政治国家的分离、铲除官僚政治、建立体现人民主权的行政权的初步构想。

---

① 宋希仁、姚云. 黑格尔论自律与他律的统一[J]. 道德与文明,2014(2)

② 李荣亮,从家庭、市民社会到国家——黑格尔教育的实现途径[J]. 教育理论与实践,2014(7)

③ 薛刚. 从"回到马克思"到"回到黑格尔"——论青年马克思对于黑格尔思想的扬弃[J]. 广西社会主义学院学报,2014(5)

④ 朱学平. 改造性批判与历史发生学批判——关于马克思《黑格尔法哲学批判》之"批判"概念辨正[J]. 南京大学学报,2014(4)

⑤ 吴晓明. 黑格尔法哲学与马克思社会政治理论的哲学奠基[J]. 天津社会科学,2014(1)

⑥ 周江平. 黑格尔主奴理论对与马克思《巴黎手稿》生态思想的内部关系分析[J]. 东南学术,2014(4)

⑦ 张霄. 马克思的伦理学:分析的马克思主义的贡献与黑格尔的遗产[J]. 马克思主义与现实,2014(2)

这一思想对于我们认识当代西方政治统治的弊端、深化我国行政体制改革,具有重要的理论意义和现实意义。① 另有学者以黑格尔与克尔凯郭尔对主体性与历史含义的不同界定为端点,探讨了马克思哲学中的历史理论。② 此外,还有学者剖析了黑格尔主奴辩证法与马克思市民社会理论的关系。③

有学者将黑格尔伦理思想与康德伦理思想结合起来进行研究。有学者以"个体道德性"为视角分析了二者的伦理思想。④ 还有学者翻译了霍耐特的关于黑格尔学说作为康德伦理学的替代性选择的学说,认为在康德的纯建构主义道德理论被指责为抽象主义的同时,黑格尔的"新亚里士多德主义"伦理学则被指责为纯粹保守主义。从后形而上学方式重构黑格尔的伦理构想,对如下问题进行思考:黑格尔伦理内在标准模型所包含的理论要素,如果没有客观历史主义哲学之先决条件,是否也能指出道德自由意识进步的可能? 或者说,如果没有自我实在化的精神之先决条件,历史中是否也存在着道德进步? 黑格尔伦理构想内含着的历史动力要素,是否不能提供足够的立足点? 由此得出的结论是,伦理的历史可以被思考为制度性规范的更替,"为承认而斗争",既是行为者历史的中介,又在伦理领域中推动道德进步。⑤ 此外,还有学者对康德哲学中的"自由"概念和黑格尔的"自由"概念进行了比较,并总结出三个共同的特征:自由作为精神的独立性、普遍性和超越性;自由是对感性和欲望的反动;自由是对必然性的服从。从这三个特征出发,说明对必然性的服从意味着对自由的内在规定,而这种规定性即否定了自由的自主和选择的本质。对感性和欲望的反动意味着消极性,而精神的独立性要素则表征了仍然未能得到统一的精神物质二元分裂。由此,康德黑格尔的自由概念都走向了自由的否定,自由的反面。⑥

此外,还有学者对黑格尔的伦理思想与其他哲学家进行了比较。有学者分析了黑格尔对牟宗三儒学思想的影响。⑦ 有学者认为黑格尔与海德格尔是两种不同形态的同一性思维。⑧ 还有学者探讨了席勒的道德思想对黑格尔的影响。⑨

将黑格尔伦理思想与社会现实问题相结合进行研究,也是学界一大流行趋势。

① 李淑梅. 马克思对于黑格尔行政权思想的批判及其现实意义[J]. 西南大学学报,2014(2)
② 温权. 主体性与历史性的张力——从黑格尔、克尔凯郭尔到马克思[J]. 学术交流,2014(2)
③ 郑忠平. 自我意识与社会性存在——黑格尔主奴辩证法和马克思市民社会理论的关系[J]. 理论探讨,2014(1)
④ 陈晓川. 康德与黑格尔论道德个体性之确立[J]. 海南广播电视大学学报,2014(2)
⑤ 施耐特、王凤才. 伦理的规范性——黑格尔学说作为康德伦理学的替代性选择[J]. 学习与探索,2014(2)
⑥ 冯川. 走向自由的否定——康德黑格尔哲学自由概念批判[J]. 学海,2014(2)
⑦ 陈锐. 黑格尔对牟宗三儒学思想的影响[J]. 杭州师范大学学报,2014(6)
⑧ 关子尹. 黑格尔与海德格尔——两种不同形态的同一性思维[J]. 同济大学学报,2014(1)
⑨ 邹广文、王纵横. 席勒的道德思想及其对黑格尔的影响[J]. 吉林大学学报,2014(2)

有人在分析黑格尔的伦理国家概念的基础上,试图对当代中国社会道德危机的根源、实质及伦理构建进行反思。① 有学者认为,面对当前国民财富观的变化而产生的系列社会问题,亟待重新认识财富,厘清财富本身所具有的伦理本性。而黑格尔关于财富的辩证思考是我们重新审视转型期国民财富观的重要资源。② 还有学者以黑格尔的市民社会为切入点探讨了大学诚信教育问题。③ 另有学者分析了黑格尔的善对现代教育体系的启示。④

最后,有学者统观黑格尔的伦理学,探讨了黑格尔伦理思想的契约性与非契约性。黑格尔认同在从自然伦理向绝对伦理的演进以及现代性市场经济和市民社会中,契约作为人与人之间的交互承认以及经济交往联系的中介意义。然而,对近代启蒙哲学中的经验论自然法和契约论以及反思式自然法和契约论的孤立人性和原子论观点极力批评,主张个人本性由其所处的共同体和时代予以理解。⑤ 还有学者探讨了黑格尔的现代性哲学话语,认为由《精神现象学》集中提出但未能解决的黑格尔哲学核心课题,即古代实质性伦理与现代主体性原则均不能使我们在世界中自在自为地体验如家般存在。通过其逻辑学与历史哲学对普遍、特殊实体、主体等诸范畴的进一步分析,在法哲学的现代伦理国家中得到了解决。黑格尔在留置现代自我意识主体性成就基础之上,重建了合乎理性的现代伦理体系,使得特殊——主体——普遍——实体等现代性冲突得到和解,实现了自在自为的具体自由,为现代人何以如家般生活于世,何以自立的“元问题”指明方向。⑥

三、现代西方伦理思想研究

2014 年国内对现代⑦西方的伦理思想研究呈现出开放化、多元化、深入化的特点。就该时期的研究文献来看,学者们对该时期传统人物、理论的研究更加深刻。同时,许多学者将眼光投向伦理问题、概念本身,并对后现代伦理理论给予更多的关注,特别是对该时期美德伦理思想的关注。总体来看,学界对这一时期的伦理思

---

① 罗朝慧、双艳珍. 当代中国社会道德危机的根源、实质及伦理构建——兼论黑格尔伦理国家概念的现实启示[J]. 天津行政学院学报,2014(3)

② 陆爱勇. 黑格尔财富伦理观述论——兼论社会转型期国民财富观的问题与重构[J]. 浙江伦理学论坛,2014(2)

③ 孙凤强. 基于契约式生活理念的大学生诚信教育——以黑格尔市民社会为切入点[J]. 科技资讯,2014(25)

④ 卢小青. 论黑格尔的善对现代教育体系的启示[J]. 黑龙江史志,2014(14)

⑤ 杨伟涛. 契约的限度——黑格尔论伦理的契约性与非契约性[J]. 上海财经大学学报,2014(5)

⑥ 薛丹妮. 黑格尔现代性的哲学话语[J]. 求是学刊,2014(6)

⑦ 学界对于“现代”一词的界定至今还比较模糊。在此,我们以 1903 年摩尔发表的《伦理学原理》为标志,将这一时期的西方伦理思想统称为现当代伦理思想。

想研究可以从以下各方面概括:(1)对西方元伦理学的研究,包括对其整体理论思想、具体伦理概念和重点元伦理学家的探讨;(2)对以功利主义为代表的后果论思想的讨论;(3)对以罗尔斯为代表的义务论伦理思想的研究;(4)对以麦金泰尔为代表的美德伦理学的研究;(5)对其他哲学家伦理思想的关注。

1. 元伦理学

2014年学者们对当代西方元伦理学的研究,主要包括以下三个方面:第一,对元伦理学整体发展情况的概述;第二,对具体的元伦理学一般概念与问题的探讨与分析;第三,对重点元伦理学家的研究,如摩尔,黑尔,斯蒂文森等。

(1)整体发展情况概述

靳浩辉,崔玉田认为元伦理学的兴起已有百余年,它的出现的确在明确概念、理清逻辑推理方面做出很多贡献,使伦理学研究日趋规范,为伦理学成为一个科学的学科奠定了基础。然而,由于其在研究过程中过于注重纯粹的概念分析与逻辑推理,使伦理学成为"学院式"的学问,与现实严重脱离,失去了对社会道德生活的指导意义,致使其研究进入困境。①

杨松也对元伦理学近百年来的发展情况进行了概括性研究。他指出:早期西方元伦理学遵循语言分析的路径,致力于探索道德语言的语义和逻辑特征,对价值判断(特别是道德判断)的内容和形式做出了非常全面的分析,并发展了直觉主义、情感主义、规定主义和描述主义这四个主要流派。在其后期的发展过程中,除了继续丰富完善原有的成果之外,西方元伦理学家日益关注道德性质、道德事实的本体论地位和道德认知的问题,逐渐形成道德实在论与反实在论两个流派。在这百余年间,西方元伦理学家始终以"事实—价值"问题为核心,不断拓宽研究视角,各个流派在争鸣中相互影响、相互借鉴,从而使得西方元伦理学越来越富有生机和活力。②

(2)元伦理学具体问题研究

"是"与"应当"的问题是元伦理学研究中的重要问题,宋旭光通过分析图尔敏与黑尔在此问题上的不同看法,认为两者的观点差异源于方法论的不同。他认为,图尔敏(Stephen Toulmin)提出一种"评价性推论",认为事实判断是价值判断的充足理由。黑尔(H. M. Hare)强调"应当"只能来自于"应当",事实虽然可以作为道德论证的理由,但是论证的关键却在于大前提(道德原则)的选择,后者在道德论证中是不可或缺的。而造成这种差异的根源则在于两位哲学家的方法论差异,即形

---

① 靳浩辉、崔玉田. 元伦理学的嬗变历程及其困境透析[J]. 大连大学学报,2014(4)
② 杨松. 西方元伦理学百年:主题与争论[J]. 世界哲学,2014(4)

式逻辑的观点与广义逻辑的立场差别。①

伦理的客观性也是元伦理学中的重要问题,伯纳德·威廉姆斯对这一问题进行了分析。郝文君和邓先珍对威廉姆斯的研究成果予以介绍分析。他们指出,伦理哲学家试图为道德判断寻找一个客观的基础来保证道德规范的效力。有一种路径是将伦理的客观性与科学的客观性进行类比,认为我们能够像获得科学知识那样获得道德知识,并且能够认识客观的道德真理。威廉姆斯借助"趋同"原则,从"绝对概念"、"世界导向性"与"反思"三个方面将伦理学与科学进行了对比,提出伦理学不可能像科学那样在世界本来面目上达到"趋同",它的客观性如果有,其结构与科学的客观性也是大不相同的。威廉姆斯的论证虽然符合我们日常的伦理经验,但也有其缺陷。②

叶峰试图对元伦理学中的规范性问题进行解答。他认为,在自然主义者看来,认知与行为的主体是作为自然事物的大脑。既然主体自身是彻底的自然事物,主体所能认识的属性,主体的行为等等,应该都不会有一些人所设想的那种超自然的、不可自然化的规范性,规范性应该是自然属性与自然事实的自然特征。明确认知与行为的主体是大脑,进而提出关于大脑的认知过程和大脑对行为的触发与控制过程的假说,然后在这些假说的基础上分析大脑对伦理属性的认识,以及大脑的伦理信念与行为动机之间的联系,使得我们可以更好地回应因规范性问题而产生的对自然主义伦理实在论的质疑,也可以更好地解决自然主义元伦理学内部的一些争议。③

我们如何进行道德判断也是元伦理学一直以来关注的重点问题。学者们对约书亚·格林关于道德判断的思想进行了分析研究。王觅泉与姚新中对格林关于道德判断的研究进行了分析介绍,认为格林的研究工作综合了脑神经科学、实验心理学、社会心理学以及演化伦理学等领域的研究,试图从心理机制上揭示后果主义和义务论判断乃至两种道德哲学的根源和本质。约书亚·格林认为道义论的道德判断实际上由人们的情感所激发,而后果主义的道德判断则是人们理性推理的结果。从而试图为评价两者的规范效力提供更加精确的事实基础,并最终对义务论构成一个"拆穿论证"。但是王觅泉与姚新中从各方面的批评来看,这项工作目前还很难说是成功的,但这种多维互动的道德心理学研究仍然是一个值得期待的领域。④

王薜时也对格林的理论进行了批判,他的批判从规范性和描述性两个方面展

① 宋旭光. 道德论证的方法论问题——图尔敏与黑尔之争[J]. 法学方法论丛,2014(1)
② 郝文君、邓先珍. 威廉姆斯论伦理的客观性[J]. 江汉论坛,2014(1)
③ 叶峰. 大脑与规范性[J]. 世界哲学,2014(2)
④ 王觅泉、姚新中. 约书亚·格林与道德判断的双重心理机制[J]. 哲学动态,2014(9)

开,在描述性的层面,格林的经验研究并没有被他的实验所证实。就规范性层面而言,一方面,格林对康德伦理学的理解太过简单和狭隘;另一方面,格林把道义论的道德判断和后果主义的道德判断之间的区分最终还原为切身性和非切身性的区分,这种还原和对应关系是难以成立的。①

(3)重点元伦理学家思想分析

摩尔作为元伦理学的开创性人物一直是学界研究关注的重点。宗家鸣对摩尔的元伦理学思想进行了研究,他认为关于"善"的思想是摩尔伦理思想的核心,作为分析哲学的代表人物,摩尔把分析哲学的方法引入伦理学,专注于对伦理学语言和概念的分析。就"善是什么"这个伦理学的基础问题,摩尔从对传统伦理学研究对象和"自然主义谬误"的批判,指出传统伦理学多有混淆"善的性质"和"善的事物",善就是善本身,得出"善"是不可定义的结论,虽然"善"不可定义,但是可为直觉所把握。在摩尔看来,目的和手段的关系是一种特殊关系,摩尔区分了"目的善"和"手段善"。在处理伦理学的第三类问题"我们应该怎样做(即善的行为)",摩尔采取经验主义的方法,并且体现出强烈的功利主义色彩。②

除了对摩尔元伦理学思想的关注,韩亚婷对摩尔的规范伦理学的思想进行了分析研究。摩尔首先批判了密尔和康德的规范伦理学。他认为密尔的问题是将快乐视为唯一的善,而康德的问题是将客观上应当存在的东西和纯粹意志所认定的东西混为一谈。在此基础上,他阐明了他自己的规范伦理学的主要思想,即他的非个人的效果主义。韩亚婷探讨了他的元伦理学思想和规范伦理学思想之间的关系,并认为他的元伦理学所认定的非自然属性的善和他的效果主义或功利主义思想之间看似矛盾,但是通过合理的解释,是可以消除的。③

芦艺则研究了黑尔的元伦理学思想。她认为,为寻求道德判断的客观性,R. M. 黑尔从元伦理学的独特视角出发,运用逻辑与语言分析的方法对道德语言的性质、意义及功能进行了深入探讨,揭示出道德判断的规定性和可普遍化这两种逻辑特性,并从自由与理性的关系剖析了道德作为普遍规定的本性,从而形成了"普遍规定主义"的伦理思想。虽然"普遍规定主义"在逻辑层面能够很好地自洽,但是它在现实问题面前仍然会遇到由自身理论出发点所带来的不可避免的冲突。④

陆劲松与孙菲菲对斯蒂文森关于道德信念问题进行了分析。他们指出,传统的西方哲学认为理性思维是获得道德知识的主要方法,以休谟为代表的古典情感

---

① 王薛时. 我们如何做出道德判断? 一对约书亚? 格林经验研究的批评[D]. 华东师范大学, 2014
② 宗家鸣. 摩尔"善"的伦理思想研究[D]. 广西民族大学,2014
③ 韩亚婷. 摩尔的规范伦理学研究[D]. 南京师范大学,2014
④ 芦艺. 论黑尔普遍规定主义的合理性[J]. 重庆科技学院学报(社会科学版),2014(9)

主义的思想方法是以道德情感作为全部道德理论的基石。针对道德信念的这种矛盾差异现象,现代情感主义伦理学的代表斯蒂文森转换了思路,从对道德活动和道德现象的研究,变换成从伦理语言的角度进行了深入的分析。他认为道德信念存在两种分歧,态度分歧与信念分歧。而"把道德问题同纯科学问题区分开来的,主要是态度分歧",而不是信念分歧。并据此推出了事实命题不蕴涵价值判断的结论。①

2. 功利主义

功利主义是现代西方最重要的一个伦理学流派,进入 20 世纪以来,功利主义从古典功利主义发展为行动功利主义、规则功利主义及各种后果主义理论。学界对后果主义思想的研究大致可以分为三个方面:第一,对当代功利主义发展情况的研究;第二,对功利主义的批判与反思;第三,对后果主义的一般性研究。

(1)当代功利主义的研究

功利主义在当代的发展主要是行为功利主义与规则功利主义。学者们围绕功利主义的两种当代理论类型进行了研究。

龚群教授认为黑尔的伦理学,既是一种规定主义,又是一种行动功利主义伦理学,并对黑尔的伦理学进行了研究。黑尔认为伦理语言是一种规定语言,道德判断具有可普遍化特征,可普遍化是受到规定的可普遍化。黑尔指出,古典功利主义或行动功利主义具有内在的可普遍化因素,道德语言"应当"的规定性是可普遍化的,对于行动功利主义同样有效。黑尔通过援引道义论原则尤其是康德伦理学的可普遍化原则改造行动功利主义,将行动功利主义的批评改变为间接行动功利主义,将大量的道义论原则援引进功利主义理论,发展了行动功利主义的当代形式。②

贾凌昌也对黑尔的功利主义思想进行了研究,并指出黑尔的功利主义思想并不能从根本上解决功利主义的困境。他认为面对功利主义的困境,黑尔继续西季威克直觉功利主义的论证,对其进行了极力的拯救。通过在批判层面采取功利主义,在直觉或实践层面选取个人生活指南的方式,黑尔似乎找到了破解功利主义困境的方式。然而,此种论证不可避免地在这两个层面之外形成了遗漏的空间,虽然黑尔试图以做理想之事或正确之事倾向性性格的形成对遗漏进行再次挽救,但由于其没有真正回归康德,最终也导致了其对功利主义拯救的无情坍塌。③

田秋香对布兰特的规则后果主义进行了研究,分析了布兰特思想的当代价值。

① 陆劲松、孙菲菲. 道德信念的理论探析[J]. 广西职业技术学院学报,2014(2)
② 龚群. 黑尔的行动功利主义辩护[J]. 学术月刊,2014(7)
③ 贾凌昌. 黑尔对功利主义的拯救及其坍塌[J]. 武汉理工大学学报(社会科学版),2014(5)

她认为,布兰特的规则功利主义是对传统的古典功利主义的重大改进。在全球化的今天,布兰特规则功利主义有如下价值:第一,布兰特的规则功利主义肯定并尊重个人利益,在提倡效率发展社会主义市场经济的今天有利于调动亿万人民的积极性、创造性,推进全面小康社会的发展进程;第二,布兰特的规则功利主义倡导效用原则,十分注重社会实践行为的实际后果,这与市场经济获取最大利润、追求最高效率是一致的;第三,布兰特的规则功利主义强调个人利益、社会利益统一性、一致性的一面,中国特色社会主义市场经济的发展过程中无疑能够促进社会公平正义的早日实现;第四,以布兰特规则功利主义为道德价值的操作标准,对政府与个人分别产生了不同的要求。①

此外,她还研究了斯马特的行为功利主义,也对其当代价值进行了分析。她指出,斯马特的行动功利主义理论是功利主义发展到当代最为成熟的一个理论派别。其理论有四个主要特点,这为解决当代应用伦理学中的医学伦理、生态伦理的理论悖论和道德困境提供价值支撑与观念指导,对道德教育也有一定的指导意义。②

李刚和陈亚军从欲望权利的角度对布兰特的思想进行了分析。他们认为,随着市场经济的发展,社会利益给人们带来福祉的同时也膨胀了个人对欲望权利空间的要求,欲望权利的膨胀必然会引来社会的诸多矛盾与个人欲望权利分配的现实的不平等。如何有效地定义欲望的权利空间,成为社会和谐幸福的核心问题。布兰特通过对欲望发生机制的分析,揭示出了幸福快乐与欲望的关系,并提出了什么是制衡欲望合理有效的道德行为,这些成为当今社会解决欲望的权利与控制的关系,从而达成社会幸福和谐的有益借鉴。③

王蓓蓓则回顾了了功利主义产生、发展以及当代理论修正过程中所面临的问题。通过援引罗尔斯的一些概念、观点和理念,演绎了在社会基本结构正义原则的运行下,个人在社会中的职责、义务以及"分外行为",并分析了导致个人功利与社会功利矛盾的因素以及二者存在和谐的可能性。她认为,功利主义者对公正理念的忽视,正是它一直处于理论困境的关键性因素。对此,我们社会主义功利观不但要从公正的视角积极扬弃功利主义的理论体系,并且要努力构建符合我们国情的社会主义功利观,这样,功利原则才能为我们社会现实中存在的一些问题提供积极的指导意义和有效的实践路径。④

(2)对功利主义的批判与反思

张建辉分析了罗尔斯对功利主义的批判,并指出罗尔斯的正义理论是针对功

---

① 田秋香. 论布兰特规则功利主义的当代价值[J]. 华人时刊,2014(10)
② 田秋香. 斯马特行动功利主义的当代价值[J]. 华人时刊,2014(10)
③ 李刚、陈亚军. 欲望的权利与制衡——布兰特的合理行为论[J]. 学术论坛,2014(3)
④ 王蓓蓓. 基于公正视角的当代功利主义研究[D]. 西安外国语大学,2014

利主义理论提出的。从罗尔斯的视角看,功利主义理论存在着类比推理谬误、最大幸福幻象、善优先预设的理论缺陷。同时罗尔斯通过契约论原初状态对类比推理的批判、两个正义原则对最大幸福的批判和两个优先原则对善优先预设的批判等多个维度努力实现了对功利主义的超越。①

龙倩分析了罗尔斯的伦理学,认为罗尔斯对功利主义进行了严厉的批判。从各个角度对功利主义提出了批评并在此基础上树立了"作为公平的正义"的正义观,从根本上颠覆了功利主义的统治地位。然而,罗尔斯自身的正义论思想也或多或少地打上了功利主义的印迹。首先,罗尔斯正当理论对基本善的依赖性,在一定程度上与功利主义所具有的目的论相似。其次,在罗尔斯的论证中渗透着对功利的考量。从对合作体系维护程度的比较上选择两个正义原则而非功利原则,实际上罗尔斯也进入到了一种功利原则的考量之中。②

方熹和徐艳萍考察了伯纳德·威廉姆斯对功利主义的幸福概念的批判。功利主义要求人们追求所能达到的最大幸福。尽管当代功利主义学者对幸福的概念进行了扩展,但是仍旧没有摆脱其理论基础。威廉姆斯考察了功利主义的幸福概念及其理论特征,揭示了最大幸福原则之下的理论矛盾和缺憾。进而选择用良好生活概念来取代幸福,并认为这一概念比幸福更为宽泛,因为良好生活的状态是我们每一个人人之为人必须追求的状态,而幸福则是与喜好和欲求联系在一起的,并不是我们每一个人必须追逐的。方熹和徐艳萍认为威廉姆斯这种做法尽管有很大的合理性,但是还是没有办法从根本上对良好生活概念进行界定。③

任付新分析了伯纳德·威廉姆斯对功利主义的批判。他认为,功利主义自诞生之日起就饱受批评,20世纪对功利主义最有代表性的批评之一来自伯纳德·威廉姆斯。伯纳德·威廉姆斯通过对功利主义后果论结构的分析,指出其中所包含的消极责任原则,批判功利主义忽视了个人分离性的重要性以及对个人完整性的破坏。威廉姆斯强调个人是情感需要、功利偏好和理性能力的综合体,主张应该从人的主体自身出发去思考道德问题,重要问题是人如何过有意义的生活,而不是我应该遵守什么样的规则。威廉姆斯的批判是强有力的,对功利主义的发展具有重要启发,但也存在值得商榷之处。④

此外,任付新还深入考察了伯纳德·威廉姆斯的个人完整性概念。他指出伯纳德·威廉姆斯强调哲学必须直面人类生活的复杂性和困难性,他批判以往哲学

① 张建辉. 罗尔斯正义理论对功利主义的多维批判[J]. 中北大学学报,2014(2)
② 龙倩. 在功利与反功利之间[J]. 湖北经济学院学报,2014(9)
③ 方熹、徐艳萍. 威廉姆斯对功利主义幸福意蕴的批判[J]. 楚雄师范学院学报,2014(4)
④ 任付新. 反思个人完整性与后果论的结构——论伯纳德·威廉斯对功利主义的批判[J]. 江汉学术,2014(2)

回避现实,特别是功利主义和康德主义,以恶劣的方式将生活简单化,忽视了个人情感、规划和运气对伦理生活的影响。威廉姆斯通过对功利主义后果论结构的分析,指出其中所包含的消极责任特征,批判功利主义忽视了个人分离性的重要性以及对个人完整性的破坏。威廉姆斯强调个人是情感需要、功利偏好和理性能力的综合体,主张应该从人的主体自身出发去思考道德问题,认为重要问题是人如何过有意义的生活,而不是我应该遵守什么样的规则。威廉姆斯的批判是强有力的,对功利主义的发展具有重要启发。①

潘红霞基于伯纳德·威廉姆斯对功利主义的批判,进一步研究了他的整个道德哲学。她认为对功利主义的批判是威廉姆斯整个道德哲学思想确立的基础。威廉姆斯还从行动者的独特视角出发,对康德伦理学的三个特征及其破坏性效应展开批判,认为义务的动机忽视了行动者的个性;不偏不倚的道德要求使得我们建立了冷漠的个人关系;至高无上主题的不合理要求侵犯了个人的道德人格,威胁着个体的完整性并产生道德异化感,进而从整体上影响伦理进路。行动理由是威廉姆斯道德哲学的重要内容,他认为行动理由的内在性体性思考和反思的依据存在于主观动机集合中。而在道德运气的框架中展开了对道德概念、道德行动的辩护,以及对道德责任、道德评价等议题的讨论。②

谢伏华考察了桑德尔对功利主义的批判。桑德尔认为功利主义并未充分尊重个人权利及重视个人价值尺度的差异性,甚至将人类的生命以货币价值为衡量是一种倒退现象。由此,桑德尔提出自己对权利与善何者优先性的观点。权利与善相关,认为权利与善应该与我们的美好生活和人类最高目标相关,应注重正义对美德和共同善的培养。谢伏华进而认为权利与善优先性的争论实则是自由主义与社区主义的争论,这个争论的结果对当前中国道德生活建设具有启发性:一是复兴优秀文化传统;二是注重个人德性修养,强化共同善的培养。③

田秋香也论述了桑德尔对功利主义的批判。她阐述了功利主义思想的理论渊源,指出迈克尔·桑德尔对功利主义思想的批判主要集中于两个方面:其一,边沁功利主义仅仅看重行为后果,很可能在功利计算时肆意践踏个体权利;其二,功利主义用同一个尺度来衡量、合计和计算各种偏好或幸福,将所有的道德善都转变成一种单一的货币,这个过程中很可能会丧失一些东西。通过对桑德尔批判的研究,具体分析这两个观念在桑德尔那里的内涵并推出了桑德尔的公民美德参与的公民

---

① 任付新. 完整性与功利主义伦理学——论伯纳德·威廉斯对功利主义的批判[J]. 中南大学学报(社会科学版),2014(3)

② 潘红霞. 伯纳德·威廉姆斯道德哲学思想研究[D]. 华中科技大学,2014

③ 谢伏华. 功利主义:权利与善何者优先? ——以桑德尔对功利主义的质疑及批判谈起[J]. 哲学分析,2014(1)

共和主义理论主张。①

罗影和汪毅林则考察了阿玛蒂亚·森对功利主义的批判及其当代启示。他们认为,改革开放以来,基于功利主义的发展观既带来经济的高速增长,也造成了很多负面后果。在实现中国梦的背景下,需要对功利主义的发展观进行反思,并提出一个替代范式。在所有可能的替代框架中,阿玛蒂亚·森的能力方法继承了马克思关于人的自由全面发展的观点,始终坚持从以人为中心的立场批判功利主义,从而最符合实现中国梦的要求。能力方法的启示在于:第一,有助于转变当前经济发展方式,走上一条可持续的道路;第二,强调人在精神层面的能动性,从而最大限度地弘扬我们的民族精神和时代精神;第三,主张通过对话协商促进人们的共识,从而可以凝聚全国人民的力量。②

(3) 对后果主义的一般性研究

王鹏越研究了胡克的规则后果主义理论。他认为,在当代,布拉德·胡克不断地为规则后果主义做出有力的辩护,并致力于清楚地详细地表达一种规则后果主义。这种规则后果主义既能回应行为后果主义的种种批评,又能避免从契约主义背后派生出某种形式的规则功利主义的误导性尝试。规则后果主义与古典功利主义不同之处在于,它不限于以效用或者福利的最大化作为道德评价的唯一标准,同时它也不同于行为后果主义采取一种直接的形式来评价行为。胡克的规则后果主义强调的是规则而非后果或者功利,对这套规则的普遍性内化实际上会实现公正善的最大化。③

陈岗从后果主义面临的批评出发,指出"过分要求异议"是后果主义面临的一个主要批评。为了回应这个批评,近年来,后果主义理论家们提出了一些解决方案。他进一步分析论述了其中最具有标志性意义的,保护带、行动者中心特权和约束后果主义三种回应策略。然而,通过分析这三个主要的论证策略,陈岗发现,"过分要求异议"要么无法被真正缓和,要么会给后果主义理论本身的稳定性造成很大的负面影响。之所以造成这种情况,是因为大部分当代西方道德理论家都认为,个人理由在实践理由的慎思中是占据了一个重要地位。他进而认为要解决这个问题也许在于重新反思个人理由相对于道德理由来说的那种重要性本身是不是恰当的。④

张曦分析了道德约束与后果主义之间的关系,进一步指出,"道德约束"概念具

---

① 田秋香. 论桑德尔对功利主义的批判[D]. 上海师范大学,2014
② 罗影、汪毅. 森对功利主义的批判及其对中国梦的启示[J]. 当代财经,2014(1)
③ 王鹏越. 胡克的规则后果主义研究[D]. 吉林大学,2014
④ 陈岗."过分要求异议"与后果主义之踵[J]. 哲学研究,2014(8)

有规范意蕴,即在于它对某种道德平等关系的强调。后果主义究竟能不能容纳道德约束所体现的这种规范意蕴,是后果主义在面对非结果主义者指责时能不能获得自我辩护的一个关键。当代后果主义可以采取标准形态和本质形态。标准后果主义者只能将道德约束理解为一种"二阶设置"。而作为一项纯粹的辩护设置,本质后果主义虽然可以避免标准后果主义在这方面的问题,甚至可以化解标准后果主义所遭受的价值论攻击,但是它所隐含的元伦理学承诺仍然迫使道德约束思想在其框架内不能很好地获得解释。①

3. 以罗尔斯为代表的义务论

义务论伦理学自康德以来一直在不断发展完善之中。自罗尔斯《正义论》出版以来,其理论的义务论特征一直受到了学界的持续关注。对罗尔斯伦理思想的研究是与其政治哲学的研究紧密结合在一起的。2014年,涉及罗尔斯的专著论文多达五百多篇,主要涵盖以下几个方面的研究:第一,对其正义观和正义原则的内容研究;第二,对罗尔斯正义理论建构的基础与方法论研究;第三,对罗尔斯与其他思想家的比较研究。在此,我们将选取其中具有代表性的研究成果予以分析介绍。

(1) 罗尔斯正义观理论研究

对罗尔斯正义观的探讨是每年学界都会关注的问题,2014年学者们重点对罗尔斯的应得理论进行了研究与分析。王立批判性地分析了罗尔斯的"反应得"理论,他指出罗尔斯的平等正义观建立在一定的"反应得"基础上。但是罗尔斯本人没有将"反应得"理论体系化,而是根据行文的需要散见于《正义论》的相关章节。这不可避免地大大弱化了"反应得"的理论力量,他进一步认为,罗尔斯是在道德的不应得、应得缺乏正义的根据以及应得属于正义准则三重维度上展开"反应得"的理论论证。然而,每一重维度的"反应得"都不完善,均存在明显的理论缺陷。如何在罗尔斯所主张的正义原则内处理好应得和平等的关系问题,是"反应得"理论所面临的理论困境。②

李叶则通过分析罗尔斯的"反应得"理论,试图为罗尔斯的理论进行辩护。李叶在论文中概述了罗尔斯"反应得"理论的观念基础,指出其所依据是的契约论思想前提、制度正义内涵和反思均衡向度,并进一步主要区分了三种"应得"的概念。通过揭示罗尔斯"反应得理论"的思想内涵,进而表明天赋的分布具有偶然性和任意性,从道德的观点看,这些天赋和努力不能成为个人追求政治利益和经济利益时的筹码。在罗尔斯那里,被看作共同资产的东西是自然禀赋的分配,而不是自然禀

---

① 张曦. 后果主义与道德约束[J]. 伦理学研究,2014(7)
② 王立. 罗尔斯的"反应得"及其理论困境[J]. 社会科学研究,2014(4)

赋本身,于是,侵犯个人所有权的问题也就不会产生。通过解读罗尔斯对理性、平等、尊严的人性目的的关切,以及对人的两种道德人格力量的阐发,从而回应桑德尔抽象个人概念的批判。①

陆宽宽分析了罗尔斯的运气理论,对运气造成的应得与否进行了探讨。他指出罗尔斯认为在社会制度的背景下,个人应得的标准使得个体之间的差异性成为一种运气,而对于运气的占有又使得人们拥有不同的生活前景,从而导致人与人之间巨大的不平等。但是这些运气并不是人们自由选择的结果,也不是每个人所应得的,因而,对于这些偶然因素所导致的不平等,就需要加以矫正。罗尔斯对待运气等偶然因素的一系列态度、方法和策略就是所谓的"运气理论"。从社会认知的真实性、道德诉求的合理性以及政治诉求的正当性三个角度探讨了道德运气理论,并进一步指出这一理论的局限性,即理论基础的抽象性、理论论证的片面性及理论追求的乌托邦性。②

（2）罗尔斯伦理学基础与方法论研究

对罗尔斯理论基础的探讨,主要集中在罗尔斯对其理论的义务论特征描述上,即正当与善优先性问题的研究上。刘颖研究了罗尔斯作为义务论伦理学的特征,即正当优先于善。刘颖指出,罗尔斯的正义理论是一种义务论理论,它与功利主义目的论的理论不同之处就在于,对于正当和善的优先性关系上面,他认为"正当是优先于善"的。正当对于善的优先性贯穿于罗尔斯的整个正义理论当中。罗尔斯重视自由权利的优先性,并坚持把人作为自在的目的而绝非一种追求善的手段来对待,他认为人本身就具有价值,他的正义理论是一种公平的正义理论。有人把罗尔斯的理论称作是"温和的义务论",因为它在强调正当对善的优先性的同时,也并没有将正当和善完全分离开来。③

周晶也分析了罗尔斯哲学中正当与善的关系。她指出,罗尔斯认为善的定义在道德上具有中立性,要构建道德上的善的概念,必须借助于正当和正义原则。相对于作为目的论的功利主义,罗尔斯认为作为公平正义的理论是一种义务论的理论,而罗尔斯的这种义务论在关于正义与善的关系的论述上是非常复杂的。概括来说,虽然在罗尔斯看来,正当是优先于善的,但与此同时,罗尔斯也想表明,正当是与善和谐一致的。罗尔斯对一致性的论证也就是对于社会稳定性论证,罗尔斯想表明他的正义的社会同时也是一个善的社会,即正义与善和谐一致。④

黄黎明则分析了罗尔斯正当优先于善的两种形式及其内在关系。他指出,罗

---

① 李叶. 罗尔斯"反应得"理论探析[D]. 山东大学,2014
② 陆宽宽. "运气"是个人应得的吗?——罗尔斯运气理论批判[D]. 浙江师范大学,2014
③ 刘颖. 罗尔斯论正当与善[D]. 西南大学,2014
④ 周晶. 正当与善:罗尔斯的义务论思想研究[D]. 吉林大学,2014

尔斯所建立的公平的正义理论在与功利主义的比较过程中,论证了正当优先于善的第一种形式。这种正当优先于善的形式有两种情况构成:第一种情况是正义的第一原则优先于第二原则,正义的第二原则内部的第一部分优先于第二部分;罗尔斯在将其理论与功利主义的比较中,还论述了正当原则内部的另一种优先性情况,即正当原则对于善理念的优先性。同时,罗尔斯在通过对至善论的界定以及在至善论与其正当原则的对比中,得出了正当优先性的第二种形式即国家中立性原则。正当优先于善的两种形式是密不可分的。①

2014年,学者们对罗尔斯方法论的探讨主要集中在其契约论和反思平衡的方法上。张首先就分析了罗尔斯的契约论思想,他认为罗尔斯通过坚守契约主义的原则立场,以最精致、最理想化的设计建构了一幅由契约主体选择两个正义原则的"完美"图景——"原初状态"。这一状态虽然超越了古典社会契约论者关于"自然状态"的种种叙事,但是,原初状态中契约主体"自我"的丧失、契约环境的过分理性化、影响契约因素的过分理想化,导致原初状态的主体无法担当"公共反思和自我澄清"的能力,从而使这一重要的正义理论在彰显契约主义的理论优势时,也暴露了其自身具有的局限性。②

刘莘探讨了罗尔斯的反思平衡的方法,他指出罗尔斯认为"反思平衡"不是寻求命题之间逻辑关系的狭义的"证明",而是含义更加丰富的一种"辩护"。这种辩护发生于实践理性的领域,其实是寻求道德一致性和融贯性的过程,这个过程包含了平衡的打破和平衡的重建。刘莘进一步认为罗尔斯反思的平衡是一种道德辩护的方法,同时还考察了这种方法在日常生活中以及在罗尔斯的《正义论》和《作为公平的正义》中的应用。最终得出结论,罗尔斯的反思平衡思想源于人这种有限存在者对自我理解的永恒需求,又致力于在人类自我实现的无限进程中做出贡献。③

(3)罗尔斯思想比较研究

徐作辉对比分析了马克思和罗尔斯的观点。他指出,马克思的"权利不平等"与罗尔斯的"差别原则"具有同一性,主要体现在目标指向、伦理实践和实现手段三个层面。"权利不平等"与"差别原则"之间也存在差异性,二者的理论基础、基本内涵和实现路径具有重要区别。"权利不平等"与"差别原则"之间还具有互补性,马克思的"权利不平等"揭示了人类社会平等发展的历史趋势,是罗尔斯"差别原则"的价值引导,"差别原则"要解决的是当代立宪民主社会这一特殊社会形态下具体的平等问题,可以视为对"权利不平等"的充实丰富。对"权利不平等"与"差

① 黄黎明. 论罗尔斯正当优先于善的两种形式[D]. 上海师范大学,2014
② 张首先. 罗尔斯原初状态的契约主义立场及其限度[J]. 北方论丛,2014(2)
③ 刘莘. 罗尔斯反思平衡的方法论解读[J]. 哲学研究,2014(3)

别原则"二者之间关系问题的研究具有重要的理论意义和实践意义。①

徐大建和任俊萍对比分析了罗尔斯与功利主义的分歧,从三个方面论述了两者的差异。首先,从功利主义与正义论在基本观点上的分歧来看,功利主义把社会利益或社会福利的总增长视为道德的根本,主张正义的常识性准则和自然权利的概念从属于社会利益;而正义论则把每个人的自然权利的不可侵犯性视为道德的根本,主张自由与权利优先于社会福利的总增长。此外,还包含着制度伦理"应当强调公平正义还是强调总体效率"的分歧。在方法论上的分歧是经验论认识论与唯理论认识论的分歧。最后,目的论与义务论的分歧,即善与正当优先性上的分歧,他们对善与正当的定义进行了厘清,挖掘了功利主义与罗尔斯思想在此方面的根本分歧所在。②

常春雨比较了阿马蒂亚·森与罗尔斯的思想,进一步指出在当代西方政治哲学关于"何为平等物"的争论中,阿马蒂亚·森批评了罗尔斯将"基本善品"作为平等物的主张,认为它忽视了不同个体的身体和环境差异,没有考虑到个体拥有"基本善品"与将这些善品转化为选择或实现理想目标的能力之间的多种可能性。由此出发,阿马蒂亚·森进而提出应把"能力"作为平等物。这一主张在人们实现理想目标以及人们对不同理想目标选择的自由两方面超越了罗尔斯,并对后来的研究产生了重大影响。③

(4) 其他研究

除了对罗尔斯义务论的研究之外,还有学者对罗斯的义务论进行了分析研究。钱姝璇研究了罗斯的义务论思想,她指出,罗斯的正当与善的关系理论是在探讨康德与西季威克等人对正当与善在不同的伦理学理论中的不同作用和地位的基础上提出来的。罗斯是直觉主义者,认为正当与善这两个概念都具有自明的性质,然而这两者的关系却不是自明的,正当的不是善的,善的不是正当的。罗斯通过对显见义务与实际义务的区分,提出了一种既不同于康德的义务论也不同于功利主义的善与正当的关系论。④

4. 德性伦理

当代德性伦理学是在对近代以来形成的规范伦理学的反省与批判中复兴的。

———————————

① 徐作辉. 从马克思的"权利不平等"到罗尔斯的"差别原则"[J]. 南昌大学学报(人文社会科学版),2014(5)

② 徐大建、任俊萍. 功利主义究竟表达了什么? ——从罗尔斯对功利主义与正义论分歧的论述契入[J]. 哲学动态,2014(8)

③ 常春雨. 基本善品还是能力? ——阿马蒂亚·森对罗尔斯平等物主张的批评和超越理论视野[J]. 国外理论动态,2014(12)

④ 钱姝璇. 罗斯的善与正当[J]. 江西社会科学,2014(2)

麦金太尔作为当代美德伦理学的重要思想家,始终是国内学术界关注的重点。2014年,对麦金太尔思想的研究可谓著述颇丰,可谓德性伦理学研究中的主流。除了对麦金太尔思想的研究,学界还对其他当代美德伦理学家的思想进行了介绍与分析。

（1）麦金太尔思想研究

何奇玉从伦理学的维度解读了麦金太尔视角中的美德与实践。首先,回溯麦金太尔美德与实践思想的渊源,分析其思想提出的历史背景和现实图景,厘清其与亚里士多德美德传统的联系;其次,紧紧围绕麦金太尔的原著,提炼出关于美德与实践的思想,萃取其中精华;再次,在详细阐述美德与实践的定义与联系之后,指出其面临的质疑与挑战;最后,在深入分析其美德与实践思想的基础上,指出其思想的特点和局限,找出其思想中可供借鉴的精华,为我国社会当前的道德建设提供指导意义,也为如何对待传统美德提供启示。①

徐妃妃也对麦金太尔的美德与实践概念进行了批判性研究。她指出,实践概念是美德概念的基础,然而实践概念的优秀标准具有的理想性、先在性、普遍性与封闭性与美德实践的现实性、约定性、情境性与创造性产生冲突。麦金太尔认为,协作性实践为最重要的实践途径,却忽视了竞争、辅助与独立等实践途径,导致美德获得的贫乏。实践概念最重要的内在因素是实践的内在利益,但片面强调内在利益的后果则造成美德实践动力不足、美德概念的空洞化、模糊化等问题。回归目的论是麦金太尔建构美德概念的核心任务,然而,个体善与共同善都存在着虚幻性。另外,如何从个体善跨越到共同善,美德实践没有给出答案。②

周云杰从整体上研究了麦金太尔的美德观。他从麦金太尔对现代西方道德现状的反思入手,分析了麦金太尔对美德观的历史进行的考察,以及麦金太尔美德观建构的主要关系,同时具体阐释了麦金太尔美德观的进一步发展完善过程,展现了麦金太尔在研究美德伦理方面实事求是的态度及其历史主义研究方法的运用。具体分析了麦金太尔美德观的历史地位及现实意义。根据麦金太尔美德观的具体立场,说明了麦金太尔美德观的理论贡献和理论缺陷,并且指出了麦金太尔美德观对生活实践、自我美德、个体美德与群体规范以及传统美德的再生的重要价值。③

同时,学界对麦金太尔的正义观也给予了极大的关注。姜丽梳理了正义观念的理论来源,她认为麦金太尔通过批判新自由主义正义理论,构建了自己的正义理论,即一种根植于历史传统的德性正义和社群主义正义理论。有充分的文本根据

---

① 何奇玉. 论麦金太尔视角中的美德与实践[D]. 华中科技大学,2014
② 徐妃妃. 金太尔美德实践研究[D]. 湘潭大学,2014
③ 周云杰. 麦金泰尔美德观及其现实意义[D]. 曲阜师范大学,2014

和学理证据可以表明,亚里士多德、黑格尔、马克思和阿奎那等人对之产生了较大影响。他接受并改造了亚里士多德的德性正义和社群主义思想,从马克思主义那里,他吸取了社会实践和社会历史理论。黑格尔的伦理共同体思想以及人与历史关系理论对麦金太尔的正义理论产生了一定的影响。通过对阿奎那思想的分析与阐释,则赋予了麦金太尔的正义理论一种超越性的基督教神学维度。①

姜丽同时还进一步对比研究了麦金太尔与马克思的正义观理论。她指出,马克思和麦金太尔虽没阐述系统严谨的正义理论,但他们对社会正义问题都有深切的关照和深入的思考。马克思和麦金太尔在探讨社会正义问题时有共同之处,但又有本质的区别。通过对正义的首要对象、正义的逻辑起点、正义实现的途径以及正义的旨向等方面进行比较,从理论上厘清马克思与麦金太尔在正义观上的紧密联系和不同的学术见解,可为我们社会正义观培育与建构提供多元视角和借鉴意义。②

谢畅分析了麦金太尔的德性正义观,他指出麦金太尔把正义界定为个人建立在德性实践合理性基础上的一种内在能力、品质和美德,强调只有拥有德性的人才能更好地制定和运用规则,只有这样的德性才能在维护分配正义方面发挥更大的作用。麦金太尔主张回归亚里士多德德性正义观,以恢复正义维护个人德性的功能与作用。麦金太尔把德性重新确立为正义研究的价值尺度,再现了个人德性维护分配正义的功能和重要地位,虽然他对制度正义理论的批判并未触及资本主义的根本价值体系,但总的来说,它的合理性大于不足。麦金太尔德性正义观对解决当前我国日益突出的分配正义问题具有一定的启示作用和借鉴价值。③

此外,还有不少学者对麦金太尔与马克思的思想进行了对比性研究。张晓研究了马克思对麦金太尔的理论影响,进一步指出麦金太尔早期曾积极参与英国新左翼运动,并较为系统地研究过马克思主义,提出了一系列在当时具有广泛影响的马克思主义的人道主义观点。麦金太尔曾力图将马克思主义的革命观与他个人的道德信念结合在一起,探索一条独特的、富有阶段化特征的社会主义的人道主义道路。然而,随着对阶级革命和斗争失去信心,麦金太尔最终放弃了马克思主义,转向纯粹的道德理论研究。④

（2）赫斯特豪斯思想研究

美德伦理学复兴之后一样面临诸多批评,其中之一是其以行为者为中心而不关心行动,所以无法给伦理行为提供行动指南。赫斯特豪斯对此问题进行了常识

---

① 姜丽. 麦金太尔正义理论思想渊源探析[J]. 哲学论丛,2014(5)
② 姜丽. 马克思与麦金太尔之正义观:比较与启示[J]. 北方论丛,2014(2)
③ 谢畅. 麦金太尔德性正义观研究[D]. 湖南师范大学,2014
④ 张晓. "未知的麦金太尔"及其再发现[J]. 国外理论动态,2014(12)

性解答,2014年国内学者们进一步对赫斯特豪斯的美德伦理学进行了研究。

周玉梅分析了赫斯特豪斯的规范美德伦理学的主要内容,并论证它们之间的内在逻辑关系及其伦理学意义,阐明了赫斯特豪斯提出的美德规则的弱公度性及其意义。赫斯特豪斯的规范美德伦理学强调规则和情感、理性和感情的和谐统一,让行为者能在努斯和逻各斯方面都提升自己,达到更完满的德性。对于德性的作用,赫斯特豪斯强调人类理性让人们自由地按照自己认为合理的方式来生活,在一定程度上支持文化的多元性。这种意义上的亚里士多德式的自然主义不会打破各种文化的内在底线,不会造成各种文化和观念的剧烈冲突。①

李义天同样对这一问题进行了研究。他指出,作为当代规范伦理学的主要类型,美德伦理学同规则伦理学一样关注"正确行为",并提出了相应的行为理论及其论证。根据新亚里士多德主义美德伦理学代表人物赫斯特豪斯的看法,正确的行为是美德行为者在道德情境中将会典型采取的行为,而美德行为者则是那些具有实现幸福或繁荣所需要的内在品质的行动主体。美德伦理学对正确行为的指导,是以源自美德行为者的内在品质但又体现为一定程度的"美德规则"作为基本形态的,而并不主张或认同法典化的决策程序。面对道德困境,美德伦理学通过区分行为指南、行为评价以及可以解决的困境、不可解决的困境,揭示出美德行为者可能面临的四种困境类型,表现出行为者在实际的道德情境中不一而足的行为状态与心理状态。②

(3)其他美德伦理学研究

陈真研究了关爱伦理学,并进一步认为关爱伦理学是一种情感主义的美德伦理学。关爱伦理学是西方上世纪下半叶伴随女性主义运动的兴起、道德教育心理学的发展而产生的一种试图与西方主流道德理论相抗衡的规范伦理学,它强调具体情境下的关爱关系、关爱、体验、响应或响应能力等,而不是抽象、普遍的道德规则。它的内容包括许多不确定性,颇有争议,但只有将其理解为一种情感主义的美德伦理学,它才能成为一种有前途的规范伦理学。③

周莹研究了克里斯婷·斯旺顿的美德伦理学思想。斯旺顿认为美德伦理学作为一门指导人们行为的科学,其独特性表现在对幸福的追求和对美好生活的向往,而美德正是构成这种美好生活的核心。她将行动的正确性诉诸"美德目标",试图克服赫斯特豪斯的"有资格的行动者"理论与斯洛特"以行动者为基础"理论的缺陷。美德作为对世界的回应,必然对世界产生影响。斯旺顿将行动者满足这个世

---

① 周玉梅.论赫斯特豪斯的规范美德伦理学思想[D].复旦大学,2014
② 李义天.正确行为与道德困境——赫斯特豪斯论美德伦理学的行为理论[J].吉首大学学报(社会科学版),2014(9)
③ 陈真.关爱伦理学与情感主义美德伦理学[J].伦理学研究,2014(1)

界的需求时的道德立场视为诸美德的形式,这种形式包括三个方面,即美德的客观性、美德要求和道德约束。斯旺顿认为美德不仅包括目的论的元素,也包括非目的论的元素,以为行为的正当性提供美德维度的辩护,这在某种程度上,回答了美德伦理学无法为行为提供指导的诘难。①

颜岩分析了阿格妮丝·赫勒的伦理学,认为赫勒的道德理论意在阐明"好人存在,但好人何以可能存在?"这一道德哲学基本问题。"人类条件"的理论揭示了现代人普遍的生存境遇以及所面临的道德悖论,将偶然性转变为自身的命运,才能安身立命,避免人类社会终结。道德主体必须做出关于存在的选择,由一种道德的特性状态跃迁至个性状态。道德理论应有效"接合"规则伦理学和美德伦理学,揭示人类道德谱系和伦理生活的多样性,借助实践智慧为人们展示一种"好生活",并将伦理批判引向社会制度的领域。②

5. 其他伦理思想

2014 年,学界除了对以上四个方面进行了研究与讨论之外,还对其他哲学家的伦理思想进行了分析。王嘉分析了阿玛蒂亚·森的理性同情理论,认为阿玛蒂亚·森较好地解决了亚当·斯密提出的利己与利他的矛盾问题。他认为,在西方主流经济学理论中,只有明确地从自身利益出发,才被认为是理性的选择。为他人利益着想的心理或行为,如同情心理或行为,则因其与自利不相容而被认为是非理性的。王嘉指出,阿玛蒂亚·森分析出了同情心理或行为中的利己主义因素,如果对他人的同情或关注他人的利益达到了提升自身福利的目的,那么同情也可被纳入自利的范畴。通过这种分析反驳了将理性仅限于自利心理或行为的观点,为经济学以及伦理学理论在利己利他、经济建设与道德情感上的问题提供了新的视野。③

胡丹丹、韩东屏对比分析了马克思与阿玛蒂亚·森的人的发展理论。他们指出,马克思以深邃的历史洞见揭示人的发展问题的历史必然之道——以发展旨向自由,并将人的发展蕴含在人类解放的大视野里,他的主张始终影响着人类进步与社会发展。阿玛蒂亚·森则以明睿的现实眼光来审视人的发展问题的可行之道,以自由看待发展,在既有的社会形态下改良社会安排,着重强调弱势阶层提升个人能力以自我解救。他们都以人为主体,立足于自由对人的发展有着不同诠释,并对

① 周莹. 斯旺顿的美德伦理学研究[D]. 南京师范大学,2014
② 颜岩. 规则伦理学与美德伦理学之间——评阿格妮丝·赫勒的道德理论[J]. 马克思主义与现实,2014(2)
③ 王嘉. 阿玛蒂亚·森"理性的同情"[J]. 道德与文明,2014(5)

探索研究人的发展问题皆具启示。①

陈肖东、王国豫分析了桑德尔开创的社群主义伦理学。他们认为,社群主义是强调以社群为基础的伦理,公民追求公共的善,警惕由市场经济引发的市场化社会,反对科技对人的过度干预。他的伦理学是在批判地继承以往伦理学思想、致力于解决当代道德困境、聚焦于对未知世界前瞻等条件下产生的。其伦理思想中涵盖的反对自由至上主义的社群主义、改良市场经济的共同善理念、约束高新科技的反完美倡议等主要内容,对促进国家的公正和谐、推动社会的有序发展、维护人的神圣尊严等具有积极的作用。②

揭芳对石里克的善观念进行了研究,并将其与功利主义的善观念进行对比。她指出,在石里克看来,伦理学的使命就是要对"善"做出因果解释。所谓"善",就是社会要求和希望人们做的,有助于促进人们的幸福和自我生存的行为方式。它之所以为"善"的根据就在于合乎人类追求快乐的本性。与功利主义相较而言,两者都将"善"的根据置于人类追求快乐的本性之上,具有快主义倾向,但石里克以"社会欲望"的存在确保社会要求与个人快乐追求之间的一致性,在理论构建上更加圆融。③

尹金萍研究了查尔斯·泰勒的认同伦理思想。她指出,从存在论角度,泰勒把人理解为语言的存在、共同体的存在、社会想象的存在;从方法论角度,泰勒把语言哲学和解释学融入对作为价值承载者的人的理解之中,形成了具有诠释性特征的哲学人类学;从价值论角度,泰勒的认同伦理思想以善和自由作为核心价值。善作为人存在的本质条件,对于人具有构成性作用,是作为意义与价值存在的精神栖居之所。解决现代认同危机最关键的就是,如何链接现代自我与其道德根源,重新找回现代人生存中失落的精神维度。泰勒深入分析内在自我与其道德根源的转换,以视域融合的新的地平线,通过诠释性自我的重新表达,赋予天主教这一超善以道德力量,重构现代自我认同,为现代自我的心灵寻找慰藉的精神家园。④

① 胡丹丹、韩东屏. 以发展旨向自由与以自由看待发展[J]. 湖北大学学报(哲学社会科学版),2014(5)
② 陈肖东、王国豫. 桑德尔社群主义伦理思想解读[J]. 渤海大学学报,2014(5)
③ 揭芳. 石里克论善——兼与功利主义善观念比较[J]. 广西大学学报(哲学社会科学版),2014(8)
④ 尹金萍. 自我诠释与善——查尔斯·泰勒认同伦理思想研究[D]. 黑龙江大学,2014

应用伦理学研究

一、一般问题

2014年,应用伦理学领域出现了很多新的研究热点与话题,与之相伴的是新的道德难题的出现。为了回应这些道德困境,有些学者将责任伦理的思维应用于具体的应用伦理学领域,但是多元化的道德语境导致许多致力于构建道德体系的努力付之一炬。在此情况下,恩格尔哈特主张的只有基于同意才能干涉他人行为的允许原则,成为一些学者青睐的理论,认为允许原则有助于为解决道德困境提供基本的原则和依据。此外,世界主义也成为一种难以忽视的潮流,世界公民成为一种新的道德身份,这意味着人类群体的每个个体间都彼此存在着普遍的道德关系和道德责任。以上这些理论都是2014年应用伦理学领域在理论上的发展,为应用伦理学这一学科的深化与完善做出了重大的努力。

1. 应用伦理学的前沿与热点

与一般伦理学相比,应用伦理学本身就是伦理学发展的热点所在。近年来,随着经济与技术的进步,具体语境中的伦理问题呈现出日益复杂多样的趋势,经济伦理、政治伦理、生态伦理、生命伦理等应用伦理学的分支领域结合现实的道德难题得到了深化与扩展。

在《当代伦理学前沿检视》一文中,万俊人总览和检视了伦理学这一学科的发展前沿。他认为,同伦理学的基本理论研究相比,当代应用伦理学的迅猛发展更能显示和代表伦理学的前沿状况,前者是后者活力的主要生长点和能量源。与一般的伦理学相比,应用伦理学具有区域化、专门化和职业化的特征,比如经济伦理、政治伦理等;其次具有科学技术化的特征,比如生命伦理学等;此外还具有跨学科的特点,跨学科交融是当代应用伦理学快速扩展的主要助力。

当代应用伦理学的前沿问题主要集中在以下七个方面:其一,经济伦理。随着经济伦理研究的不断深入和拓展,经济伦理的研究不仅被日益主题化为当代应用伦理学的主战场,而且也开始朝若干重大而复杂的课题不断深入。例如,资本道德与道德资本问题;商业普遍诚信的制度化建构问题;现代经济制度本身的伦理学反思问题;贫穷、饥荒、经济救济和公益慈善问题等等。其二,政治(公共)伦理。当代政治伦理的前沿发展正酝酿着至少三个明显变化:越来越聚焦于现代社会的公共化结构转型及其对社会公共伦理规范和秩序的重新建构;越来越多地采取公共管理伦理的建构方式;越来越具有跨学科的综合性质。其三,生态伦理。当代生态伦理主要沿着两个相互交织的方向展开:一是同时性的横向研究,即面对日益严重的生态环境危机,不同国家和地区应该如何承担恢复和保护生态环境的环保责任;二是历时性的纵向研究,即如何寻求生态环境之利用和保护的代际公平。其四,生命(医学)伦理。当代生命(医学)伦理的前沿发展主要随着一些生命医学科学的新发明、新技术应用而展开,包括生命概念的体认、生命器官移植和克隆的道德伦理界限、临终关怀、基因改造、胚胎伦理、性别选择伦理、生育伦理和优生学、安乐死等问题。其五,网络(信息)伦理。由于网络(信息)伦理的虚拟性和高度技术化特点所致,其研究起步较晚。迄今为止,人们发现至少有两个问题是极为麻烦的:一是网络信息的利用与规范约束之间的脱节问题;二是网络虚拟世界的自由创制与社会管理之间的脱节问题。其六,女性主义伦理。当代女性主义伦理学主要有以下伦理主张:第一,反对将自然的性别差异作为社会的性别不平等的原因或解释托词;第二,发挥女性主义"柔性哲学"的独特优势,提出了诸如"关怀伦理"、"爱的伦理"等新的伦理学理念和主张;第三,从女性自身独特的生命体征和性情取向中,发现并证成一系列新的道德伦理的主要范畴。其七,全球伦理。近十多年来,全球伦理的研究在世界各地迅速展开,并沿着多种理论路径和思考方向不断深入,比如有关世界贫穷、饥饿、战争与自然灾难的人道主义讨论,关于非洲援助、非核化、缓和地区争端、打击恐怖主义的国际合作的讨论等等。①

李建军翻译了荷兰哲学教授马库斯·杜威尔的《应用伦理学的发展及其面临的根本性挑战》,该文章认为,应用伦理学在近代哲学语境中逐渐发展成为一门严肃的学科。过去几十年在欧美的公众和学术辩论中发挥着极其重要的作用,生产生活的几乎所有领域都成为其辩论的对象。其中,赋予动物以权利从根本上挑战了西方传统的道德基础框架,新技术特别是生命科学变得愈加复杂,影响着人关于自然、人与动物的关系以及人自身的观点。新技术和生命科学语境中形成的挑战要求人们重新考虑人权框架,并在更广泛的哲学理论语境中理解人权问题。为此,必须从深刻反思人权框架和人权尊严的概念入手,将致力于让每个人过自主的生

---

① 万俊人. 当代伦理学前沿检视[J]. 哲学动态,2014(2)

活作为辩论的起点。①

任丑则认为,人权问题是当前应用伦理学急需回应的问题。随着理论伦理学向应用伦理学转向,人权理念由理论伦理学视域进入了应用伦理学的视域,由于理论伦理学视域的人权问题尚未得到很好的回应,应用伦理学视域更为复杂难解的人权新问题又接踵而至,结果疑难重重的人权问题就成了应用伦理学必须破解的斯芬克斯之谜。在《人权应用伦理学》一书中,任丑指出,应用伦理学视域内的人权是每一个人都应当拥有的普遍性的共有权利。人权是权利主体通过民主商谈对话、寻求共识的合道德程序,相互尊重其自由自主地设想、选择、安排、践行其各自人生理念、生活方式、伦理秩序等的人人共享的普遍性的道德权利。这种人权不仅是在理论伦理学视域的人权基础上对人权外延的全面扩展,而且是对人权内涵的深化和提升:从静态角度看,它是尊重人性的普遍性道德权利;从动态角度看,它是在冲突、商谈、共识的程序中通过特殊性权利不断丰富自身、完善自身、实现自身的普遍性权利。所有的应用伦理学问题都与人权的价值基准有关,所有应用伦理学领域的争论都涉及人权问题,根据应用伦理学所涉及的研究对象,人权应用伦理学包括人权生命伦理学、人权生态伦理学、人权政治伦理学、人权法律伦理学、人权经济伦理学、人权国际关系伦理学等等。

2. 责任伦理的理论与应用

当代社会发展产生了诸多的道德难题,要解决这些道德难题,需要我们重新反思和检讨传统的道德思维、伦理学理论和道德规范体系的合理性,提出和论证新的道德思维。与传统伦理学相比,责任伦理更关注行为可能导致的后果及其主体对行为负责的道德态度,它为现代社会中的道德行为确定了基本的边界,在应用伦理学的很多分支领域都受到了关注。

杨薇等人认为,约纳斯的责任伦理风险观是从哲学伦理的层面关注技术负面作用给人类未来生存所带来的风险。传统伦理应对技术风险的局限在于:其在大自然非人领域处于伦理中立的立场,非人行为并不构成真正伦理方面的意义;其在空间和时间上具有局限性,关注的是近距离的人类技术行为带来的风险,也不考虑长远未来的风险。而约纳斯的责任伦理主张"决不可拿自然和人类的未来去冒险,要对自然和未来的人类承担责任"。对自然负责,要求我们对传统观念进行重新的思考,充分尊重和保护自然的完整性。对未来的人类负责,要求我们不能因为享受

---

① 〔荷〕马库斯·杜威尔著. 李建军译. 应用伦理学的发展及其面临的根本性挑战〔J〕. 山东科技大学学报(社会科学版),2014(2)

当下的便利而把压力遗留给后代,关注代际之间的公平。①

綦向认为,可以将责任伦理应用在医患关系方面,主要表现在确定医方(包括医疗机构和医务工作者个人)作为责任主体的两个方面的要求,一是应履行的某些职能和应完成的某些任务;二是应承担的相应后果和应接受的社会监督与检查。也可将这两个方面概括为:当事主体的尽责和问责。在伦理学上,医者的尽责不仅是由于对问责的压力和恐惧,更表现在对相应责任的及其后果的道德担当,这种道德担当对医者主体来说是一种内驱动力。将医者的责任问题放置于伦理学视野中思考,可以得出结论,医者要履行好自己的责任,首先要有善的动机,要愿意自觉地尽责;同时又要努力使这种善的动机达成好的结果,要真正能够尽好责任。以责任伦理的视角审视医患关系,就是要厘清医者与患者及其家属之间的责任关系,在尽责与问责两方面下工夫。既要在法律制度层面处理好尽责与问责的关系,又要在道德层面即宣传教育方面使医患双方树立责任意识。②

在王家峰看来,责任伦理在行政伦理中具有重大的意义。行政伦理所要求的价值意识,首先应当是一种责任伦理的意识。根据韦伯的观点,一切有价值取向的行为可分为按照信念伦理的准则行动的行为和按照责任伦理的准则行动的行为。前者强调行为的伦理价值只在于行为所取向的信念之中,后者则强调行为的价值在于需要考虑其可能导致的后果并对之负责。与传统信念伦理所要求的至善目标不同,责任伦理所要求的不是实践一种最高的善,而是要阻止一种最大的恶,"不伤害"因之成为责任伦理最核心的价值原则。"不伤害"原则只是现代伦理的一种"最低纲领",它为现代社会中的道德行为确定了基本的边界,以这种视角来看,对行政之"恶"的正视突出了行政伦理应当是一种责任伦理的属性,应当预防和阻止行政之"恶"的出现。责任伦理在行政领域中的关键应用在于,在行政官僚的技术理性思维中灌注包含价值理性的责任意识,这使得责任有必要成为建构行政伦理学的关键概念。从现实来看,其可行性在于:一方面,责任是民主政治和公共行政中最为重要的词汇,政府的结构与过程就是按照一个与回应性有关的责任链条设计出来的,政府的日常运作与公共行政也是以这种责任链条为基础。另一方面,在组织管理过程中,责任也是其核心术语之一,行政组织本质上是分工协作的体系,组织为其成员设定相应的职责,其作用就在于将任务分解成既相互联系又相互独立的部分,并要求成员对之负责。③

---

① 杨薇等. 约纳斯责任伦理风险观内涵研究[J]. 科技管理研究,2014(5)
② 綦向. 责任伦理与制度伦理视野下的医患关系研究[J]. 理论观察,2014(10)
③ 王家峰. 从责任伦理到商谈伦理:行政伦理的边界与框架[J]. 伦理学研究,2014(1)

3. 道德多元化与道德冲突的解决

道德多元化是后现代伦理学的基本特征之一,与之伴随的是日益严重的道德冲突和无序的道德现状。当代哲学家都看到了道德多元化的现状,并提出了解决的对策。例如,麦金泰尔认为,现代性道德困境的出现,根本原因在于德性伦理的边缘化而使社会进入所谓的"德性之后"的时代。因此,他以文化拯救者的姿态给自己提出了任务:识别和描述过去已丧失的道德,重述并恢复亚里士多德主义的传统道德。而罗尔斯则以设立无知之幕为开端,论证了两个正义原则,试图为社会制度的公正安排提供理论依据。在应用伦理学领域,颇受人们关注的解决方案是恩格尔哈特提出的允许原则。

郭玉宇在《道德异乡人的"最小伦理学"——恩格尔哈特的俗世生命伦理思想研究》一书中重述了基于允许原则的生命伦理学。恩格尔哈特的俗世生命伦理学构建在道德工程坍塌的基础之上,他认为,在道德多元化的语境下,如果伦理学还有继续存在的理由,而人们又无法通过理性论证或信仰来确定一种个别的、具体的道德观作为唯一的标准,那么,现在应该确立的就是允许原则。这就意味着,道德内容和道德指导的一般俗世权威的唯一来源就是同意。恩格尔哈特所表述的一般伦理学是一种程序性的伦理学,没有具体的道德内容。这也体现了对个人自由的尊重,所有关涉到具体道德个体的行为需要征得当事人的同意。在作者看来,这样一种伦理学是一种次级的道德相对主义,其积极意义在于,促使人们去正视多元化的显示,去关注处于不同道德体系的个人的自主权,表达了对多元化的道德共同体的尊重与宽容,最重要的是为现代性道德冲突与困境的解决提供了基本的原则。①

周麟认为,恩格尔哈特提出的解决伦理决策分歧的允许原则,对医生和患者的道德异乡人身份的相遇情况有重大的启示意义。虽然医学和技术的进步提升了人类对抗病痛和死亡的能力,但同时也引发了对其适用性的怀疑,患者权利与医生家长主义成为主要矛盾。允许原则主张,凡涉及别人的行动必须得到别人的允许,要通过相互协商建立中立框架来解决争端。其对现代医患矛盾的启示在于:医方和政府决策者正视患者的意见、倾听患者的要求;努力建立多级医疗保健制度,为异乡人提供可供操作的医疗保障;建立道德异乡人之间的合作,医患双方必须重新寻找共同的身份和目的意义,确保不变成对抗性的"道德敌人"。②

---

① 郭玉宇. 道德异乡人的"最小伦理学"——恩格尔哈特的俗世生命伦理思想研究[M]. 北京:科学出版社,2014
② 周麟. 恩格尔哈特"允许原则"及启示——基于医患矛盾的对治[J]. 湘潭大学学报(哲学社会科学版),2014(6)

4. 世界主义伦理的建构与发展

随着全球共同利益的深入拓展以及全球共同问题的不断出现,具有深厚思想渊源的世界主义被认为对人权、全球分配正义与社会正义、贫困、人道主义、移民和全球治理等议题愈加具有诠释力。

张永义在《当代世界主义思想形态析论》一文中提出,在一般意义上,当代世界主义认为无论具有何种肤色、文化、信仰、民族或国家等身份属性,人类的所有个体皆具有超越自身社群与文化认同的共同人性。每位个体都应该拥有道德意义上的平等和尊严,当然也都享有终极的道德价值,都是道德关怀的终极单元。这意味着世界主义在整个人类群体的层面上将个体界定为普遍意义上的世界公民。因此,人类群体的每位个体之间都彼此存在普遍的道德关系和道德责任。当代世界主义的主要思想形态总体上可以分为伦理世界主义、道德世界主义、法律世界主义、制度世界主义、政治世界主义、正义世界主义和文化世界主义。与其他思想形态相比,伦理世界主义可能是一个最难界定的概念。对伦理世界主义有四种不同的运用。一是胡夫特语境的伦理世界主义,是一种政治哲学的世界主义,一种"全球伦理的哲学";二是肯尼的伦理世界主义,认为伦理世界主义是一种关于善的诉求,所有个体皆为世界公民,幸福生活未必遵循个体所在社群的传统生活方式,对幸福生活的追求应当吸收其他文化的特质;三是贝茨指称的伦理世界主义,认为道德世界主义亦可称作伦理世界主义;四是博格语境的伦理世界主义,这是一种被较多采用的伦理世界主义的理解方式。所有的世界主义形态都持有普遍人权观,普遍人权观内在地包含着与世界主义共通的道德平等主义、道德个体主义和道德普遍主义,甚至人权理念的扩展也被视为"一种世界主义的新形式"。①

二、经济伦理

随着国家经济水平不断进步,经济伦理学也越来越受到广泛的重视。概而言之,既有对已有著作文献的深入研究和拓展,也有对新时期新问题的提出和解决;既有对经济伦理学核心问题的深入,也有对于社会热点问题的解决和展望。从总体研究成果上来看,无论是经典研究,还是社会研究都内容丰富、角度多样。从纵向来看,西方的经济伦理学思想依然是主流,而从中国历史和思想出发的经济伦理学思想还比较欠缺,有希望在未来的研究中进一步完善。

---

① 张永义. 当代世界主义思想形态析论[J]. 教学与研究,2014(11)

1. 马克思主义经济伦理

尽管社会在不断地发展进步,但是经典著作和思想在不同的时代历史下也不断有新鲜的解读与深入。2014 年的经济伦理学研究仍然不乏对经典著作和思想的重新深入解读,经典的经济学、伦理学文本依旧是学者研究的热门之一。学者们通过对于经典著作的研读与分析,将经典赋予了新的时代意义,同时经典著作的研读不仅进一步解决理论问题,对于很多新的社会实践也有指导的意义。

(1)《资本论》

《资本论》一直是马克思经济学思想的集中体现的代表作,万冬冬就从《资本论》及手稿出发寻找其中的生态意蕴。他认为,马克思在《资本论》及其手稿中以历史唯物主义为根本方法,以劳动价值论为起点,以物质变换为主线,以人和自然的双重解放为旨归,从资本逻辑的视角去认识资本主义社会人与自然的矛盾。资本主义生产方式在人与自然之间的物质变换过程中制造了一个"无法弥补的裂痕",导致人与自然关系的异化和严重的生态危机。资本主义生产的本性是反生态的,资本主义制度是造成人与自然矛盾的根源。只有变革和超越资本主义制度,彻底瓦解资本的逻辑,才能最终实现人与自然的和解以及人本身的和解。①

肖庆生也对《资本论》进行了深入的挖掘和分析,他认为,《资本论》的哲学意蕴是国内外马克思主义哲学研究的基础性课题。在当代学术先进国家的《资本论》哲学研究当中,解释学的意识日益强烈,学者们自觉从本民族的文化特质出发,面向世界历史的宏观时代特征,进行《资本论》解读与哲学研究的视域融合。在改革开放和融入全球化的背景下,跻身世界民族之林的中国要与世界相接轨,重返人类文明的大道,中国马克思主义哲学研究要与世界哲学对话。中国的《资本论》研究,也应直面作为人类终极关怀理论化产物的"一般哲学",回应存在论、认识论、逻辑学和价值论向《资本论》所提出的具体问询,从而以《资本论》为文献地基,建构符合时代精神的历史唯物主义大写的哲学。②

(2)"新教伦理"与"资本主义精神"

马克斯·韦伯的"新教伦理"与"资本主义精神"也是经典著作思想的重要组成部分。安素霞学者认为,在马克斯·韦伯看来,"新教伦理"与"资本主义精神"具有高度的"亲和性"。马克斯·韦伯甚至认为,在某种程度上,不以新教作为主流价值的区域不能生产高度发达的资本主义。虽然他并不认为新教伦理直接导致了资本主义的发展,却未认识到新教伦理直接导致了资本主义的发展,未意识到新教

---

① 万冬冬. 人与自然的矛盾及其和解:《资本论》及其手稿的生态意蕴[J]. 学术交流,2014(4)
② 肖庆生. 马克思资本批判的哲学内涵[J]. 北方论丛,2014(3)

伦理与资本主义精神的契合具体历史阶段性。事实上,这种亲和性更大程度上源于二者具有相同的时代文化背景,是同一社会发展的产物。安素霞还认为,新教伦理和资本主义在一定历史背景下互相促进和发展,但是在某种程度上也是相互背离的。①

另外,易畅和安素霞也对"新教伦理"与"资本主义精神"的理性关系进行了深入的研究。他们称,韦伯悲观地认为资本主义的财富将"变成一只铁的牢笼",担忧"专家没有灵魂,纵欲者没有心肝"。虽然他并没有明言新教伦理是资本主义工业发展的直接原因,但也没有明晰二者的完全相隔性。事实上,宗教改革后以禁欲主义为祝英台特征的新教伦理精神和资本主义的胜利分别是欧洲中世纪后期,尤其是16世纪以后社会发展中的两个不存在直接因素关系的社会行动,是从欧洲文化和价值观的背景中相对独立发展而又相互影响的两个方面。随着时间的推移,新教伦理和经济伦理必然出现背离,也许会出现新的宗教伦理和新的经济伦理的契合。②

(3)"经济人"

亚当·斯密的"经济人"理论也是研究的重点之一。路日亮学者就将"经济人"和社会现实相结合,深入了对于"经济人"的理解。他认为,"经济人"是市场积极的产物。在利益的驱动下,"经济人"的趋利行为有时会严重破坏生态环境。在社会主义初级阶段,坚持和完善社会主义市场经济体制是我国经济制度的要求。党的十八届三中全会通过《关于全面深化改革若干重大问题的决定》,一方面提出使市场在资源配置中起决定作用,另一方面又提出建立系统完整的生态文明制度体系,用制度保护生态环境。这两个问题实际上涉及市场与政府在资源利用、环境保护中的关系问题,也涉及在市场经济条件下怎样限制"经济人"对生态环境的破坏问题。认真研究这些问题,既有利于社会主义市场经济的健康发展,也有利于生态文明有序发展。③

(4)《21世纪资本论》

孔智键和张亮两位学者对于2014年关于《21世纪资本论》的学术研究进行了总结。他们认为,2014年,国内马克思主义哲学研究呈蓬勃发展之势,其中《21世纪资本论》的哲学效应、分配正义问题等在讨论尤其值得关注。在《21世纪资本论》与《资本论》关系之争上,法国学者托马斯·皮凯蒂的《21世纪资本论》英文版和中文版在2014年问世,一时间成为学界的畅销书。作者对自18世纪工业革命

---

① 安素霞."新教伦理"与"资本主义精神"的理性关系解析[J].河北学刊,2014(3)

② 易畅、安素霞."新教伦理"与"资本主义精神"的理性关系[J].山西师大学报(社会科学版),2014(4)

③ 路日亮.市场经济条件下"经济人"的生态缺陷[J].山东社会科学,2014(6)

至今的财富分配数据进行分析,揭示了资本积累收益高于经济增长收益的现象,表明了资本主义发展过程始终伴随着财富不平等的加剧和贫富差距不断恶化的历史趋势,重磅回击和驳斥了新自由主义及主流经济学的错误信条,在全球范围内产生重大的反省。我国哲学界对此保持广泛的关注。有学者对这一著作的理论价值给予高度肯定,认为其有力回击了新自由主义的信念,揭示了资本主义财富分配不平等的内在原因,提出了现代经济学的资本立场和形而上学的方法,"是经济学回到马克思立场的一场革命"。一些学者认为,这一著作延续了马克思《资本论》的内在主题,是"当代的《资本论》"。针对这一观点,一些学者提出不同意见,认为虽然二者书名上有某种相似性,但在核心思想和政治立场上存在天壤之别:一方面,皮凯蒂错误地将资本理解为"物",掩盖了资本的本质属性,因而没有从根本上揭示资本主义财富分配不平等的内在根源,陷入分配决定论的窠臼之中;另一方面,在政治立场上,皮凯蒂虽然反对新自由主义,但在本质上与前者殊途同归,他既不反对资本主义民主,也不反对资本主义制度本身,而是寄希望于改良主义,建构一个更加公正的社会秩序,从这个角度上而言,皮凯蒂绝不会是马克思的"同路人",《21世纪资本论》也无法取代马克思《资本论》成为新时期人们理解当代资本主义的指导范式。①

(5)其他伦理思想

李繁荣和韩克勇深入探讨了马克思国际贸易思想的生态蕴含及其现实意义。他们认为,国际贸易的发展对当今世界每一个国家经济社会的发展发挥了重要作用。基于马克思国际贸易生态可持续发展视角对贸易理论和贸易实践发展两方面进行反思,对于各国尤其是发展中国家理性发展对外经济贸易有重要意义。马克思主张自由贸易,人口的不断增长,交通和工业的发展促进世界市场的建立和完善,资本的集中对更大市场的要求都是国际贸易产生和发展的原因。马克思的国际贸易政策观包含两个部分,一是自由贸易政策观;一是保护贸易政策观。马克思认为,所谓的自由贸易,其实就是资本的自由。②

2. 中国传统经济伦理

尽管西方的经济伦理和社会现实问题是2014年研究的主流,但是有关中国哲学思想和经济伦理的优秀研究也展现了出来。学者们通过对儒家、道家等经典哲学思想的解析论证了其在经济伦理学中的作用。

---

① 孔智键、张亮. 聚焦《21世纪资本论》分配正义[J]. 中国社会科学报,2014(12)
② 李繁荣、韩克勇. 马克思国际贸易思想的生态蕴含及其现代意义[J]. 福建论坛(人文社会科学版),2014(12)

（1）儒家思想与经济伦理

儒家思想是中国思想的主流,儒家思想常常被打上重义轻利的烙印。但是儒家的经典文本和代表人物其实在宣扬义的同时也并不是完全的抛弃利益的。

崔宜明从儒家经典人物孟子的义利观出发,认为孟子其实有两种"义利关系"学说:"以义制利"说和"唯义无利"说。但是,在思想史乃至当代中国的伦理学史研究中,人们好像只记住了一句"何必曰利,亦有仁义而已矣"(《孟子·梁惠王上》),也就是"唯义无利"说。他认为,孟子并不是只说"仁义"而从不言"利"的,他在道德上承认过个人利益的正当性,也是追求个人的正当利益的。他还在文中解释了孟子心目中的那个衡量个人利益正当与否的"道"的双重意思,强调了孟子义利关系学说中的两个问题,一是对"社会交换"的理解,二是关于生活方式的道德正当性问题。①

邵龙宝也就儒家的经济伦理思想进行了深入的探究。他认为,经济伦理是一个现代概念,探讨儒家的经济伦理思想有着极其深刻的意蕴,因为现代经济伦理思想离不开历史和文化传统的演化,儒学作为传统文化的表征和主流,在中国历史的长河中对社会经济文化产生了深远的影响。要想明智而有效地解释当下中国社会的经济现象和经济行为中的伦理价值意蕴,以指导中国的经济实践的健康发展,决不能忽视对儒学中的经济思想的审视、批判、辨析和挖掘。经济伦理源自于近代西方,这一概念是以知识论形式出现的,儒家的经济伦理思想则没有这样一套知识论的表现形式,但并不能据此认为儒学没有经济伦理思想。在阐释儒学中的经济伦理思想时借用西方的经济伦理的概念和范畴加以诠释和阐发,亦即,将西方的经济伦理的概念范畴以及理论作为一个比较的参照系或坐标是十分必要的,然而这种借鉴必须跳出西方的思维模式和框架,一边超越自我中心的经济学与无我的伦理学以及我国长期以来经济学界和哲学界各说各话、交流与融通不足之弊端。他还认为,儒家的义利之辨归根结底是服务于宗法家族、国家和天下的秩序稳定的。儒家以诚信为基础的信用规则与现代信用体系在个体人的德性层面相比或许儒商更高,现代信用体系的优势主要表现在形式上和技术层面,它的实质是个体人的诚信德行的水准和制度的双向互动。儒家也有类似与契约精神的立信、征信、结信的制度规范。儒家的礼乐教化的政治智慧源于家族的族规和家教。除了用调均来防止社会分配的严重不均,还在养老、救济弱者、赈灾与社会保障等方面进行制度设计,由此出发来解决传统社会最基本的民生问题。他的文章从"义利与秩序""诚信、契约与效益""贫富、调均与公正"三个方面对儒家经济伦理及其公正理念的中国

---

① 崔宜明.孟子义利学说辨正[J].道德与文明,2014(1)

特色予以辨析和诠释。①

于建东也就传统儒家的公私利益观进行了探讨。他认为,"重义轻利"、"大公无私"是以儒家伦理为主体的中国传统伦理文化的基本价值倾向,这种倾向决定了传统儒家把公共利益置于首位,强调其至上性与优先性,以公共利益为中心协调公共利益与私人利益冲突的基本思路。传统儒家伦理倡导重义轻利、崇公抑私,主张为公利与道义献身,不断压制私人利益。由这种整体主义的精神特质出发,传统儒家的公私利益观展开为义利之辨,理欲之辨、群己之辨等。但在以市场经济为主的现代社会,人们的利益与权利意识得以不断解放,传统儒家的公私利益观不可避免地走向分化。②

张静也就儒家道德思想发表了自己的观点。他指出,党的十七届六中全会指出:"文化是民族凝聚力和创造力的重要源泉,是综合国力竞争的重要因素,是经济社会发展的重要支撑。"中华民族在长达数千年的历史发展中,形成了源远流长的优良道德传统,这些优良的道德传统内容丰富、博大精深。儒家道德思想作为我国传统文化的一部分,对中华民族精神的形成起着重要的作用,其所包含的道德理念和道德精神对当前社会主义市场经济条件下的道德建设和社会主义道德教育有着极其重要的借鉴和启迪作用,是值得我们去重视的精神财富。他在文章中分别从儒家道德思想的基本内涵、市场经济条件下道德滑坡现实和建设的需要以及从儒家道德思想入手进行市场经济条件下社会道德建设三个方面进行了更加深入的阐述。③

另外涂可国也从儒家基本的诚信入手,将诚信伦理与社会经济法律联系起来。他认为,诚信主要分为三点,一是诚实不欺;二是言行合一;三是诚信合一。先秦孔孟儒家重视"诚"与"信",培养人们的诚信习惯与信念是一项重大的道德建设课题。令人遗憾的是,当今中国社会中缺诚失信的不良现象屡见不鲜,造假、贩假、售假、用假的行为比比皆是,涉及生活的方方面面,层出不穷,屡禁不止。而要提高治理水平、培育和践行诚信核心价值观,就应从儒家诚信伦理思想中吸取宝贵的资源。这就既要创造性转换儒家建立在义务、血缘、亲情和友情基础上的诚信思想——荀子所讲的君子"能为可信,不能使人必信己","耻不信,不耻不见信"正是一种出于良知和道义的主观承诺,着力于构建以经济交换为特征的经济诚信,使诚信成为大众化、普遍化的道德存在,又要在全社会大力倡导儒家所阐发的道德诚

① 邵龙宝. 儒家经济伦理及其公正理念研究[J]. 齐鲁学刊,2014(1)
② 于建东. 传统儒家公私利益观及其现代分化[J]. 河南师范大学学报(哲学社会科学版),2014(2)
③ 张静. 儒家道德思想对社会主义市场经济条件下道德建设的启示[J]. 湖南大学学报(社会科学版),2014(2)

信,以弥补法律诚信和契约信用的互利性、交换性的不足,同时致力于建立并完善以契约为基础的法律诚信和社会信用体系,克服儒家诚信伦理单一义务本位的偏颇。树立起权利义务对等的诚信精神,把道德诚信和法律诚信有机结合起来。①

另外,王德胜将儒家的价值观和对消费者 CRS 行为意向联系起来,探索儒家价值观的影响。他通过研究得出了这样的结论:儒家价值观中的五常——仁、义、礼、智、信,作为中国传统文化和民族道德的因子都对消费者的 CRS 行为意向产生显著的影响。这说明社会各界进一步启发消费者的儒家思想和根植于儒家"五常"的价值观。营造和倡导社会的"正能量",将有助于消费者依企业对社会责任履行好坏的评价而产生"货币选票",从而驱使企业产生强大的企业社会责任履践动力。研究结果表明,消费者的 CRS 体验对儒家价值观中的仁、信与消费者的 CRS 行为意向之间的关系产生完全中介的效应,而对儒家价值观中的义、礼、智与消费者的 CRS 行为意向之间的关系产生部分中介效应。消费者的 CRS-CA 信念与消费者 CRS 体验的交互效应对消费者的 CRS 行为意向产生显著影响。除此之外,我们还认为,在今天这样一个"互联互通"的时代,要增强消费者的 CRS-CA 信念,一个企业不仅要修炼好自己履行社会责任的内功,而且要重视自身在社会责任方面与消费者的沟通交流。②

畅钟也将儒家经济学思想重新梳理了一番,并且阐述了其重建的原则和意义。他梳理了儒家经济学的哲学基础和思想脉络。他认为,就儒家经济学之核心内容来看,即是"利者,义之和"中的"利",而就其重建之原则,当有以下两个方面:其一,儒家所言"义",是儒家经济学正当性之基石,此种原则,应当成为儒家经济学的边界之限定;其二,儒家所言"和",即是儒家经济学之开放性。就未来之开放性而言,技术革命所带来的对整个社会的变革以及所带来的经济学从观念到方法实践的一系列变化,此种变迁同样建基于对人性恒定与发展之深刻理解,当仁不让地也应该成为儒家经济学所要重点考察的对象以及研究内容。③

"义利之辨"不仅在先秦时期,在宋代也是儒家的重要探讨对象之一,蒋伟和文美玉两位学者就研究了在哲学伦理视角下宋代的义利之辨。他们认为,义利问题是中国传统伦理学中的一个重大问题,从整体上来说,中国古代的义利之辨在不同的阶段受具体的历史条件的影响而表现出不同的特征,但以儒家为主导的强调"义以为上"的德性主义观点占据着主流地位。宋代由于积贫积弱局势相对严重、商品经济的长足发展、理学伦理本身理论建构的需要和与事功学派之间的论争等具体

---

① 涂可国. 儒家诚信伦理及其价值观意蕴[J]. 齐鲁学刊,2014(3)

② 王德胜. 儒家价值观对消费者 CRS 行为意向影响研究[J]. 山东大学学报(哲学社会科学版),2014(4)

③ 畅钟. 儒家经济学思想之辨析及其重建之原则[J]. 深圳大学学报(人文社会科学版),2014(6)

历史条件的极为复杂,使得此时期的义利之辨显得更为凸显和复杂,呈现出不同于先前义利之辨的诸多特点。两位学者试从当时占主导地位的伦理思想——理学伦理思想的视角对此问题进行探讨,以期对整个宋代的主导义利之辨有整体和明晰的把握。①

(2)道家思想与经济伦理

道家作为中国传统文化的代表之一,在经济上也有自己独特的见解,因此,2014年也有部分学者将道家的思想和经济伦理学联系起来研究其哲学和实践意义,也获得了丰硕的成果。

曹卫国、孟晨和唐琦就合作研究了先秦道家的节俭思想。他们认为,先秦道家节俭思想对中华民族精神产生了重要影响。先秦道家节俭思想产生的时代背景为:上层社会奢侈之风的盛行;生产力的有所发展但仍不足,社会产品供不应求,必须丰年节俭以保障荒年的生存;诸侯国为了争霸和保障国家维持战争的财政需求,必须开源节流并用。先秦道家节俭思想从个人修养、社会物质生活、国家治理三个方面展开,倡导个人寡欲净心、不为杂念所动,社会生活节俭不费财、减少对外界有形事物的需求和索取,统治者克制己欲、无为而治。节俭能起到广财、止战、安民的作用。先秦道家节俭思想的理论内涵包括循道逍遥的核心思想、齐观物论的价值观念、辩证柔胜的思维方式等。先秦道家提出通过杜绝欲望、知足知止、无为不争、天人合一的方法践行节俭思想,已恢复人类无私无欲的本性。时至今日,先秦道家节俭思想尽管存在一些不合时宜的内容,但总体而言,作为反对奢侈浪费的理性消费价值观念,其对于树立合理的节俭消费观念、构建社会主义节俭道德环境、开展节俭养德全民节约的行动、建设实干廉洁的节俭型党政机关,以及构建社会主义生态文明、建设节约型社会,仍有一定的借鉴意义。②

王进也就道教的节俭观念发表了自己的观点。他认为,作为中国土生土长的传统宗教,道教蕴含着丰富的崇简抑奢思想,在漫长的小农经济社会和封建专制政治体制下,道教形成了独特的"节俭观"及其实践方式。道教"节俭观"对于我们当前乃至今后相当长一个时期的各项工作与日常生活均有深刻启示和借鉴意义。他还表示,道教所倡导的"节俭观"不仅对于道教信徒实现清心寡欲、自然无为、慈俭不争的教义生活有着重要作用,而且对于我们实现科学发展,加快建设节约型社会,进而全面建成小康社会也具有重要意义。节俭观念和节俭行为是辩证统一的,二者相辅相成、相互促进;尽管节俭是生活困境下的产物,但摆脱了生活困境的今

① 蒋伟、文美玉.哲学伦理视角下的宋代义利之辨[J].湖南科技大学学报(社会科学版),2014(6)

② 曹卫国、孟晨、唐琦.论先秦道家节俭思想[J].学术交流,2014(12)

天,仍然需要发扬节俭精神;弘扬节俭精神,必须通过法律的、行政的、道德的、教育的、舆论的等渠道和手段,倡导全社会厉行节俭,自觉抵制奢侈浪费的行为;树立科学节俭观,必须继续和发扬我国传统文化的精华,去其糟粕,做到以史为鉴、以人为鉴,鉴往知来,科学发展。当前,面对复杂多变的国际形势和艰巨繁重的改革发展稳定任务,实现"两个一百年"奋斗目标,实现中华民族伟大复兴的"中国梦",强调积极借鉴我国历史上的优秀廉政文化,不断提高拒腐防变和抵御风险能力,学习借鉴道教"节俭观",可谓正当其时,这对于抵制"享乐主义突出,奢靡之风严重"现象,对于反对"铺张浪费,奢靡享乐"的问题,均具有深刻启示和借鉴意义。①

3. 经济伦理的基本问题

"利益和道德"、"效率和公平"是经济伦理学的基本问题,对这些基本范畴的内涵的研究是当前学者的主要工作。

（1）经济与道德的关系

经济生活是否需要伦理道德的控制,伦理学与经济的关系是经济伦理学中的基本问题之一。因此2014年学界对基本问题也体现了重点的重视,很多学者也致力于这方面的研究。

王露璐研究了经济与伦理的内在统一。她认为道德治理不能与"治道德"画上等号,将道德治理之"治什么"简单而狭窄地理解为纯粹的道德问题,是当前道德治理问题上亟待改正的一种认识错误。同时她还利用亚当·斯密、马克思和韦伯的观点揭示了经济和伦理的内在统一。同时她还论证了道德治理的范式转换。她认为秉持经济与伦理内在统一的基本立场,道德治理也应实现从"道德"治理走向"经济——伦理"治理的范式转换。具体而言,这一转换体现在认识范式和实践范式两个层面。其一,在认识范式上,从"道德"治理走向"经济——伦理"治理,意味着道德治理内容的转变。其二,在实践范式上,从"道德"治理走向"经济——伦理"治理,意味着道德治理主体和方式的转变。她还就如何治理提出了十分有建树的意见。②

龚天平也解释了资本的伦理效应。他指出,当代中国在加快完善社会主义市场经济体制的条件下加强道德建设的过程中,有一个不可回避的问题,即市场经济最基本的前提——资本对道德建设道德到底起何种作用。资本具有不容忽视的伦理效应,这种效应包括积极的和消极的两个方面。他首先指出资本不是非道德的。

---

① 王进. 简析道教"节俭观"及其现代启示[J]. 伦理学研究,2014(3)
② 王露璐. 经济和伦理的内在统一:道德治理的范式转换[J]. 安徽师范大学学报(人文社会科学版),2014(1)

资本作为一种特定社会关系的载体,它存在与伦理相联结的特定属性。他认为资本也具有"为他性和为己性、服务性和牟利性"相统一的"伦理二重性"。因此,资本也是伦理实体,它也是一种社会关系,同样需要道德和法律来调整利益关系。这种利益关系也就是资本的为他和为己、服务于牟利之间的关系。接着他引用马克思的观点揭示了资本的三个方面的伦理正效应:第一,发展生产力,造就富裕社会,为道德建设提供物质基础;第二,发展社会关系,为个人的全面发展提供可能;第三,创造高一级的道德形态,并为其提供新的精神特质。同时,他也揭示了资本的负效应:第一,腐蚀公共善;第二,加剧人的异化;第三,有碍社会和谐;第四,造就自然的异化。因此,龚天平学者主张扬正抑负之途。第一,坚持以人为本;第二,合理定位资本;第三,明晰所有权;第四,以制度约束资本,发展经济伦理和环境伦理;第五,提倡高尚道德。[①]

另外赵苍丽和余达淮两位学者也就资本的伦理内涵、结构和逻辑,进行了深入的阐述。他们首先阐释了资本的概念及其历史转变,接着阐释了资本的伦理内涵。资本作为生产关系,表现为一种剥削本质,资本不仅表现为关系样态,也体现为意识的、观念的样态。同时资本促进规则和秩序的培育,也推导出现代平等概念,但这并不是资产阶级的意识形态的体现。他们认为,从层次上来看,资本论里可以分为两个层次:一是处理人与资本之间关系的规范;二是处理人与人、人与自然及自身之间关系的规范。他更指出,应以伦理的眼光审视资本的作用,把资本的积极作用限定于实现人民的幸福与国家的强大维度之上。这是资本和道德存在内在联系的更深层次的体现。[②]

靳凤林也就资本的道德二重性展开了讨论。他认为,资本及其资本阶层本质特性中所包含的正反两种因素,在历史和现实中既发挥巨大的道德否弃作用,可以概括为三点:第一,贪婪性;第二,奢侈性;第三,世俗性。这三点仅仅只是反映了资本及资本阶层本性的一个方面,它们除了具备这种消极性道德否弃因素外,还禀有某种积极的道德重建功能,只有深入揭示这两种力量纠缠难分和彼此制约的本真面相,才能透彻分析资本及其资本阶层道德生活的完整图像。[③]

(2)效率与公平

效率与公平的问题是经济伦理学的基本问题之一。随着中国改革开放的深入,贫富差距逐渐拉大,公平与效率问题就成为社会关注的焦点。作为一个经济伦理问题,伦理学界已有许多学者探讨这个问题,但系统深入的研究尚不多见。在构

① 龚天平.资本的伦理效应[J].北京大学学报(哲学社会科学版),2014(1)
② 赵苍丽、余达淮.资本的伦理内涵、结构与逻辑[J].道德与文明,2014(6)
③ 靳凤林.资本的道德二重性与资本权力化[J].哲学研究,2014(12)

建社会主义和谐社会的进程中,深入探讨公平与效率问题无疑具有重大的现实意义。

何建华就公平与正义的作用提出了自己的见解。他认为,民生幸福与良好的生态环境息息相关。没有人与自然地和谐就不可能实现民生幸福,以牺牲环境为代价的发展方式已经遭到自然界的报复,必须以民生幸福为导向,尊重自然,合理利用资源,平衡当代人与后代人的利益,促进人与自然的可持续发展。只有坚持公平正义原则,始终关注资源环境与发展的可持续性问题,才能实现经济、社会、环境的协调发展,促进人的自由而全面的发展。①

杨华磊也就公平问题进行了研究。他提出,《圣经·新约·马太福音》中说:"凡有的,还要加给他,叫他余;没有的,连他所有的也要夺过来。"这种"马太效应"在各行各业随处可见。在一个市场内每个厂商都有争取更多市场份额的激励,而不是专注于其特色的领域上。根据专业特色的分工,市场份额对每个厂商来说,都是均匀的,进而是公平的,此时每个厂商都有通过多元化经营来争取更多市场份额的激励,而这种争取更多市场份额的行为是对专业分工下收益均等的厌恶,对收入差距的向往,这也是反分工的力量。当不公平发生在自己所属的种群身上时,人们为你存在对公平的向往,但不可否认,当不公平发生在其他种群身上时,人们就存在对不公平的期望,人们在内心深处存在两种纠结的心理:公平偏好和公平厌恶,并在不同时空和场所表达不同的心理和行为。这表现为:和下层维持差距,并有机会扩大差距,和上层缩短差距,并有机会超越;处于劣势的人期待和平(不公平厌恶),处于强势的人希望保持地位(公平厌恶)。如果大家都厌恶不公平。就不会存在不公平行为,而现实中是存在公平厌恶的引力和行为的。有时大家即使感觉某件事对大家或者其他人不公平,但很多时候还会去做,这就是公平厌恶的表现。当然,公平厌恶不仅是富人的心态,穷人有时一样会有,只不过属于不同的公平厌恶类型。②

分配的正义和公平也是学术界讨论的热点问题,庞永红和肖云两位学者就再分配的正义问题进行了研究。他们认为,初次分配和再分配是解决收入分配问题的"两个轮子",缺一不可。在初次分配中拉开收入差距,需要通过再分配予以"调节"和"收敛"。他们指出,再分配的"逆向调节"是分配的不正义,是基于身份的不平等,是有违再分配初衷和目标的。再分配正义应该是普惠+特惠,是平等基础上的"差别原则"。③

---

① 何建华.公平正义:民生幸福的伦理基础[J].浙江社会科学,2014(5)
② 杨华磊.公平厌恶、获得性遗传与贫富差距[J].西南大学学报(社会科学版),2014(1)
③ 庞永红、肖云.再分配"逆向调节"之分配正义考量[J].伦理学研究,2014(1)

　　杜帮云学者也就分配公平中的收入差距问题提出了自己的观点。他指出,分配公平包括分配公正和分配平等。分配公正的要义是贡献与获得相称,分配平等的要义是分配结果的相对平等。公正分配必然产生收入差距,但他认为这是合理的也是必要的。他认为,不同的人做同样的事,可能纯粹由于时间地点的不同而大相径庭。但依据公正分配原则产生的收入差距有存在的合理性与必要性,因为以"贡献"微尺度的公正分配是一种激励机制,以"贡献"为尺度的公正分配产生的收入差距能提高效率,促进生产力的快速发展,提升整个社会的福利水平。他更指出,分配公平的关键就在于动态调控收入差距以至"适度"。①

　　谢宝贵学者对效用主义与分配公正进行了研究,他指出,作为一种分配模式,效用主义的目标就是尽可能地在分配活动中贯彻它的核心原则——效用原则。从效用主义的角度来看,判断一种分配方式是否正确或正义,就是要看它相对而言是否促进了最大幸福或者最大多数人的最大幸福。他认为,在正义问题上,效用主义的要害在于把正义还原为效用(利益)。然而,效用不是一切,效用和正义是两回事,正义具有某种不可还原的性质。效用主义在分配正义的问题上始终面临着难以应付的困境。相比之下,效用主义在说明个人为了实现效用最大化而对自己各种欲望的满足进行配置方面,看起来似乎更加合理。然而,一旦把这种观点引申到社会中来就容易受到质疑。因此,效用主义的这种分配行为不但无法以社会效用为名义得到辩护,反而应该被认为是不正义的。效用主义的这种重大缺陷与他对分配正义的错误理解有关。分配正义的概念是复杂的,他与诸多因素相联系,效用只是其中之一。除此之外,平等、需要、赢得等因素都与这一概念密切相关。为了恰当地理解分配正义,我们必须尽可能地把分配正义相关的因素都考虑进去,并尽力在它们之间寻找平衡点。在多数情况下,分配正义的主导性因素是相同的,即平等。这样说,一方面,平等既有外在价值,也有内在价值;另一方面,分配正义的其他因素如需要、应得,在某种意义上都暗含着某种平等。②

　　颜玲和孙斌从邓小平的社会公正思想出发,研究了其内涵和现代意义。他们指出,邓小平深刻认识到生产力发展、物质财富增长才是实现社会公平正义的基础,必须把解放和发展生产力作为社会主义的首要任务。只有生产力发展了,才能实现物质财富的增长,为实现社会主义公平正义奠定物质基础。邓小平发展生产力的观点,从根本上改变了长期以来在实现社会主义公平正义的过程中重生产关系而轻生产力的观点,使实现社会主义公平正义有了坚实可靠的物质基础。③

---

①　杜帮云. 论分配公平中的收入差距问题[J]. 伦理学研究,2014(4)
②　谢宝贵. 效用主义与分配正义[J]. 道德与文明,2014(5)
③　颜玲、孙斌. 邓小平社会公正思想及其当代价值[J]. 江西社会科学,2014(6)

4. 经济伦理的现实应用问题

在当今市场经济条件下,现代经济生活快速发展,同时也给社会带来一系列问题,经济伦理作为调节经济活动的伦理道德规范,其重要性愈发突出。它不仅是市场经济发展的内在支撑,是企业生存发展的必然要求,同时,它还是经济个体利益的重要保障。因此,对经济伦理的现实性问题进行研究,是学者们的重点工作。

(1)诚信问题

诚信问题始终是经济伦理学讨论的重点现实性问题。随着经济社会的发展,大中小企业层出不穷,如何分辨诚信的企业,企业应该如何做到诚信一直是社会的热点问题。因此,2014年,各位学者也用着重的笔墨探讨了关于企业诚信的问题。

徐大建和赵果两位学者用中西比较的视角对诚信的概念进行了古今的辨析。他们指出,诚信是市场经济社会中最为重要的道德,社会诚信建设已成为我国市场经济制度的重大课题。他们试图在澄清诚信含义的基础上,着重论争古代诚信伦理与现代诚信伦理的特点、区别及其经济基础,从而说明现代诚信伦理不是由传统诚信伦理直接延续可成的,并对传统诚信伦理向现代诚信伦理转化的路径上提出了建议。他们指出,中国目前的市场经济建设急需现代诚信伦理的建设,亟须在传统中国诚信伦理的基础上建设现代诚信伦理。我们目前的诚信伦理建设的重点,并非大力宣传传统的诚信伦理,而是要大力推进市场经济本身的建设和完善,包括法治建设,建立起真正的现代社会,为现代诚信伦理的转型提供坚实的社会基础。一方面,不搞市场经济,也就不需要现代诚信伦理,而没有健全的法制,市场经济就会遭到破坏;另一方面,传统的诚信伦理虽然在字面上与现代诚信伦理区别不大,本质上却是不适应市场经济的。[①]

王小锡也就诚信建设的问题提出了自己的解决路径。他指出,诚信是道德境界,也是道德实践,且道德境界在道德实践中体现和提升,道德实践在道德境界导引下日益进步。作为人和社会的精神愿景和行动品质,诚信的实践及其实现是一项系统工程。在社会主义市场经济条件下,由于社会利益关系错综复杂,使得我国的诚信建设不时受到严峻挑战。因此,诚信的实践及其实现也是一个艰巨的过程,唯有遵循以下进路,方能取得实效。首先,要让全社会充分认识诚信理念及其功能与作用。其次,建立和健全诚信管理体系。再次,有针对性地在各领域和各层面建立诚信制度。最后,吸收借鉴国际有益经验。[②]

王淑芹也就诚信发表了自己的意见。她认为,诚信是人类普遍道德要求,是中

---

① 徐大建. 利益平衡:管理思想中的伦理观念[J]. 上海财经大学学报,2014(6)
② 王小锡. 诚信建设的有效路径[N]. 光明日报,2014(2)

华民族的传统美德,是培育和践行社会主义核心价值观的重要内容。诚信的要义是真实无欺不做假、真诚待人不说谎、践行约定不食言。她在文章中讲述了培育和践行诚信价值观的意义,诚信价值观的实践要求,同时也在培育和践行诚信价值观的着力点上给出了建设性意见。①

柴艳萍就企业诚信缺失问题,提出了自己的意见。她认为,诚信与信用不同,前者是一种道德品质,看重的是主观动机;后者是一种经济制度,看重的是行为结果。企业的目的是追求利润,只有当诚信经营可以带来利润时企业才会自觉遵守诚信,否则便可能选择失信,因此,企业主观诚信具有不确定性。无论企业是否自觉自愿地选择诚信经营,只要客观上守信就是遵守信用。所以,除了要求企业主观诚信外,更主要的是强化外部管理,如健全法律法规,强化职能部门监管,重视行会商会自律,完善信用管理和评价机制等,同时还要发挥舆论媒体的监督作用,并利用社会责任投资和有道德消费等手段促进企业守信经营。②

伍麟则深入地分析了风险社会造成信任危机的原因。随着经济的发展、时代的进步,人与人之间的关系变得愈加疏远。他指出,科学和技术的发展与进步也导致了一些难以预测、尚且未知和前所未有的风险。这些风险使得现代社会凸显出种种"脆弱性",有时甚至比较频繁地造成对社会生活广泛的冲击和损害,人们感受到因无助、失控而引起的焦虑、恐惧,信任衰退导致社会不确定性、复杂性和风险等特殊结果。另外他还认为,现代社会每个人的个体社会身份不断变换,并且这种变换越来越迅速,定位越来越不清晰。社会定位的相对滞后,社会归类变得模糊多重,社会信任的固有秩序频繁受到攻击。另外弱化的社会期待也妨碍社会信任的形成,同时基于社会善意的期待常常因为社会善意受到怀疑,进而导致信任的虚化。③

强以华也就诚信的市场实践意义进行了研究。他认为,在当前中国的市场经济道德建设中,伦理学界若能更好地把对企业内在的道德要求与外在的道德约束有效地结合起来,效果更好。他将"诚信"的"诚"与"信"拆分开来,以此探讨如何把对企业的内在道德要求与外在道德约束结合起来,以达到提升企业道德水平的目的。④

(2)企业伦理问题

企业的社会责任一直是社会和学界的焦点问题。企业作为社会的组成部分,是社会的一部分,来自社会也得利于社会,于是企业就应该负一定的社会责任。

① 王淑芹. 诚信:为人之本 兴国之基[N]. 人民日报,2014(2)
② 柴艳萍. 企业主观诚信的不确定性及其外部监管措施[J]. 齐鲁学刊,2014(2)
③ 伍麟. 风险社会的信任危机[J]. 社会科学学报,2014(7)
④ 强以华. 论诚信之"诚"与"信"的市场实践意义[J]. 武汉科技大学学报,2014(6)

2014年,随着社会对企业的督促,企业自身的道德素养提高,企业的社会责任也成了学界主要探讨的一部分。

尹奎杰论证了企业为什么应该承担社会责任。他认为,以法理学逻辑来分析企业应当承担社会责任,就是要论证企业承担社会责任的理论基础。企业在事实上和法律上享有的权利是其应当承担社会责任的逻辑前提,企业与社会在现实生活中呈现出的复杂的利益关系与利益格局是其应当承担社会责任的事实依据,依法实现对企业行为的法律评判和保障社会主体的相关权利是企业应当承担社会责任的价值归宿。企业承担社会责任在法律上是可能的,但却需要证明。因为就传统企业而言,其除了基于应该享有权利并承担义务外,并不当然地负有承担社会责任的义务。为此,他认为,证明企业应当承担社会责任这一命题应该从三个方面入手:第一,基于法律上权利义务关系的考虑,从权利义务关系的范畴来分析企业承担社会责任的法律机理;第二,基于社会利益多元化的社会事实来分析企业承担社会责任的事实基础;第三,基于现代法治主义形成的规范逻辑与制度化现实来分析企业承担社会责任的规范基础和价值基础。①

李恒和黄雯两位学者就企业社会责任问题的产生、实质和治理进行了研究。他们认为,利益相关者对企业社会责任的看法往往夹杂着非理性的因素,其结果是放大了企业的应尽职责。从社会成本和社会收益的角度来理性看待社会责任问题,才有利于认识企业责任问题的本质。治理企业社会责任问题,不是简单的制止企业的损害行为,而应该在权衡社会成本和社会收益后再采取行动。由于信息不对称,外界无法观测到企业的全部信息。因此,纯粹的制度约束无法使企业完备地履行社会责任,必须依靠企业决策者一定程度的道德自律。所谓企业社会责任,实际上就是对企业行为的一种道德约束。他们认为,政府因片面追求GDP而忽视了对企业社会责任问题的治理。经济增长是一个既注重"量"又注重"质"的过程,过去几十年的飞速发展带来了"量"的飞跃,今后的发展应该更注重"质",治理企业社会责任问题实际上就是提高经济增长"质"的一个很好的途径。但是,治理企业社会责任问题时,应当从社会成本和社会收益的角度,理性界定企业社会责任的范围。此外,适当放宽我国NGO的审查程序,鼓励民间NGO的兴起,使NGO能较好地向政府反馈可能存在的企业社会责任问题,然后再由政府做出理性判断,继而采取行动,这不失为治理企业社会责任问题的好办法。②

余澳、朱方明和钟芮琦三位学者就企业社会责任的性质和边界进行了研究。自企业社会责任思潮出现以来,关于企业社会责任的性质和边界就一直处于争论

---

① 尹奎杰. 企业应当承担社会责任的三重论证[J]. 社会科学家,2014(1)
② 李恒、黄雯. 企业社会责任问题的产生、实质与治理[J]. 天府新论,2014(1)

中。正确理解企业社会责任的性质与边界是关于企业社会责任理论研究与实践研究的重要基础和根本前提。这三位学者试图在对企业社会责任性质与边界认识的发展演变进行梳理的基础上，对企业社会责任研究中的这一重要理论问题进行深入的再探讨，以实现对企业社会责任更加科学的认识并推动实践的发展。他们认为，企业社会责任是指企业在追逐自身价值最大化的过程中不仅不对相关利益者造成侵害，同时还尽可能致力于提高总体社会福利；其责任范畴包括：人本责任、经济责任、法律责任、伦理责任和环境责任；企业自身利益与社会利益的均衡点是企业社会责任的边界。①

戴艳君和李伟侠两位学者对企业社会责任进行了再定义。他们认为，作为企业与社会领域的核心概念，企业社会责任至今还没有公认的定义。他们通过对现代企业社会责任研究的现状和成果进行考察和梳理，提出了企业价值决策的伦理基础是制约企业社会责任理论发展的核心难题。在分析了义务论、功利主义和美德伦理作为企业价值决策的伦理基础和功过利弊之后，基于实用主义道德哲学将CRS定义为"企业与利益相关者共同进行的价值决策过程"，这一新的定义对于重新认识和理解CRS将是有意义的尝试。同时他们指出，企业价值决策伦理基础是影响和制约企业社会责任理论发展的核心，义务论、功利论和美德论为企业价值决策提供了一般的伦理原则，但是无法适应全球化、多元化、风险化的决策环境，实用主义道德哲学从走向现实的道德生活、面向开放的道德过程、采用切实可行的道德方法三方面超越了传统伦理理论所存在的困境。依据实用主义道德哲学，他将社会责任界定为企业和利益相关者共同进行的价值决策过程。这一新定义不仅解决了CRS的规范基础，而且解决了CRS的操作性的问题，为管理者指出了企业价值决策的具体方法和途径。②

黄孟芳和张再林两位学者就利益相关者和企业社会责任的经济伦理建构进行了研究。他们认为，现实社会中的经济伦理问题也引起了哲学界和管理学界研究者的重视，很多学者开始把研究协调企业和利益相关者冲突的伦理学问题放到首位。经济伦理学作为一种应用伦理学，所研究的是以企业为伦理主体所构成的社会伦理关系和伦理规范，用以规范企业内部员工及利益相关者的关系。他们指出，利益相关者理论吸收了整合的社会契约论的内容，企业与利益相关者的权利与义务都是整合的社会契约论的产物。对于处于转型期的中国社会而言，对于建构中国特色经济论，具有一定的理论指导意义和借鉴价值。③

---

① 余澳、朱方明、钟芮琦. 论企业社会责任的性质与边界[J]. 四川大学学报(哲学社会科学版)，2014(2)
② 戴艳君、李伟侠. 企业社会责任再定义[J]. 伦理学研究，2014(3)
③ 黄孟芳、张再林. 基于利益相关者和企业社会责任的经济伦理建构[J]. 河北学刊，2014(3)

王小锡就企业道德资本类型及其评估标准展开了研究。他认为,根据道德标准的确认原则和我国企业的实际道德建设状况,可以把道德资本分解为八种类型(即一级指标):企业道德理念与道德原则;道德性制度;道德环境;道德忠诚;产品道德含量;道德性销售;社会道德责任;道德领导和领导道德。这八类企业道德资本评估的一级指标中,道德理念和道德原则是贯通其他 7 项指标的核心内容。此外,企业道德资本评估的八类一级指标中,又可分解成 100 项具有应用和操作性的二级指标,由此可以制定出企业道德资本评估指标表。但是需要指出的是,企业类型多样,涉及的具体企业状况又是千差万别,因此道德资本评估指标会有差别。①

寇小萱、孙艳丽和赵畔三位学者对企业社会责任对企业竞争力的影响进行了研究。他们认为,企业社会责任与企业竞争力的关系是 20 世纪 50 年代中期以来西方经济学界和管理学领域讨论的热点问题之一,对于他们的关系存在着两种截然相反的观点。一种观点认为,企业承担社会责任将削弱企业的竞争力;另一种观点认为,企业承担社会责任有助于企业竞争力的提升。随着利益相关者理论的发展,社会各界更加关注企业社会责任问题,企业不仅追求股东利益最大化,也要维护其他利益相关者的利益。承担社会责任在短时间内虽然会增加运营的成本,但多数学者认为企业对利益相关者承担社会责任,将提升企业绩效和竞争力,对企业的长期发展贡献显著。他们以后一种观点作为分析的基础,提出考察与评价企业社会责任应从渠道、资源、能力和社会四个维度进行分析的思路。基于四个分析维度,构建出企业社会责任对企业竞争力关系模型。企业应该针对不同的利益相关者承担有区别的社会责任方案,以达到提升企业竞争力的目的。此外他们还提出基于利益相关者的角度,通过提高承担社会责任水平,达到提升企业竞争力目标的实现,还需要满足相关约束条件的要求。②

肖红军、郑若娟和李伟阳三位学者也就企业社会责任的原则和价值创造机理进行了研究。他们认为,企业社会价值实践旨在促进综合价值最大化。综合价值这一观念克服传统价值认知单一维度的局限性,实现对传统价值范畴的拓展;基于综合价值创造的企业责任模式在价值创造目的、范畴和方式等方面有别于传统的企业责任实践模式,具备开放性、自组织性和合作性的特点;同时在基于综合价值创造企业社会责任实践模式中,以企业为核心、由利益相关方所构成的网络成为价值创造的主体;而综合价值的来源是由于生产边界的扩大、协同效应和耦合效应共同发生作用,并通过企业与利益相关方之间的合作而实现的,其结果是企业和利益

① 王小锡. 九论道德资本——企业道德资本类型及其评估指标体系[J]. 道德与文明,2014(6)
② 寇小萱、孙艳丽、赵畔. 企业社会责任对企业竞争力的影响研究——基于利益相关者的角度[J]. 湖南社会科学,2014(5)

相关方共享价值。他们提出了以综合价值创造为基础的新的企业责任实践模式。首先,基于传统企业社会责任实践模式的价值创造功能分析,有工具型企业和公民型企业两种。其次,基于综合价值创造企业社会责任实践模式,主要有三个明显属性:一是基于综合价值创造的企业社会责任实践模式赖于运行的是一个复杂的开放系统;二是基于综合价值创造的企业社会责任实践模式必然形成一个价值创造的自组织机制;三是基于综合价值创造的企业社会责任实践模式将形成广泛的合作关系。①

另外吴艾莉也就社会责任、社会幸福感与企业价值机制进行了研究。她认为,一方面,企业承担社会责任有利于公民幸福感的提升。企业作为社会经济的主体,不仅担负着创造社会财富的重任,还应增进其他社会利益,包括消费者利益、员工利益、环境利益和社会公共利益等。企业承担社会责任,不仅可以增加利益相关者的物质财富,同时还可以改善社区环境、为公益事业贡献力量。因此,公民幸福感提升的程度和状况离不开企业社会承担的责任。另一方面,公民幸福感的提升有利于企业获得更好地发展,从而进一步促进社会承担社会责任。幸福感是一种积极正面的情绪和态度,是一种内在驱动力。公民幸福感水平的提升改善了企业的生产经营和投资的外部环境,而这种外部环境的优化将潜移默化地影响企业的方方面面。②

李新颖更是对媒体在企业社会责任建设中担任的角色进行了深入的研究。她认为,媒体是推动企业承担社会责任的重要外部力量,在企业社会责任建设中发挥着举足轻重的作用。具体来说,媒体在企业责任建设中的角色担当体现在五个方面:一是企业社会责任的倡导者,通过对企业社会责任的传播,引导企业在朝着良性化方向发展;二是企业社会责任信息的披露者,通过对先进企业的典型宣传、影响公众行为的重要力量;三是企业行为的监督者,其舆论监督有利于加强企业经营者的责任意识和道德意识,成为其严于自律的推动器;四是企业与社会的沟通者,其崭新的传播方式和丰富的沟通渠道,推动企业和社会之间的良性互动,密切了彼此联系;五是企业社会责任的践行者,作为企业组织之一,它走在社会责任前列,为其他行业的企业做表率。③

5. 其他经济伦理思想研究

除了以上学者们积极讨论的话题之外,学界在 2014 年也就其他的一些经济伦

---

① 肖红军、郑若娟、李伟阳. 企业社会责任的综合价值创造机理研究[J]. 中国社会科学院研究生院学报,2014(6)
② 吴艾利. 社会责任、幸福感与企业价值机理研究[J]. 社会科学家,2014(11)
③ 李新颖. 媒体在企业社会责任建设中的角色担当[J]. 学术交流,2014(8)

理学问题进行了讨论。

王银春就论证了慈善经济的道德合理性以及其实现,他认为,"慈善经济"概念可以更加宏观、更加全面,它可以涵盖"慈善商业模式"的内容。为澄清前提、划清界限,更好地分析说明问题,首先需要对慈善经济(或慈善商业模式)与经济慈善(商业慈善模式或企业慈善模式)做一定的区分。慈善经济主要是指慈善组织或个人为了实现帮助他人的目的,采取与经济或商业结合的手段,达到慈善资源的有效利用和持续循环的活动或形式。经济慈善则是指企业等盈利机构为实现企业长远利益,或利益最大化的目的,或承担企业社会责任等动因,采取与慈善结合的活动或形式。她认为慈善经济的道德合理性受到两种方面的质疑,第一,慈善经济容易滋生"慈善异化"的道德危险;第二,慈善经济因政府支持会妨碍市场公平性。她对其合理性进行了辩护,她认为,第一,慈善与功利主义的关注对象具有内在一致性。第二,慈善经济符合实现利益相关者"幸福最大化"的功利原理。①

李红梅就消费的生态限度进行了研究。她认为,消费不仅是一种维系个体生命、彰显个体尊严的活动,而且还具有重大的社会意义。任何个体人的消费一定会影响到其他个体人消费的实现,从而影响人类整体生存与发展。基于此,我们要关注消费对人的生态存在的意义,必须站在生态批判的立场上忧惕消费的生态限度,并且设置相应的制度予以回应。消费行为既影响自然生态,又具有社会外部性,因而具有双重性。自然承载力的有限性制约人类消费的总量;消费制度的正义性则要求在社会内部各成员之间平等地分享生态益品。自然承载力和生态益品分享的正义共同决定人类消费的生态限度。为了保护生态环境,人类需要在生态限度内重构一种既遵循自然承载力,又遵守生态益品分享正义的消费模式,实现生态化消费。②

沈永福与王茜两位学者对于个人主义进行了深入的研究,他们从2008年次贷危机出发,分析了其中的道德危机。他们指出,金融危机的深重根源就是个人主义文化的危机。西方经济个人主义过于崇拜自己追求利益的正当性甚至唯一性,相信个人的行为就足以提供社会经济组织的原则,自由放任的经济制度是最好的制度;政治个人主义过于看重自我的权利和自由,把国家看作是一种不可避免的弊病,追求让"无形的手"自己发挥作用的"无为而治";伦理个人主义认为道德标准在于个人利益、个人需要,个人是道德价值标准,是道德的最高权威。个人主义文化使得每个人置身其中而不能置之度外,在一些西方学者大力批判贪婪的资本家、无能的决策者、效率低下的政府的同时,也在反思易被忽视的普通公众的思想和行

---

① 王银春. 慈善经济的道德合理性论证及其实现[J]. 齐鲁学刊,2014(2)
② 李红梅. 论消费的生态限度[J]. 华中科技大学学报(社会科学版),2014(2)

为。作为普通的消费者和投资者的贪得无厌,每个人都是赌徒,每个人都是危机的共犯。西方学者从为资本主义辩护到反思资本主义,并从个人主义价值观层面深挖根源,人们不得不感叹"美国梦"破碎了,人们对自己和下一代能否过得更好似乎信心不足。如何化解西方危机,不少学者转向东方,在中国当前深化改革发展的关键时期,一方面我们应当自感欣慰与自豪,另一方面我们应该保持清醒头脑,莫让个人主义的价值观念迷惑了我们的双眼!①

严炜对我国市场主体的伦理素质进行了研究。他认为,市场主体的伦理素质包括诚信、公正、理性等内容。我国市场主体伦理素质面临诚信缺失、公正失衡、理性匮乏等诸多困境,要弘扬人文精神和科学精神,加强道德建设,完善社会信用体系,强化法律保障,打造阳光政府,以此提高我国市场主体的伦理素质。②

乔法容整理了发展循环经济的三大理念。她提出,发展循环经济是对大量消耗资源、严重环境污染和破坏生态的传统粗放型经济发展方式的一场革命。发展循环经济应树立三大理念:和谐发展、可持续发展和公正发展。这三大理念是经济发展观念的深刻变革与提升。她认为,循环经济发展模式以系统论、生态学为理论基础,遵循减量化、再利用、资源化的原则,构建经济-生态-社会和谐发展的链条。经济系统与社会系统、生态系统和谐发展,是实现可持续发展的前提。人类选择循环经济发展模式,直接动因是化解经济发展所带来的日益严重的环境污染、生态破坏、资源枯竭矛盾,解决经济社会发展不可持续的问题。公正是处理各种利益关系的一个基本准则,是衡量经济社会进步与否的重要尺度。发展循环经济的公正理念,是融经济公正、社会公正、生态公正于一体的综合公正观。③

白少君和安立仁两位学者就员工感知到的企业伦理对其态度与行为的影响进行了实证研究。他们得出了这样的结论,第一,员工感知到的企业伦理对各利益相关者的伦理正向影响员工对组织的认同与其情感承诺。第二,员工的组织认同能够中介其感知到的企业伦理对情感承诺的影响。第三,员工的情感承诺对其组织公民行为、工作绩效有积极影响并能够降低员工的离职意愿。第四,员工的情感承诺在组织认同对员工的组织公民行为、工作绩效和离职意愿的影响间起到中介作用。④

徐大建重点强调了管理思想中的伦理理念。他认为,在大陆目前的工商管理教育中,伦理道德观是不受重视的。现有的工商管理核心课程,几乎全部专注于企

① 沈永福、王茜. 金融危机引发西方学者对个人主义的深刻反思[J]. 红旗文稿,2014(7)
② 严炜. 我国市场主体的伦理素质[J]. 湖北社会科学,2014(6)
③ 乔法容. 发展循环经济的三大理念[N]. 人民日报,2014(9)
④ 白少君、安立仁. 员工感知到的企业伦理对其态度与行为影响的实证研究[J]. 伦理学研究,2014(5)

业利润最大化导向,所谓科学管理方法与伦理无关。潜藏在这种商科教育背后的理论基础,是当今流传盛广的主流经济学思想:现实中的经济活动参与者都是追求自我利益最大化的理性人,指望他们讲伦理道德是不现实的。其更为精致的表达是:在经济活动中,尽管由于信息不对称总会发生机会主义行为,但克服机会主义行为所需要的是法律所规范的市场机制或公平竞争,而不是伦理道德;唯有利润才是衡量企业为顾客创造价值的唯一标准。①

食品安全也是 2014 年关注的热点,易开刚和范琳琳两位学者就对食品安全治理提出了自己的建议。他们指出"民以食为天,食以安为先",食品安全是与全民安全和幸福息息相关的重要问题,关系到国家经济建设和社会稳定。由此可见,食品安全问题已经渗透到日常生活的各方面,深切拷问着人们的内心良知,解决食品安全刻不容缓。他们指出了现今发生的食品安全问题,并且深入探讨了其原因,提出了全面责任管理的食品安全治理的观念变革与基于全面责任管理的食品安全治理的机制创新等多项解决办法,具有一定的实践意义。②

三、法律伦理

中共十八届四次全体会议通过了《中共中央关于全面推进依法治国若干重大问题的决定》,其中提到坚持依法治国和以德治国相结合,保证公正司法、提高司法公信力,汲取中华法律文化精华,借鉴国外法治有益经验等诸多内容。这些是我国全面推进依法治国所要涉及的一些重要内容,也是法律伦理学所应关注和所要关注的重要内容。2014 年,学术界主要围绕以下四个方面的内容来展开研究。

1. 法律与道德的关系

法律与道德的关系是法律伦理学的基本问题,这不仅是个理论问题,也是个实践问题,包含着复杂而广泛的内容。学者主要对法律与道德之间的联系、如何解决两者之间的矛盾与冲突等相关内容进行了研究。

目前,在学术界,对于法律与道德之间是否存在联系基本达成共识,且多是从社会治理即法治与德治关系的角度来对法律与道德之间的联系进行探讨。王淑芹等学者分析了德治与法治关系的三种样态(法治框架下的德治与法治关系、法律渊源关系中的德治与法治关系、功能互补型的德治与法治关系),提出并立论了德治与法治既非"并列"关系也非"主次"关系,而是一种互补的"结合关系","德法并

---

① 徐大建. 利益平衡:管理思想中的伦理观念[J]. 上海财经大学学报,2014(6)
② 易开刚、范琳琳. 食品安全治理的理念变革与机制创新[J]. 学术月刊,2014(12)

重"、"德法并举"的提法,不能反映德治与法治相结合的本质特征。①吴真文指出,哈特提出法律与道德相对分离的观点,对于我国当前的依法治国和以德治国具有重要启示。首先,从原则上看,我们应当坚持法律与道德分离,使法律具有自身的品格和气质,这是我们当前追求法律的秩序价值和规则意识的内在要求;其次,我们在坚持原则的同时,不能断然割舍法律与道德实际存在的某种联系,承认法律与道德理性结合的现实,这是我们当前追求法律实质正义、坚持以人为本司法观的应有之义。唯其如此,我们才能使依法治国和以德治国完美契合,使法律和道德在调试我们的社会生活中各显其能、互助互补。②宋晓修从高校学生管理工作的角度阐释了法治与德治的关系,指出"以德治国"与"依法治国"相结合的思想,不仅仅是一种治国方略,也是一个重要的理论命题,具有深刻的思想政治内容。法治和德治,是相辅相成、相互促进的。③周中之探讨了法律治理与社会治理的关系,认为要解决道德领域中的突出问题,必须将正式制度与非正式制度结合起来,将道德治理与法律治理结合起来。道德治理与法律治理是互动的,应该根据德性伦理与规范伦理的不同情况加以区别对待。在信息技术高速发展的"大数据"时代,需要加强信息记录和跟踪工作,从技术上支持道德感召力和法律威慑力的结合。④

　　法律与道德之间存在联系,意味着具体的法律制度必然蕴含着一定的道德内容。林葆先认为,婚姻良法至少应符合三个伦理标准:一是科学反映婚姻家庭的客观规律。婚姻立法须以婚姻家庭关系的客观事实为基础,以其自然属性和社会属性为前提,并充分考虑其发展变化的规律。二是合理把握婚姻法的道德层次。中国婚姻立法所应体现的婚姻家庭道德内容,从时间层次上把握,应以共产主义的婚姻家庭道德观为指导,以社会主义的婚姻家庭道德为主体。从高低层次上把握,"法律是最基本的道德要求",能够法律化的应是维护婚姻家庭关系最起码的、一般人所能达到的基本道德标准。较高层次的道德规范,一般不宜入法,但为了鼓励高尚的道德风尚,在必要时可适当入律,或者将其作为法律原则以提倡性的让公民遵守,或者使其以授权性的规范或复合规范(兼具授予权利和设定义务双重属性的法律规范)形式存在。三是坚持以人为本的立法宗旨。婚姻家庭立法"以人为本"应表现为重视婚姻家庭权利,注意婚姻家庭中权利义务的特殊性,注重婚姻家庭中权利义务的一致性,注重婚姻家庭权利义务的时代性,注重权利(义务)的完整

①　王淑芹、刘畅. 德治与法治——何种关系[J]. 伦理学研究,2014(5)

②　吴真文. 正确树立法律与道德的边界意识——哈特法律与道德划界思想的现实启示[J]. 湖南师范大学社会科学学报,2014(2)

③　宋晓修. 高校学生管理工作之德治与法治关系研究[J]. 湖北社会科学,2014(7)

④　周中之. 道德治理与法律治理关系新论[J]. 上海师范大学学报(哲学社会科学版),2014(2)

性。①

　　法律与道德之间存在联系,也使得人们追问法的正当性问题。陈征楠认为,法的正当性与道德话语之间存在一种特殊的联系。德国学者哈贝马斯曾将实践理性的运用途径划分为道德、伦理和实用三种途径。与伦理和实用角度的运用相比,实践理性道德角度的运用所产生的规范性资源具有某种特殊的说理性优势。在西方法律思想史中,历史主义与功利主义法哲学分别代表着从伦理与实用的角度看待法正当性问题的最典型学派,而其所面临的问题则从反面说明了,从实践理性的深层结构来看,法与道德的关系问题仍是现代社会法正当性问题的要害,道德话语是建构法正当性无法置换的规范性资源。② 高瑞华指出,在社会转型这一大的背景下,社会整合的机制正在从道德日渐式微向法律日益中心发生转变。而现代社会的多元化和袪魅化,使得法律必须从论辩、也就是反思形式的交往商谈本身中获得其合法性。③

　　与此同时,学术界也认识到法律与道德之间存在着矛盾与冲突,如何解决这些矛盾与冲突则是个难题。张国钧指出,为圆满解答、彻底解决伦理和法律关系两难问题,中华伦理法从制度上实行伦理豁免。特定义务主体若陷入该两难,其法律义务则视轻重缓急和主体行为能力,或者依法减轻甚至豁免,转由其他义务主体或公权力履行;或者依法推迟,以保证优先敦睦伦理,从而消除伦理危机,然后亲自履行。由此,充分保证特定义务主体自由行使特殊优先权,全身心履行伦理义务,悉心敦睦伦理,并从根本上圆满履行法律义务,维护法律关系。于是,伦理和法律关系由两难而两全,进而兼顾公序良俗而多全,达至公道。④ 孙海波认为,有关法律道德主义的主要争议并不在于道德是否能够入法,而在于其入法的限度和具体方式。中国的立法、执法及司法的各阶段中均存在着不尽相同的法律道德主义形态,隐藏于其背后的“道德的法律强制”值得警惕,我们无法一劳永逸地确定出一条自由社会的道德底线,而注重各种价值之间的权衡却实属重要。⑤ 罗培新指出,法律与道德的关系所面临的困境,在公司法领域的表象是,公司法将“遵守商业道德”明确规定为公司义务,但“公司缺德”现象却层出不穷。其深层次原因在于对公司的悖德行为,裁判者向来缺乏“以德入法”的意识及法理准备。公司悖德行为与违法行为

---

　　① 林葆先. 婚姻良法的伦理标准[J]. 河北学刊,2014(2)
　　② 陈征楠. 去道德化视角下的法正当性问题[J]. 法律科学(西北政法大学学报),2014(5)
　　③ 高瑞华. 从道德式微到法律中心——论哈贝马斯的社会整合理论[J]. 社会科学家,2014(7)
　　④ 张国钧. 伦理豁免中的智慧——基于中华伦理法对伦理和法律关系两难的解决[J]. 浙江大学学报(人文社会科学版),2014(1)
　　⑤ 孙海波. 道德难题与立法选择——法律道德主义立场及实践检讨[J]. 法律科学(西北政法大学学报),2014(4)

固有殊多差异,但在一定条件下将悖德行为纳入法律评价,很有必要。①

法律与道德都是涉及"权利"的社会规范,对权利属性的理解也体现着对法律与道德关系的认识。陈开琦等学者认为,无论是权利的法律属性还是权利的道德属性都会涉及这个社会对法律的最为根本性的理解,在一个社会中对权利的漠视与尊重将会导致其公民切身利益的极大差异。在自由主义看来,权利意味着自由和平等,是公民因着天赋而具有的一种道德权利;在社群主义看来,权利就意味着一种社会实践得来的实然性的权利,它不仅意味着现实的政治传统,更是基于一定的历史条件而凝结出来的法律权利,这种关注的视角有着更为强烈的实践性,也将留有更为充分的反思性空间,同时也为权利抵御功利侵蚀寻得一个更为坚实的基础。②

法律与道德的关系是法律伦理学的基本问题,也是我国坚持依法治国和以德治国相结合的理论基础。因此,从我国基本国情出发,从理论上对法律与道德的关系进行论证,以为依法治国与以德治国相结合提供理论指导和学理支撑,应该成为法律伦理学研究的重要内容。

2. 司法伦理

司法公正对社会公正的重要引领作用,使得司法过程中涉及的各种伦理关系和道德问题一直成为学术界关注的热点话题。学者主要对如何协调司法与民意之间的关系、检察官职业伦理、法官道德、律师职业伦理、司法伦理的法治价值等相关内容进行了研究。

一是司法与民意的关系。司法与民意的关系是法律与道德的关系在司法审判活动中的反映,如何协调司法与民意之间的关系是保证司法公正,提高司法公信力的必然要求。李谦盛认为,"中庸"在司法中的运用能够促进专业的法律决断与民众的道德期待之间矛盾的有效化解。但中庸在司法活动中,在调节专业的法律决断与公众的道德期待时,并不意味着道德因素和公众因素成了司法中的主导,而是应当在坚持司法的固有原则,在此保有各自的前提下,进行权衡与利益衡量,从而达到法律决断与道德期待的统一。③ 张毅等学者指出,民意有时是大众社会道德观的体现,是大多数社会成员对与其相关的现象所持有的大体相近的意见、情感和行为倾向。刑法本身包括道德的内容,刑法的善恶需要由道德标准加以判断。但刑

① 罗培新. 公司道德的法律化——以代理成本为视角[J]. 中国法学,2014(5)
② 陈开琦、黄聪. 法律权利的道德争论——关于权利来源的两种思考[J]. 云南师范大学学报(哲学社会科学版),2014(6)
③ 李谦盛. 论传统中庸文化的现代司法运用——基于专业的法律决断与民众的道德期待[J]. 甘肃理论学刊,2014(5)

法与道德之间的冲突是必定存在的,民意实际上成为刑法与道德冲突协调的载体和外在表现形式。在正当的民意实现的过程中,刑事司法将法律与道德在实践层面实现了完美的融合。但是,民意不能等同于公共道德,民意是可煽动和引导的情感,民意缺乏标准,从而对刑法罪刑法定原则构成巨大的威胁和挑战。刑事司法应当坚守罪刑法定的底线,因为法律本身的价值得到确认,比迎合民意要求更加具有社会的正义。①针对民众参与司法的热情提升以及司法实践中难办案件的层出不穷,姜涛指出,如果司法不能有效应对民众集体意识的挑战,那么将无法避免司法信度丧失、效度缺损和地位下降的趋势,从而引发司法公信力降低。司法公信力降低凸显了诚信体系建设的重要性及其必要路径:不仅应当形成一个合理、周全、妥当,并清晰地标示出司法诚信的规范体系,为重塑司法权威提供充分的制度激励,而且应该强化司法对立法的忠诚,重视司法的道德基础和确保司法的公正廉洁,以确保司法公信力的制度化实现。② 面对道德困境案件的日趋增多,法官往往需要将目光往返于法律话语系统与道德话语系统,充分反映民众的共同道德观,并自觉拒斥虚妄的民意诉求对司法的消极影响。难办案件意义上的司法裁判被简缩为"冲击—回应"的被动过程,从而形成了一种基于外在压力影响但又需要慎重对待的压力型司法。如果现代司法放弃建立纯而又纯的法条主义之梦,而将道德话语系统纳入司法的价值判断,那么压力型司法将在以道德论证弥补法律之确定性的裂缝以及以判决书说理制度增加司法判决的可接受性之方法选择中走出困境。③

二是法官道德。就司法审判而言,法官的道德观念与道德水平会影响着司法审判的结果及司法的公正性。王申认为,司法伦理突出地表达法官道德的正当性、公正性特质。我们提出做一名好法官,为的是要在司法伦理的规范构建中,既要把"好"确认为法官的道德追求,又要把公正确定为司法道德建设的重点。好法官本身蕴涵着司法的道德性及其伦理价值。好法官的道德形态是我们司法伦理观、道德信念的集中体现。其核心是对法官职业伦理关系以及相互关系的认同与建构。我们对法官美德的关怀不仅是伦理规则,更是规则的理由。④ 陈异慧指出,刑事司法行为是法官依照法定审判程序行使司法审判权的活动,这一过程体现了法官对刑事案件进行道德价值判断和道德基本观念的选择,因此,道德为法官公正裁判提供了价值标准,是实现刑事司法行为公平正义的基础,也有利于刑事司法判决更符合人性要求。但是法治社会下法官不能以道德标准代替法律标准,应当注重把握

刑事司法中道德影响的合理限度。①

三是检察官职业伦理。宋远升指出，检察官职业伦理是检察官与其职业相关主体之间的一种客观交往关系，在这种交往关系中需要检察官职业伦理规范，且受控于检察官伦理规范。检察官职业伦理秩序是其职业伦理关系的一种客观表达。② 万毅把检察官职业伦理细分为检察官的外部伦理和内部伦理。检察官的外部伦理，是指检察官基于职务行使及其特殊身份而在对外联系中需遵循的行为准则；检察官的内部伦理，则是指检察官在检察机关内部工作中应当遵循的行为准则，主要包括服从的伦理和合作的伦理。③ 王漠等学者认为，检察官职业伦理是检察权行使的重要保障，是司法公信得以建立的基础，更是建设法治国家所必不可少的基本价值。我国检察官职业伦理应界定为检察机关内部职权分配与协作的伦理、检察官职务行使中的伦理、检察官特殊身份的伦理等三个层面的内容，并通过内化于心，外践于行，让检察官职业伦理融入检察工作各个方面，最终达到知行合一，从而实现检察官职业伦理规范建设的目标。④

有学者对中国台湾检察官职业伦理进行了研究。吴景钦认为，虽有基于检察一体的自律机制，与交付审判的他律机制存在，台湾"刑法"甚至有滥权追诉罪存在，但证诸于现实，这些手段的实效性，恐有疑问。在检察官滥用积极追诉权的太极门案与滥用消极不追诉权的江国庆案中，现行的法律制衡机制并未发挥应有的作用。对于检察权的抑制，或许可以求诸于检察官伦理规范。⑤ 何祖舜指出，在台湾地区，检察官的职能贯穿整部"刑事诉讼法"，侦查、起诉、审判到执行，同时指挥司法警察，确保侦查手段的合法性，参与并监督法院审判，确保刑罚权的妥适实践。因此，检察权行使的主动性、积极性所伴随着一定的人权侵害风险，在台湾成为关注的重大议题。也因此，检察官执行职务相关的伦理规范，就成为衡量、决定、担保检察官履职质量的重要法律规范。2011年的"法官法"正式颁布实行，再一次确认"检察官伦理规范"作为评鉴检察官的法律位阶，司法主要部门于2012年1月4日依据"法官法"的授权制颁"检察官伦理规范"，取代原先作为规范检察官职业伦理的"检察官守则"，并配合检察官评鉴制度、检察官评鉴委员会的运作，逐步形成检察官文化的实质作用。⑥ 蒋剑伟等学者指出，在台湾地区，检察官职业伦理建设

---

① 陈异慧. 法官刑事司法行为的道德影响及限度[J]. 河南师范大学学报(哲学社会科学版), 2014(5)
② 宋远升. 论检察官职业伦理的构成及建构[J]. 法学评论, 2014(3)
③ 万毅. 检察官职业伦理的划分[J]. 国家检察官学院学报, 2014(1)
④ 王漠、巴莉、梁启勇. 检察官职业伦理的内涵与实现途径[J]. 人民检察, 2014(17)
⑤ 吴景钦. 从滥权追诉谈检察官伦理[J]. 国家检察官学院学报, 2014(1)
⑥ 何祖舜. 谈台湾检察官伦理[J]. 国家检察官学院学报, 2014(1)

是在考量台湾地区司法文化价值的基础,参酌国际共通的检察官价值,以人性、廉洁、专业、热忱、无惧、中立、稳定和独立为核心价值,并分别以法条式的规范形式及培植信念的规范方式,建构包括检察官职务行为规范、职务行为以外行为规范、组织伦理规范以及检察官个人修为规范等内容的具有台湾地区特色的职业伦理。①

国际社会对检察官职业伦理的基本共识和一般要求集中体现在联合国《检察官角色指引》和国际检察官联合会《检察官专业责任守则和主要职责及权利的声明》中。张志铭等学者基于这两份文件,对检察官职业伦理的主要内容作法律义务和道德义务上的类型化分析,辨析道德和伦理的联系和区别,指出检察官职业伦理与检察官个人伦理、法官职业伦理以及律师职业伦理等存在的差异,抽象出检察官职业伦理以修善为指向,以修独、修睦为基本的内容结构。②

四是律师职业伦理。马驰指出,律师职业伦理经历了一个从单纯不成文的伦理道德到成文制度体系的演变。在法哲学意义上,经制度化的律师职业伦理更加接近于法律而不是道德,进而也使得有关律师活动的实践推理从道德衡量转变为规则推理。此种转变具备显而易见的价值,但由于委托人利益和社会利益间可能发生的冲突,其中蕴涵着道德分歧、过分简化和道德感的钝化三个方面的风险。对此,应在理论上确认,制度化后的律师职业伦理与未经制度化的律师职业伦理并非替代关系,而是并存关系;律师管理者也应在实践中不仅强调制度构建,更要重视律师职业良心的提升。③ 李超峰等学者指出,律师职业伦理的建构完善是推动中国法律职业伦理和法律职业共同体建设的重要力量。在我国"两结合"的律师管理体制下,律师职业伦理规范渊源庞杂、效力不强、内容亦不够明晰。破解律师职业伦理规范的困境,亟须积极推进行业自律、厘清律师职业伦理规范的内容和结构,并建立相应的激励机制。④

还有学者探讨了司法伦理在法治建设中的价值。王淑荣等学者指出,法治国家建设需要法律正确运行,法律的理论价值和社会价值的最大化实现。而法律价值的实现需要法律践行者——司法官公正运行法律,做到司法公正。而司法公正的实现不仅需要司法官的裁判技能,更需要司法官高水平的伦理素养来指导司法行为。因此司法伦理对法律公正的实现乃至法治国家的建设具有重要价值,而价值源起于司法伦理本身具有的价值,这些价值包括司法伦理的本体价值、目的价值

---

① 蒋剑伟、殷耀刚. 台湾地区检察官职业伦理建设及其借鉴[J]. 人民检察,2014(13)
② 张志铭、于浩. 国际检察官职业伦理评析[J]. 国家检察官学院学报,2014(1)
③ 马驰. 律师职业伦理制度化的法哲学意义反其风险[J]. 广西社会科学,2014(6)
④ 李超峰、徐媛媛. 我国律师职业伦理规范的完善[J]. 中共中央党校学报,2014(2)

及社会价值。①

司法伦理是规范司法行为,确保司法公正,提高司法公信力的要求。我国如何加强司法伦理建设来增强人们对法律的敬仰,法官、检察官、律师在司法活动中如何处理各种伦理关系和道德难题,这些都需要法律伦理学界进一步深入思考和研究。

3. 中国传统法律伦理思想

中国传统法律伦理思想与现代法律伦理思想之间有"血缘"关系,挖掘中国传统法律文化中特有的伦理因素,汲取传统法律伦理思想中的精华,有益于现代法律伦理学与法治的建设。学者主要对传统中国法的精神、道德法律化、侗族传统婚姻家族习惯法与民国时期所得税法中的伦理思想等问题进行了研究。

张中秋指出,传统中国法的精神是道德人文,亦即在人文称首的思想指导下,以仁义为内核的重生与讲礼的对立统一。在有机宇宙观下,重生与讲礼对立统一的理想是和谐、合理、公平。如果与近代西方法相比较,传统中国法的道德人文精神存在着宗法血缘和专制等级的缺失,但更有超越宗法血缘和追求合理秩序的普适性,因此并不违背人类法律的内在使命和基本价值;而且这个精神扎根于万物有序与生生不息的自然之理,是中国人固有的世界观及其正当性所在,是中华文明历五千年风雨而绵延不绝的思想根源,甚至还有可能是我们创新中国法文化的思想资源和精神动力。②

王立民从中国法的起源、中国古代人治的治国方式、礼法结合的法律内容三个方面揭示中国古代进行道德建设立法的原因,并以中国古代的著名法典《唐律疏议》为例说明中国古代的法律中已存在大量的道德成分,中国古代道德建设立法通过道德与法律的结合来表现,体现在法律原则、法律制度和法律内容里。国家需重视主流道德的弘扬、立法人员需具备较高的法律与道德素质、立法技术需高度重视等可为今天的法治中国建设所借鉴。③ 邱湘等学者指出,作为我国古代家训中一种重要形式的家法族规,不仅是一种道德规范,还具有刑律的作用。这种道德的法律化,是一种介于法律与情义之间的道德规训,对家族乡里的和睦与社会的秩序化都有着不可忽视的功效,也是我国法律文化独特的组成部分。④

---

① 王淑荣、孟鹏涛、许力双. 司法伦理在法治国家建设中的价值论析[J]. 社会科学战线,2014(12)

② 张中秋. 传统中国法的精神及其哲学[J]. 中国法学,2014(2)

③ 王立民. 中国古代的道德建设立法及其启示[J]. 浙江社会科学,2014(11)

④ 邱湘、杨丽. 家法族规中的戒与罚——介于法与情的道德规训[J]. 云南大学学报(社会科学版),2014(5)

袁泽清指出,侗族传统婚姻家庭习惯法中蕴含着丰富的婚姻家庭伦理思想,即以爱情为基础的自由恋爱观,以婚姻为基础的性爱观,限制自由的婚配观,节俭的婚俗观,尊老爱幼的家庭伦理观念。但随着我国工业化、城市化、信息化的快速推进,侗族的传统婚姻家庭伦理思想受到了严重的冲击,有的甚至即将消失。对此,建议大力弘扬其中先进的传统婚姻家庭伦理思想,重新构建婚姻家庭伦理思想的物质基础,将侗族先进婚姻家庭伦理思想转化为法律规范,使之具有强制执行力。①

赵元成等学者针对民国政府在推行所得税法之初,曾面临是否要考量纳税人家庭情事而予以税额减免这一问题,对当时社会各界对此问题的看法及相关的立法实践进行了梳理。在民国财税学者看来,公平可谓是所得税法的根本价值之所在,所得税法不考虑纳税人家庭情事就是违反公平原则,就是"不仁"。此后,国民政府采纳了学界意见,在1946年修正《所得税法》时制定了详细的家庭扶养之减免规定。这些规定探明了在中国这样一个讲求家庭伦常之情的国度里,亲属伦理在所得税法中所应具有的地位和作用。指出民国时期对此问题的看法、相关的立法实践及对亲属伦理的取舍之道与利弊得失,为反省当下中国个人所得税法亲伦缺失之弊及搜求治弊之方提供了有益的借鉴。②

刘增光对儒家道德、伦理、法律的关系进行了研究,他指出,"子贡赎人让金"的故事反映出了儒家思想中道德、法律的复杂关系。透过孔子的评论,揭示儒家对于道德与法律之关系的处理态度,是以道德统领法律,但并不全然废弃刑法。③

中国传统法律的伦理特性对现代法治的影响并未完全消除。因此,不断去发现中国传统法律的伦理内容及传统法律伦理思想的现代价值,汲取传统法律伦理思想中的精华,是完善社会主义法治建设的要求。

4. 国外法律伦理思想

解决我国法治建设中所面临的理论与实践问题,在挖掘本土资源的同时,需要考察与借鉴国外法律伦理有益的思想,从而推进我国的法律伦理学与法治建设。学者分别对古典自然法学及新自然法学家富勒、德沃金关于法律与道德的关系等内容进行了研究。

法的正当性问题是西方法律思想史中历久不衰的经典问题,而其中的要害在于法与道德的关系。陈征楠认为,古典自然法学说是针对该问题进行研讨的经典学派,其对法之道德正当性的论证存在一个不可或缺的经验前提:普遍的人性在经

① 袁泽清. 侗族传统婚姻家庭习惯法的伦理思想[J]. 贵州民族研究,2014(5)
② 赵元成、胡荣明. 民国时期所得税法的亲属伦理取舍与启示[J]. 浙江学刊,2014(1)
③ 刘增光. 从"子贡赎人让金"看儒家的道德、伦理、法律关系[J]. 江汉论坛,2014(4)

验上存在并且可以被人类认知。指出古典自然法学说在使人的主体性获得空前解放与现实效应的同时,在论证思路上主要面临两大问题:以世俗人性作为论证法律道德正当性的现实起点在经验上面临瓶颈,以实然要素作为理论支撑论证该种正当性在逻辑上存在瑕疵。①

王家国指出,富勒为了从逻辑上证实法律与道德之间的结合命题,通过对法律进行概念上的分析,得出法律不只是纸面的法律与制定之法,还包括行动中的法与隐含之法,以此来破除实证主义"一切真法皆为制定之法"的信条,并借助"法律的内在道德"来克服分析法学的"分离命题"。② 傅鹤鸣指出,德沃金认为法律不是有待人们去解剖的自然实体,而是一通过阐释者的道德信念进行阐释的对象。正是阐释者在阐释法律过程中,法律获得了道德根据。一旦人们将法律理解为一"建设性阐释"概念,"道德与法律""恶法是不是法"等经典难题自然就获得了破解。③

刘作翔指出,权利冲突是法治领域中的一个世界性问题,如何解决权利冲突也就成为世界各国所要竭力面对的问题。他以美国学者卡尔·威尔曼的《真正的权利》一书中所列举的典型案例为据,系统地介绍威尔曼和其他美国学者是如何解决有关道德权利、法律权利双重权利的冲突问题。这些案例涉及生命权和自卫权,雇用和提拔中的权利平等保护问题。④

许身健指出,大陆法系国家与英美法系国家律师职业伦理基本类似,但除大陆法系主张律师应更加注重公众利益外,两者最大区别还在于大陆法系国家不够信任律师,相关法律对律师的限制较多,而英美法系国家则强调律师作为委托人代理人的作用,给律师较大独立活动空间。⑤

中西方国家因社会历史环境的不同,各自形成了独具特色的法律伦理思想,但法律伦理思想作为思想意识的一种,中西方国家的法律伦理思想又会有着一些相通之处。发现中西方法律伦理思想中的差异与想通之处,挖掘国外符合中国实际的法律伦理思想,有助于我们更好地借鉴国外法治的有益思想,来为中国的法治建设服务。

---

① 陈征楠. 古典自然法学说的经验难题与逻辑困境——以法正当性问题的道德面向为视角[J]. 厦门大学学报(哲学社会科学版),2014(4)

② 王家国. 法律与道德"结合命题"何以可能? ——兼评富勒的"内在道德"学说[J]. 杭州师范大学学报(社会科学版),2014(3)

③ 傅鹤鸣. 道德:法律阐释的根据——以德沃金对道德与法律关系的阐释及应用为例证[J]. 伦理学究,2014(2)

④ 刘作翔. 解决道德权利法律权利双重权利的冲突 (下)——卡尔·威尔曼等美国学者对典型案例的道德推理[J]. 甘肃社会科学,2014(2)

⑤ 许身健. 欧美律师职业伦理比较研究[J]. 国家检察官学院学报,2014(1)

四、环境伦理

2014 年,我国环境伦理学研究取得了较大进展,一方面,对环境伦理的基础理论研究继续推进;另一方面,我国环境伦理学研究与生态文明建设结合在一起,成为推动生态文明发展的重要精神力量。

1. 规范论的环境伦理与环境美德伦理

环境伦理学最初是以传统伦理中的规范论(主要是功利主义和义务论)为基础建构起来的,它力图证明自然万物像人类一样具有内在价值。是否承认自然万物的内在价值,是人类中心主义与非人类中心主义两大环境伦理派别的分水岭。杨通进和陈博雷坚持非人类中心主义立场,批判了物种歧视主义和人类沙文主义。他们认为,物种歧视主义的实质是武断地把物种本身作为从道德上区别对待不同物种之利益的依据,它与伦理学中的平等原则是相对的。消除物种歧视主义最重要的途径是把平等原则应用到人与自然万物的关系之中,并发扬人类的利他主义精神;人类沙文主义的实质是以有差别、歧视和蔑视的态度对待人类物种之外的其他成员,其错误之处就在于追求不合理的人类利益。只有接受了尊重自然、关心自然存在物的世界观和价值观,才能克服人类沙文主义并从根本上走出现代文明的生态危机。① 薛勇民、路强也站在非人类中心主义立场,为自然的价值辩护。他们认为,自然价值论与生态整体主义是内在统一的。自然价值是从本体上对自然进行的价值重构,其根基在于自然的整体性,而不是人类或者自然中的某一类存在。自然价值论超越了人类中心主义与工具理性主义的自然观,走向了生态整体主义的思考向度。对人类而言,只有在生态整体主义的视野下,才能突破独断理性主义和消费主义观念,建构起自然的本真价值,并找到自身存在的多元性价值。②

面对日益复杂的环境问题,规范论的环境伦理学理论日显疲惫,受到了以德性伦理为基础的环境美德伦理的挑战。黄霍认为,环境伦理学不应该仅仅研究人对环境行动的义务和规范,更应该研究品格的规范。环境德性伦理对人在环境中应培养的品格典范给予明确的说明,但环境德性伦理学并不只是一套理论,其最主要的目的是要将环保的理念落实在生活实践中,实现一个可永续发展的生活世界。环境德性伦理学启示我们在学校开展环境教育,培养学生爱护环境与生态、尊重自

① 杨通进、陈博雷. 环境伦理学对物种歧视主义和人类沙文主义的批判[J]. 伦理学研究,2014(6)

② 薛勇民、路强. 自然价值论与生态整体主义[J]. 科学技术哲学研究,2014(4)

然等美德。① 胡建对利奥波德的大地伦理进行了德性论的解读,他认为,利奥波德的"大地伦理"没有说明为什么人要对与己无关的自然价值负有道德义务,没有说明与自然事物处于同一层次的人类何以能"自由"地承担保护万物的责任,也无法避免环境法西斯主义。因此,利奥波德的"大地伦理"必然向"大地美德"过渡,大地美德伦理关注人的内在德性,高扬人的自觉理性的主体意识,使人类能够凭借实践理性而又采取"中道"美德,兼顾生态整体和个体的利益。② 郑晓纯分析了罗纳德·赛德勒的环境美德伦理,她指出,赛德勒从伦理自然主义立场出发来界定环境美德,以自然之善来评价人的品质特征;同时也从多元目的论视角来说明人的品质,允许在同一情境下存在不同的美德生活,为判断环境美德和环境恶习提供了标准。但是,赛得勒理论的困境在于,当多元美德和目的发生冲突时,仅仅诉诸实践智慧和生态敏感性,是难以恰当地解决问题的。③ 童建军和马丽也认识到,环境美德所提出的德目具有重要的现实针对性,但社会特质的现代性对环境德性伦理的实践可能带来重大的难题。④ 陈庆超则为环境美德的方法论进行辩护,他认为,环境美德伦理所受到的种种质疑,诸如无法证明对破坏环境进行限制的正当性、无法告诉人们如何具体行动、人类中心主义立场等,都不能真正威胁环境美德伦理的整体性特征。环境美德伦理通过对总体生活的说明,告诉人们环境之善是好生活的内在组成部分,也是人类选择节制、仁慈、公正等德性品质,摒弃贪婪、浪费、冷漠等邪恶品质的内在要求;环境美德规范的有效性,不仅依赖于个体的理性自觉,还需要优良美俗的熏陶教化及优良法律制度的规约;人类并不必然需要站在非人类中心立场思考问题,才能与自然和谐相处。从人的理性自觉扩展到关照动物、关照环境,恰恰是人类德性的彰显。⑤

2. 环境正义

无论是为自然的价值和权利辩护的规范论环境伦理学,还是建构人的环境美德的环境美德伦理,但都是形而上层面的探讨,而环境正义理论,关注的是形而下层面的、现实世界的环境不公正问题。

孙道进和郁乐将环境代际正义视为环境正义的一个核心问题,认为西方环境

---

① 黄蕾. 德行论视域下的环境伦理学[J]. 陕西师范大学学报(哲学社会科学版),2014(2)
② 胡建. "大地伦理"的意境及其逻辑走向——从"大地伦理"过渡至"大地美德"的必然性[J]. 理论探讨,2014(2)
③ 郑晓纯. 多元目的的环境美德——罗纳德赛德勒环境美德伦理思想评析[J]. 自然辩证法研究,2014(8)
④ 童建军、马丽. 当代西方环境德性伦理研究与反思[J]. 中国社会科学院研究生院学报,2014(3)
⑤ 陈庆超. 环境美德伦理的方法论阴暗辨析[J]. 自然辩证法研究,2014(12)

伦理学在时间坐标、身份不确定性与未知偏好的限制之下讨论代际伦理关系,关怀了地球与人类的未来,却遗忘了当前与我们共同生活、真正需要帮助的人类弱势群体。西方环境伦理学采用了以全称命题为特征的整体主义思维,把当前或者未来世代分别作为一个利益共同体来把握,但未来世代中个体的权益,很大程度上取决于"谁之后代",依赖于个体家庭与所属社群。因此,改善当前世代的弱势群体的权益状况,乃是关怀未来世代权益的最为切近与有效的途径。① 刘海霞基于国内环境正义的视角,主张我国建构环境公平制度。她认为,环境公平制度的建构,必须维护弱势群体的利益,以公民健康不受侵害为底线要求,对破坏底线的行为进行惩戒。为此,必须责成加害方对受害方的损失进行完全填补的赔偿,并依法追究加害方的刑事责任。如果受害者难以获得应有赔偿,各级政府应对受害者进行快速直接的公力救济;同时,对政府行为导致的受苦圈,应该在对受影响群体进行货币补偿的基础上,注重对他们可持续生活能力的保护和培育。此外,还应考虑两项补充性原则,企业环保行为鼓励原则和弱势群体恶意行为预防原则。唯此,才能体现社会主义制度的公平性。② 华启和认为,邻避冲突引发的环境群体性事件是我国现阶段主要的社会风险之一。邻避冲突实质上是环境正义的缺失。因此,邻避设施建设要科学选址,确保公平正义;要在邻避设施建设的过程中坚持程序正义原则,实施信息公开,尊重公众的知情权和参与权;要维护公民的环境权,避免强势群体漠视弱势群体环境权利的承认非正义,从而维护社会的和谐稳定。③

3. 中国传统文化中的生态智慧

在对西方环境伦理进行研究的同时,我国学者深入研究了中国传统文化中的生态智慧。邵鹏、安启念分析了中国传统文化中儒释道三家的生态伦理思想:道家崇尚道法自然,主张遵循自然规律,同时重视万物的无用之用,体现了对万物价值的认可。道家还倡导寡欲节用的消费观,并提出了贵生戒杀的伦理规范;儒家追求天人合一,倡导民胞物与,将自然万物视为人类的同胞。儒家的应时而中、圣王之制等思想,反映了儒家的行为规范和资源立法思想;佛教以众生平等作为其核心价值,通过依正不二来确立生态责任,最终目标是实现圆融无碍。传统文化中的这些生态智慧,是现代生态伦理学和生态文明建设的重要精神资源。④ 佘正荣站在德性

---

① 孙道进、郁乐. 谁之后代! 何种正义?——环境代际正义问题中的道德立场与利益关系[J]. 思想战线,2014(4)

② 刘海霞. 从底线要求看环境公平制度的构建原则——基于环境弱势群体的视角[J]. 自然辩证法研究,2014(1)

③ 华启和. 邻避冲突的环境正义考量[J]. 中州学刊,2014(10)

④ 邵鹏、安启念.中国传统文化中的生态伦理思想及其当代启示[J]. 理论月刊,2014(4)

论立场,解读了中国传统伦理。他认为,中国传统德性伦理从人的主体地位出发关怀天地万物,主张成己成物、利人利物,这种价值追求与生态保护具有内在的一致性。中国传统德性伦理倡导与周围环境和谐相处,倡导崇高的道德人格,这有利于推动当代人进行生活方式的合理改变,激励人们更为主动自觉地从道德上关爱生态环境,从而避免西方义务论环境伦理仅仅为人们提供行为规范的缺陷。① 冯天瑜也重视人的主体性,他主张树立中庸的"弱人本主义"观念,发挥人的自觉能动性,把社会经济活动纳入地球生态系统的良性循环之中。②

　　徐春从现代环境伦理的视角,分析了儒家的"天人合一"思想。他认为,从畏天命到敬畏生命,从超越工具价值到体认自然的内在价值,从人类中心到承担对自然的伦理责任,这是儒家"天人合一"思想自然引申的合乎逻辑的结果。经过否定之否定的发展,儒家的"天人合一"思想必将与现代环境伦理相融合,为建构一种健全的环境伦理做出贡献。③ 吴承笃从儒家的时间观念入手,分析了儒家天人相生的生态智慧。他认为,儒家依物观时、以易喻时的时间观,将时间与万物生命的开始、发展变化联系在一起,而人作为宇宙生命的一部分,必须畏天命、知天命、求时运,通过调整自身才能与万物生命的律动和谐一致。④ 陈红兵研究了佛教净土理想中的生态智慧,他指出,佛教净土理想本身包含精神超越与关注现实生存环境建设的双重维度。印度佛教净土如西方极乐世界等多为超越的彼岸世界,而中国佛教净土像禅宗唯心净土等则转向关注现实人心、现实世界。与儒道生态理想相比,佛教净土具有追求精神清净的特质,这启示我们追求心灵的净化及维护自然万物的自然、清净状态;佛教净土关注现实的世间维度,则启示我们重视生态环境建设,发挥自身在环境教育中的积极作用。⑤

4. 环境伦理与生态文明建设

　　环境伦理学不仅仅关注理论层面的建构问题,更关注着中国的生态文明建设。余谋昌认为,在农业文明时代,中国达到了世界最高成就,拥有世界话语权。但是,到了工业文明时代,在农业文明道路惯性的作用下,中国被迫成为先进工业化国家的商品倾销地和原料供应地,失去了世界话语权。未来世界是生态文明的世界,未来的世界话语权是生态文明的话语权。因此,建设生态文明是中华民族的复兴之

　　① 余正荣. 中国古代德性论生态伦理思想的当代意义[J]. 上海师范大学学报(哲学社会科学版),2014(5)
　　② 冯天瑜. 中国古典生态智慧的当代启示[J]. 社会科学战线,2014(1)
　　③ 徐春. 儒家"天人合一"自然伦理的现代转化[J]. 中国人民大学学报,2014(1)
　　④ 吴承笃. 儒家思想中的时间观念与生态意识[J]. 云南社会科学,2014(2)
　　⑤ 陈红兵. 佛教净土理想及其生态环保意义[J]. 佛学研究,2014(1)

路,也是中国重建世界话语权的重大战略机遇。① 把生态文明建设融入文化建设各方面和全过程,根本的落脚点是大力发展生态文化。要大力发展生态文化产业和事业,发展生态哲学、生态伦理学、生态经济学、生态法学、生态文艺学等,推进它们在实施生态文明战略中的实际应用,建设社会主义文化强国。② 郇庆治也认为,环境哲学与伦理研究不仅能提供一种关于生态文明、生态文明与工业文明关系等问题的一般意义上的哲学学理阐释,而且,它将能够从哲学层面上阐明生态文明、生态文明建设和当代中国之间一种特定的理论与实践相联结的正确性、合理性、可能性。如,中国传统的综合性、复合式辩证思维方式,对于我国生态文明建设的独特价值等。③ 曹孟勤和黄翠新深刻阐述了生态文明建设的合目的性。他们认为,在康德看来,加工改造自然界的实践活动是人类的求福活动,但福在自然王国,而德在道德领域,在自由王国。所以,德福一致只能实现于未来的彼岸世界。然而,生态文明对加工改造自然界的求福活动提出了道德要求,要求人们有道德地开发利用自然界,以德配享幸福。因此,生态文明建设的目的合理性是弥合康德制造的现实世界中德福分裂的鸿沟,实现德福一致。④ 生态文明建设,不仅需要哲学的阐释,更需要制度创新。余谋昌强调,实行严格的制度和法治,是生态文明建设的可靠保障。要建立生态文明的政治制度、经济制度、生态和环境保护制度,并确保其实施。⑤ 郇庆治也强调制度建设的重要性,他认为,如果生态文明建设的体制和机制不能及时跟上,就会成为制约生态文明建设的"肠梗阻"。不能指望单凭企业自治或公民自律来治理环境,政府才是环境治理的主角。生态文明制度建设,应从生态文明建设的整体性、综合性出发,建立一套涵盖统筹协调、执行监督、责任追究等各个环节,囊括生态管理制度、生态经济制度、生态社会制度和生态文化制度在内的综合性制度体系。⑥

建设生态文明,最紧要的是解决好环境污染问题,尤其是雾霾问题。卢风批判了发展主义,他指出,改革开放以来发展主义成为深入人心的硬道理,这虽然带来了经济的飞速发展,但也导致了社会腐败、环境污染等一系列社会和自然生态问题。发展主义激励人们无限地追求物质财富来证明人生的意义,导致了人性的扭曲。"科技万能论"让人们盲目乐观,误以为经济会无限增长。只有摒弃发展主义,

---

① 余谋昌. 建设生态文明,重建中国的世界话语权[J]. 绿叶,2014(5)
② 余谋昌. 把生态文明融入文化建设各方面和全过程[J]. 桂海论丛,2014(2)
③ 郇庆治. 推进生态文明建设的十大理论和实践问题[J]. 北京行政学院学报,2014(4)
④ 曹孟勤、黄翠新. "德福一致"从天国到人间的复归——生态文明建设的目的合理性[J]. 天津社会科学, 2014(3)
⑤ 余谋昌. 创造生态文明的新的制度模式[J]. 林业经济,2014(6)
⑥ 郇庆治. 打通生态文明"肠梗阻"[N]. 人民日报,2014(5)

扭转发展方向,建设生态文明,才是中华民族伟大复兴的根本出路。① 卢风进一步指出,人们应该冲破现代制度、文化及生活潮流的蒙蔽,超越"赚钱+花钱"的生活方式,自我觉悟,自觉为保护环境和生态文明建设贡献力量。② 林德宏也认为,雾霾的直接原因是不合理的生活方式,其根源就是工业社会造就物本主义价值观,只有超越了物本主义,才有希望彻底治理雾霾问题。③ 唐代兴认为,雾霾的根源在于人与自然的二元机械对立,以及在此基础上建立的经济发展模式。因此,治理雾霾,必须摒弃发展主义,重建"未来引导现在"的理性精神和"生存才是硬道理"的生存主义原则,必须清算经济增长主义和经济增长可以解决一切问题的简约主义,以生境伦理为导向,重建人、社会、地球及自然共在互存、共生互生的生境制度。④

总之,环境伦理学在我国经过30多年的发展,取得了累累硕果。展望未来,环境伦理学将会沿着五个方向发展,一是实践取向,力图实现环境伦理学理论与环境保护实践、环境运动、环保决策的沟通与结合;二是各种环境伦理学流派,力图与其他学派整合,寻求多元共存;三是关注环境正义;四是寻求新的哲学基础,后现代主义、女性主义、实用主义、现象学和美德伦理学正在成为环境伦理学家们深化和拓展其理论视阈的思想武器;五是挖掘各民族文化传统中的生态智慧和环境伦理资源,实现各种环境伦理智慧的对话与沟通,建构具有全球视野的环境伦理学。⑤ 郭亚红也主张环境伦理学各理论派别从争议中寻求共识,从古老的东方文化中寻找新的理论增长点。⑥ 杜红则坚持以环境实用主义对环境伦理学进行改造,倡导多元主义、拒绝形而上学争论及参与环境实践,从而逃离非人类中心主义的内在价值枷锁,将环境伦理学重新拉回到真实的生活世界。⑦ 张乐民主张借鉴生态学马克思主义,坚持马克思主义视域、科学性视域、以人为本视域和现实性视域,建构中国化马克思主义的环境伦理学。⑧ 中国需要属于自己的环境伦理学,我们期待着,中国本土化的环境伦理学早日破茧成蝶,为推动中国生态文明建设和世界环境保护事业做出贡献。

---

① 卢风. 发展主义与片面发展的代价[J]. 南京林业大学学报(人文社会科学版),2014(1)
② 卢风. 超越"赚钱+花钱"的生活方式[J]. 湖湘论坛,2014(2)
③ 林德宏. 雾霾灾害是物本主义的恶果[J]. 南京林业大学学报(人文社会科学版),2014(1)
④ 唐代兴. 从发展到生存:极端环境灾害的伦理检讨[J]. 南京林业大学学报(人文社会科学版),2014(1)
⑤ 杨通进. 环境伦理学的现代建构及其发展趋势[J]. 南京工业大学学报(社会科学版),2014(1)
⑥ 郭亚红. 西方环境伦理学:逻辑进程、困境与出路[J]. 湖南社会科学,2014(3)
⑦ 杜红. 逃离内在价值的枷锁——解读环境实用主义[J]. 自然辩证法研究,2014(5)
⑧ 张乐民. 论生态学马克思主义的环境伦理[J]. 山东大学学报(哲学社会科学版),2014(4)

五、生命伦理

1. 生命伦理学的新进展

有关于生命伦理学的相关思考,大都是由现代生命技术发展和应用引发科学与伦理的矛盾而引起的。二十世纪六七十年代以来,由于生物医学科学技术的飞速发展,以及随之而来出现涉及人类生命、生命过程和生命质量的医学伦理新课题,人们对生命科学和卫生保健领域的伦理思考已突破医学领域原本固囿的范围,转而开始从生命价值的角度出发,围绕完善和提高生命质量的问题切入考量,促使当代的医学伦理学进入生命伦理学阶段。而生命伦理学的产生也是适应人类改善自身素质愿望的一种反映,是人类自我认识的新发展,是人们权利意识的扩展。当代生命伦理学是典型的外诉型伦理,强调个体的道德权利,以维护人的生命权以及生命权上体现人的尊严为首要目的,但随着科学技术的飞速发展,生命伦理学面临挑战。[①]

就伦理学而言,道德问题的凸显既是挑战和压力,也是机遇和希望。能否成功地将挑战和压力转化为伦理学理论创新的良机,关键在于当代伦理学能否找到较为合理有效的学理方式,来思考和解释当代社会的道德问题。[②] 生命伦理学也不外如是。

生命伦理学,尤其是生命伦理学中有关器官移植、安乐死、干细胞克隆技术运用、优生学的道德伦理研究,就具有这种专门科技化的特征。生命伦理学是研究生命科学、生物技术,以及医疗保健提出的伦理道德问题并加以规范,使人们有所遵循的学科。简言之,生命伦理学是研究生命科学和医学发展中提出的伦理问题并加以规范的学科。因此,关注当代生命科学、生物医学和生物技术的发展提出的伦理问题永远是生命伦理学的核心要务。如何理解生命、认识生命,进而尊重生命,爱护生命,提高生命质量,实现人生价值,始终是人类的一个永恒话题。

在生命伦理学的研究中,引人注目的主要是由于新技术的推进引发的伦理道德难题。这一直是学者们瞩目的研究焦点。新技术不断地演变,导致这方面的生命伦理问题也在不断变化,需要学者们持续地研究才可突破。在2014年一年的发展中,生命伦理学呈现出了新的研究热点。比如非自然生产方式诞生出的婴儿的权利归属问题,一直是困扰大众的焦点,关涉社会的方方面面。为了使人类生活得更好,除开生殖技术范畴的问题,部分学者专门对转基因食品问题进行了相应的伦理审视。生活中医患关系问题也成了学者们聚焦的另一大社会难点问题。与此相

---

① 陈飞. 论当代生命伦理学与人权[J]. 卫生法学与生命伦理国际研讨会论文集,2014(10)
② 万俊人. 当代伦理学前沿检视[J].哲学动态,2014(2)

关的诸多伦理价值如自主、权利、医德等等存在着冲突,那么直面医患关系困境并对之进行分析具有现实的紧迫性。作为社会未来栋梁的大学生群体的生命伦理教育问题仍是一大难点问题。除了生存范畴,死亡也仍是生命伦理学的另一大要义。本年度对于临终关怀的研究,有所突破。

2. 关于生命伦理的"优生"问题

生命科技的发展一方面使人们对生命有了更深入、更全面的了解和认识,对于人类生命的健康延续、病患身体的康复以及生命质量的提高都起到了积极的作用。但是,同时也使人们面临着诸多伦理道德方面的困惑与挑战,并存在着激烈的道德论争。医学技术的进步使人类越发有能力干预人的生老病死,这将引起积极和消极的双重后果。一方面,人们能更有效地诊断、治疗和预防疾病;另一方面,在各国的医疗和研究工作中,违反生命伦理的事件总是存在,技术的进步也带来了对人的尊严和价值的挑战。[①]

在"优生"方面,学者们一大着眼点就是非自然手段诞生胚胎的权利问题。从伦理学的角度来看,关于胚胎的道德地位和胚胎权利,从来都是悬而未决的问题,现在无法给出明确的答案,将来也难有普遍认可的定义。[②] 2014 年,中国首例冷冻胚胎继承权纠纷案在江苏历经一波三折的审理,备受关注。一审判决冷冻胎儿不能继承;终审判决由原被告双方共同监管和处置冷冻胚胎。记者李鹏报道,该案件中冷冻胚胎归属难界定,社会各界广泛探讨冷冻胚胎该不该继承的问题。[③] 孟亚生认为,伦理方面,受精胚胎具有潜在的生命特质,不仅含有沈杰、刘曦的 DNA 等遗传物质,而且含有双方父母两个家族的遗传信息,双方父母与涉案胚胎亦具有生命伦理上的密切关联性;情感方面,白发人送黑发人乃人生至悲之事,更何况暮年遽丧独子、独女。而沈杰、刘曦遗留下来的胚胎,则成为双方家族血脉的唯一载体,承载着哀思寄托、精神慰藉、情感抚慰等人格利益。胚胎由双方父母监管和处置,既合乎人伦,亦可适度减轻其丧子失女之痛楚;特殊利益保护方面,胚胎是介于人与物之间的过渡存在,具有孕育成生命的潜质,比非生命体具有更高的道德地位,应受到特殊尊重与保护。在沈杰、刘曦意外死亡后,其父母不但是世界上唯一关心胚胎命运的主体,而且亦应当是胚胎之最近最大和最密切倾向性利益的享有者。当然,权利主体在行使监管权和处置权时,应当遵守法律且不得违背公序良俗和损害他人利益。[④] 徐青松则认为,胚胎不能进行继承转让,这更多考虑的是生命伦理与

---

① 曲柏寿. 但求生死遂人愿[J]. 大家健康,2014(2)

② 刘长秋. 胚胎弃与留,谁有决定权[N]. 健康报,2014(5)

③ 李鹏. 归属难界定,冷冻胚胎该不该继承? [N]. 北京科技报,2014(9)

④ 孟亚生. 冷冻胚胎,亲人能否继承? [J]. 检查日报,2014(9)

社会道德是否会产生冲突的问题。如果法院判决"胚胎可以被继承",就会引发一系列法律与伦理问题,如胚胎是否会被用于代孕、买卖等违法用途。一旦代孕合法化,代孕婴儿的母亲如何认定、代孕妇女出现伤残或死亡又如何处理;夫妻离婚时生育权行使的冲突如何解决等。① 对此李昊天表示赞同,认为"胚胎可继承"是媒体的误读,此时胚胎并不可继承。② 不过,伦理学界对此一直存在争议。有人认为,人类胚胎具有人的伦理身份,应当被视同为人。也有人认为,胚胎只是一种高级细胞,是一种纯粹的物。还有人认为,受精卵有发育成人的潜能,但早期胚胎不具有人格和道德地位。相对居于主导地位的观点则认为,胚胎拥有人的遗传信息,实际上是某一阶段的人,以其特有的方式贡献于人的世代交替。因此,即便是无法被完全归入人的行列,也绝不能作为物来加以处理。原因在于人与物的界分依据主要在于人具有自我意识和行为的可归责性,而这种人格特征是不可能通过后天的变化而获得的。但是,这不意味着人们对胚胎的权利问题没有任何共识。③ 基于此,胚胎的人格特性不能被抹杀,其伦理地位必须受到重视。胚胎有关问题真正彻底的解决还有赖于未来我国伦理研究和法制的进一步完善演化。

除此之外,在克隆技术、人类基因研究、辅助生殖技术、人体实验、器官移植、重组 DNA 技术等,以及对有缺陷新生儿的处置等方面,也都存在着争议。比如,季爱民的研究,治疗性和生殖性克隆强烈冲击着人类伦理道德。生殖性克隆伦理问题的突出表现在于有损人类的尊严,治疗性克隆伦理问题的核心则是胚胎的权利与道德地位问题。④ 不论是什么辅助生殖技术,虽是给不孕不育患者带来了福音,但在技术理性和医学目的的双重制约下,都面临着诸多伦理挑战。⑤ 今年崭新的关注点在人体器官上。这可分为两点:一是个人对自身的器官处理,主要指的是变性问题;一是个人对外界有关器官的活动,主要指的是器官的移植和买卖。汤啸天认为,人的性别不单单是个人的私事,对生命的干预必须按照人与自然和谐的原则进行。不宜把性别变更请求权等同于性别变更权,不宜把外科手术等同于"上帝之手",不宜把变性手术的实施权等同于决定权。⑥ 在个人对外的器官活动中,主要是由于器官移植技术的飞速发展导致的器官紧缺进而产生买卖的问题。杨转珍审视了之前想合法化器官买卖和反对器官买卖的多种理论观点,得出了器官交易在

---

① 徐青松. 胚胎为何不能继承转让[N]. 健康报,2014(6)
② 李昊天. "胚胎可继承"是媒体的误读[N]. 人民政协报,2014(9)
③ 刘长秋. 胚胎弃与留,谁有决定权[N]. 健康报,2014(6)
④ 季爱民. 克隆人技术伦理根基之思考[J]. 滁州学院学报,2014(1)
⑤ 陈芬、纪金霞. 人工辅助生殖技术:从技术理性走向生命伦理[J]. 中国医学伦理学,2014(1)
⑥ 汤啸天. 性别变更手术与生命伦理之我见[J]. 卫生法学与生命伦理国际研讨会论文集,2014(10)

伦理学的审视面前应当止步的结论。① 人都享有对自己身体的自主支配权,即便是死刑犯,我国也将全面停止使用死囚器官作为移植供体来源,这是对个体生命的最大尊重,也是生命伦理的重大回归。② 杜振吉也坦言,器官移植也因涉及器官的来源问题、供求关系问题等而面临诸多伦理困惑和道德难题,③需要遵循生命伦理的基本原则进行限制,也应加强政府的理性调控,强化法律法规的约束控制,同时发挥公众的舆论监督作用。④

转基因技术带来的食品安全问题仍在人们的视野当中。转基因农作物的种植正在世界范围内不断得到推广,转基因食品已经越来越多地进入市场、走进普通民众的生活。转基因食品的人体试验至今仍是一个非常敏感的话题,从未有受试者数量多、周期长的人体试验被公开过。由于转基因食品对人的潜在伤害可能是不可逆的,因此即使不安全的发生只是极小的概率,但是安全的风险却是极大的。⑤转基因技术的发展应用,对生态、生命及其社会伦理形成了巨大的冲击。转基因动植物的出现,可能会破坏自然界原有生物之间的竞争协调关系,破坏生态环境的动态平衡。转基因技术在医学等方面的发展,也给生命伦理带来了冲击。转基因技术的应用实践,还引发出一系列对社会伦理的冲击。为了能使人类对于转基因技术的实践应用能够回归科技发展的初衷,要从科技伦理、科学规范和科技政策的引导、约束、调控等多方面进行合围解决,实现转基因技术的科技伦理解困。⑥ 食品安全问题与伦理道德相联系主要表现在:首先要确保每个人都有饭吃,这是人类最原始生命伦理道德问题的要求。其次,保证人人能吃好,也就是人们都需要合格质量食品。但是目前我国社会主义市场经济秩序中,若能在经济上取得较好的收益,人们往往会忽略一系列的道德原则与道德规范,这就产生了道德与利益的矛盾困境。⑦ 面对当前严峻的食品安全问题,光靠政府部门加强监管力度是不够的,需要全社会的广泛参与,充分发挥伦理道德的调节作用。⑧ 具体来说,一是要树立尊重生命的价值观;二是要强化社会伦理道德体系建设;三是坚持食品生产与经营中的经济伦理规范;四是要树立推己及人的伦理道德观念。⑨

---

① 杨转珍. 人体器官买卖的伦理审视[J]. 产业与科技论坛,2014(19)

② 张恒. 停止死囚器官移植,让生命伦理回归[N]. 重庆日报,2014(12)

③ 杜振吉. 生命科技发展中的伦理困惑与道德论争[J]. 河南师范大学学报(哲学社会科学版),2014(6)

④ 杜芳舟. 由基因工程引发的生命伦理问题研究[D]. 渤海大学硕博论文,2014

⑤ 叶山岭. 对转基因食品安全的伦理探析[J]. 自然辩证法研究,2014(5)

⑥ 高宏珍. 转基因技术的伦理突显与解困研究[D]. 太原科技大学硕博论文,2014

⑦ 刘艳. 道德治理视角下的中国食品安全问题研究[D]. 上海师范大学硕博论文,2014

⑧ 施秋滟. 当前中国食品安全问题的伦理审视[D]. 上海师范大学硕博论文,2014

⑨ 刘洋. 我国食品安全问题的伦理学分析[J]. 环球人文地理,2014(10)

3. 关于生命伦理的临终关怀与"优死"问题

安乐死问题是生命伦理学研究中争议最多的问题之一。到目前为止。安乐死问题一直存在着激烈的伦理争议。虽然世界上有的国家(如荷兰、比利时等)已通过安乐死法案,使安乐死合法化,但是,要在安乐死问题上取得共识并非易事,关于安乐死问题的道德论辩将会长期存在。薛晋认为,安乐死与传统伦理观念的冲突在于违背传统人道主义、违背传统医德,但其实安乐死是一种善的行为,至少不应受道德上的谴责。原因在于,从病人角度看,安乐死病人面对的是"在短期内将痛苦地死去"这样一种事实,因而其死亡的根本原因并不在于其对生命的放弃,而在于其所患的是目前无法医治的疾病;从家属角度看,家属在病人主动提出要求并了解病人病情发展状况后,做出同意安乐死的决定,尽管在最终结果上为自己减轻了经济负担,但这仅仅是家属为维护病人利益而产生的附属物;从医生角度看,治病救人无疑是人道主义的,但让病人无痛苦地死亡也并非违反人道主义。实行安乐死符合安乐死对象的自身利益和生命价值原则,也是尊重病人选择死亡的权利。[1]

与安乐死密切相关却又有所不同的临终关怀话题越来越受到社会的瞩目。余运西认为,临终关怀是在尊重病人的基础上,既不加速死亡也不延缓死亡,其背后是中国人口老龄化加剧以及家庭结构小型化的演变。发展临终关怀事业,需要突破传统观念的束缚以及各种障碍。[2] 张娅与郭晓林指出,在现代的伦理实践中,临终关怀的主体一直被误解为是临终患者亲属或者医护人员,这就造成了临终关怀理论和实践的困境:临终关怀真正的主体,也就是临终患者的权利诉求得不到真正的实现。这主要是由于安乐死立法等问题的出现,引发了自主原则、知情同意权等争议,我们不得不审视这种主客体关系的合法性。临终患者由于其身体状况的恶化从而使其降低为弱者,在"我——他"关系中这种弱势状况使得临终患者总是"他者"的关护对象,由此,临终关怀成了他者展现其善良意志的一种自觉的道德实践。但临终关怀的本质是为了让临终患者获得"死"的尊严,这里形成了关系错位。临终关怀最重视的是患者的自主性,从这个层面来看,临终患者才应该是临终关怀的主体。[3] 陈德芝深化道,临终关怀是医学技术与社会道德的平衡与结合。它以提高患者临终生命质量为宗旨,核心是对患者价值观和意愿的尊重,也是面对老龄化的最好伦理选择。虽然中国"临终关怀"的发展与国际社会相比仍相对迟缓,也未达到高质量、高人性化的照顾理念,但专家们正在积极努力探讨对策中,相信不日

---

① 薛晋. 对中国安乐死问题的伦理学研究[J]. 神州,2014(9)
② 余运西、胡庆澧. 临终关怀绝不是帮医生"甩包袱"[N]. 健康报,2014(6)
③ 张娅,郭晓林. 临终关怀主体的确证[J]. 医学与哲学,2014(1A)

必能解决。①

4. 关于大学生群体的"优活"问题

肖述剑指出,在现行的高校教育中,学校普遍重视科学文化知识的教育,要求学生对课本知识的掌握。这种只注重科学文化知识,而忽视精神层面和心理层面的氛围,导致了人文精神的失落,并由此造成生命伦理观念教育的缺失。由于大学生对生命伦理问题缺乏一定的了解和思考,因此出现了言行的失常、不健康的生活方式与心态,甚至出现自杀、伤人、伤物等严重不良行为。这些伤害自己生命和他人生命的行为,反映出了大学生不正确的人生观、价值观以及严重歪曲的心理。这些行为产生的原因肯定是多方面的,有社会环境的影响,有其家庭环境的影响,也有其自身的原因。但从学校的角度来说,学校缺乏对大学生生命伦理观的教育,是导致大学生轻视生命、漠视伦理规范的主要原因之一,所以当今高校应该重视生命伦理观教育。② 当然了,除了学校生命伦理教育的缺乏,自我同一性的缺乏、耐挫力的差异、情绪不稳等主观因素也是不可忽视的原因之一,还有别的来自社会环境、家庭原因、同伴关系、学业问题等社会因素也是无法忽视的成因。③ 大学生生命意识的缺失主要表现在信仰的迷失、情感的缺失、健康意识的淡薄等。④ 而从生命伦理角度而言,人类对生命的漠视是诱发暴力犯罪的始因。⑤ 因此,注重对青年人群体的生命伦理教育是十分重要的。

如何进行大学生的生命伦理教育呢? 赵华龙认为大学生生命意识教育的实施需要家庭、学校、社会三者教育职能的整合。⑥ 鲍作臣和李露露认为,要实现高校大德育观教育需要考虑学生的心理健康状况。⑦ 我们必须从同情、惋惜、关爱生命的角度去深入分析开展大学生生命伦理教育研究的背景和重要意义,对大学生的生命认知、生命态度、生命责任、生命价值取向等方面进行定量分析,真实了解大学生生命伦理观的基本现状,并根据当前高校教育和学生生命伦理需求实际,进一步探索符合大学生生命伦理教育实际的内容、原则和途径,帮助大学生确立正确的生命伦理观。比如,我们可以转变教育观念、深化教育内容、整合社会资源。⑧ 具体来说,要强化"以人为本、关爱生命"的生命伦理教育理念,增强生命伦理教育的实效

---

① 陈德芝. 临终关怀:为临终患者提供生理和心理的全面照护[J]. 医学与哲学,2014(6A)
② 肖述剑. 大学生生命伦理教育研究简述[J]. 当代经济,2014(9)
③ 胡冰. 大学生生命伦理教育缺失的成因与对策分析[J]. 青年文学家,2014(5)
④ 赵华龙. 关于加强大学生敬畏生命观教育的思考[J]. 边疆经济与文化,2014(5)
⑤ 李艳馨. 生命教育:高校法制教育的原点[J]. 中北大学学报(社会科学版),2014(2)
⑥ 赵华龙. 关于加强大学生敬畏生命观教育的思考[J]. 边疆经济与文化,2014(5)
⑦ 鲍作臣、李露露. 大德育观下的心理健康教育[J]. 中医药管理杂志,2014(8)
⑧ 肖述剑. 大学生生命伦理教育研究简述[J]. 当代经济,2014(9)

性,增强敬畏生命生存意识教育、磨砺生命的生命磨炼教育、包容生命的人际关系教育。① 生命伦理教育可以从中小学抓起,不一定非从大学开始,整个青少年队伍都需加强这方面的教育。② 这相应地,对于中小学教师甚至幼儿园老师也提出了相应的职业道德素养和生命伦理素养的要求,需要教师同样具备科学的生命观。毛少华认为,教师的生命观应该是对生命的敬畏、尊重和关爱。③

5. 关于医患关系的伦理问题

近年来,紧张的医患关系是当代社会的敏感话题,层出不穷的医患冲突和医疗纠纷严重影响了医疗活动的有序进行。医患之间竖起的隐形壁垒,不仅使患者不能得到积极有效的治疗,而且医者的日常工作也难以正常开展,甚至其人身安全都得不到保障,更阻碍了医疗质量的提高和安定和谐的社会局面的形成。导致这一问题存在的因素是多方面的。④ 马莉等指出,医学科学迅猛发展的当今时代,医学尚有诸多未解之谜,医务人员依然无法确保挽回每一例危重患者的生命。医疗实践始终遵循着"以患者为中心"的原则,患者享有自主权力,医务人员努力给予关心、尊重,尽可能避免对其造成伤害。而实际工作中,医务人员所采取的诊疗方案,往往与患者及家属期望的"健康痊愈"目标之间差异明显,尤其对危重患者,诊疗措施在治病救人的同时也会带来伤害,常常无法达成患者及家属所期望的目标,这种医疗能力与患者目标之间的分歧,更深层次的意义是医患双方面对生命伦理的自主、尊重、不伤害原则产生冲突,一旦患者出现不好的状况,极易引发医患之间的矛盾纠纷,这样的案例在医疗机构并不少见。这样矛盾冲突的成因在于:一是文化背景差异引发不同的生命价值观念;二是医学知识影响预期的产生;三是情感依赖引导不切合实际的决策;四是家庭与社会压力;五是医生专业细化对临床思维的广度限制。⑤ 而何昕认为,医患关系是指医疗实践活动中客观存在的医务人员与患者及家属之间相互交往的一种社会关系。它是医疗活动中最基本、最重要的人际关系。当代医者对传统医德精神的消解和缺失是造成医患关系紧张的重要原因。⑥ 谢素军和贺田露认为,医患关系的实质体现在权利问题的分歧。⑦ 胡欢和朱丽莎则认

---

① 胡冰. 大学生生命伦理教育缺失的成因与对策分析[J]. 青年文学家,2014(5)
② 张震、赵焕生. 加强青少年生命伦理道德教育的必要性探究[J]. 产业科技论坛,2014(10)
③ 毛少华. 生命伦理视角下的教师生命观[J]. 教学与管理,2014(12)
④ 何昕. 医患关系视角下的传统医德伦理认同研究[J]. 中州学刊,2014(4)
⑤ 马莉、王蒂楠、刘建. 正视生命伦理 构建医患和谐[J]. 卫生法学与生命伦理国际研讨会论文集,2014(10)
⑥ 何昕. 医患关系视角下的传统医德伦理认同研究[J]. 中州学刊,2014(4)
⑦ 谢素军、贺田露. 医患关系的科学构建——从临床治疗到生命伦理[J]. 生法学与生命伦理国际研讨会论文集,2014(10)

为,医患关系是医疗关系中的关键部分。目前,我国的医患关系依然面临着严峻的形势。由于医疗过程中发生如死亡、残疾等无法补救的事件导致患者及其家属与医疗单位产生纠纷,这往往是医患矛盾恶化的最直接的表现。成因主要是在于患者、医者对死亡认知的偏差。① 现今中国,医患关系中存在的伦理问题主要在于医患关系伦理失范、新闻媒体伦理失范、社会公众对医患关系态度上的伦理失范。② 张小娇认为,随着医患关系的复杂化,要想抓住当代中国医患关系紧张的根源,就不应该仅仅停留在诸如完善管理制度和相关法律等操作层面的分析,更需要关注于对医患关系伦理本质的研究。③ 对此苏玉菊表示赞同,从权利的角度加以阐释,指出患者权利的冲突主要表现在患者隐私权与医疗机构医疗权教学权的冲突、患者生命权与知情同意权的冲突和患者生命健康权与隐私权的冲突。④

如何去缓和紧张的医患关系呢?杜荣昶、马碚生认为,科学的人生价值观是生命伦理的核心。必须合理汲取人类文明发展在生命伦理领域的积极成果,运用马克思主义关于价值与使用价值辩证统一的观点,科学评判生命价值和生命伦理。⑤ 要解决冲突,需要了解医患间关系的特殊性,善用人文关怀,这有助于化解生命伦理冲突,帮助患者提高面对高风险的决策能力,寻求冲突中的平衡。⑥ 要构建和谐的医患关系,必须从基础抓起,以伦理道德为根本,具体可以从以下几点做起:(1)敬畏生命、尊重人格;(2)完善"三公"的解决纠纷的机制;(3)借助媒体力量,弘扬医学美德;(4)严惩患方以任何方式的暴力行为。⑦ 胡欢和朱丽莎补充道,还需要开展生命教育,培养科学死亡观;回归生命关怀;支持临终关怀活动。⑧

6. 关于生命伦理学的中西结合

西方研究生命伦理的学者,聚焦的仍是阿尔贝特·施韦泽的生命伦理思想。阿尔贝特·施韦泽基于自己独特的人生实践和伦理认识,提出的敬畏一切生命的

① 胡欢、朱丽莎. 从死亡认知的角度分析医患关系恶化的原因及改善对策[J]. 中国医学伦理学,2014(6)

② 高静. 生命伦理视域下的和谐医患关系构建——以"湖南湘潭妇幼保健院产妇死亡事件"为视角[J]. 卫生法学与生命伦理国际研讨会论文集,2014(10)

③ 张小娇. 基于生命伦理视角的我国医患关系困境及对策研究[D],昆明理工大学,2014

④ 苏玉菊. 患者权利冲突的法伦理思考[J]. 医学与哲学,2014(4A)

⑤ 杜荣昶、马碚生. 人民医院不堪承受的生命之重——《医疗损害责任》中的生命伦理问题研究[J]. 卫生法学与生命伦理国际研讨会论文集,2014(10)

⑥ 马莉、王蒂楠,刘建. 正视生命伦理构建医患和谐[J]. 卫生法学与生命伦理国际研讨会论文集,2014(10)

⑦ 高静. 生命伦理视域下的和谐医患关系构建——以"湖南湘潭妇幼保健院产妇死亡事件"为视角[J]. 卫生法学与生命伦理国际研讨会论文集,2014(10)

⑧ 胡欢、朱丽莎. 从死亡认知的角度分析医患关系恶化的原因及改善对策[J]. 中国医学伦理学,2014(6)

伦理主张,不仅对当代西方伦理思想产生了极其深刻的影响,同时也成了当今世界和平运动、环保运动的重要思想渊源。在这样的伦理思想指引激励下,他进行的一系列医学实践活动所展示的高尚的医学伦理人格、深刻的医学伦理情怀值得当今医务工作者和医学生们的学习和敬仰。林树旺认为,阿尔贝特·施韦泽敬畏生命原则在道德观念、道德标准和伦理精神方面都可以规约生物技术发展的方向,将生物技术发展带向正确的方向。施韦泽创立的敬畏生命伦理学认为,对一切生命都要持有一种敬畏的态度,把敬畏生命的理念看作是人类的责任和义务,不可有故意伤害和毁灭生命的行为,这是人性本善的根本体现。① 但是,由于传统文化的背景不同,中西方生命伦理在许多方面都不可避免地分别烙有中西方文化的深刻印记,包括生命伦理的核心理念"尊重生命和人的尊严"。中西方差异具体表现在敬畏生命上的差异和生命尊严上的差异。② 如何结合国外发达国家的经验,探索与中国文化传统相结合的、适应中国国情的伦理政策路径方法,是当代中国生命伦理事业的重大课题。

在中国生命伦理学领域,原则主义的决策框架遭遇实践困境,权利话语的"先天不足"。自主原则的分离、忽略了人们实际条件的能力模型是其困境之源。西方将尊重自主作为解决困境的出路,但这种模型将自主当作一个静止的概念,遮蔽了个体与社会的真实关系。由于中国文化思维的差异性以及处于社会转型的特殊时期,决定了原则主义之西方解决路径在中国不具有适切性。在中国语境下,儒家伦理能为消解原则主义困境提供本土化的道德资源,包括"仁爱"的道德基础、"经权"的方法论、情理结合的理性条件以及家庭的介入。③ 杨雅宁和张丹对此表示赞同,认为根植于西方文化的权利和尊重个人自主性不一定是唯一的生命伦理原则,尤其是当我们考虑中国本土文化特别是儒家伦理传统时。④ 自古演变而来的四时节气,比如清明等,无一不在演示着以人法天的生命伦理。⑤ 张周志表示,工具理性和经济理性主导下的现代化进程中,面对形而上学终结和理想信念日渐式微的现实,人类自觉意识不能不重视守护道德崇高底线的生命伦理思维。而以自然人性预设和理性主体自觉为前提的西方现代伦理思维,在对于人的生命伦理的意义诠释和行为引领上,尽管有崇尚个性独立和人格自由的积极作用,但同时也不可避免

---

① 林树旺. 敬畏生命伦理对生物技术异化的规约研究[D]. 河南师范大学硕博论文,2014(5)

② 郭淑萍. 跨文化交际中生命伦理的价值差异及其产生背景[J]. 河南工业大学学报(社会科学版),2014(1)

③ 陈化、任俊华.生命伦理原则主义的中国式困境、成因及出路[J]. 长安大学学报(社会科学版),2014(4)

④ 杨雅宁、张丹.儒家伦理与预前指示[J]. 卫生法学与生命伦理国际研讨会论文集,2014(10)

⑤ 廖美玉. 祭墓与踏青:唐代"清明"所展演的生命伦理[J]. 西北大学学报(哲学社会科学版),2014(5)

地导致主客分离、价值至上、个人本位等弊端。与此不同,中国传统思维,尤其是儒家的泛伦理思维,从关注人的性命出发,坚持泛爱物的广义生命伦理思维,不仅弘扬人的德性生命,而且珍爱人乃至于万物生灵的自然情欲生命。主张把伦理思维从主体际性推广到人与一切他者的领域。这不仅能够避免人类中心主义的弊端,而且有利于建构合理的生命伦理思想体系。① 吴奎彬坦言,"生生"理念是儒家生命伦理思想的起点和基石。"生生"理念衍生出敬重、尽性、和谐三大生命伦理原则。敬重原则,即对生命起源的敬重、对天地间万物的敬重、对天地人相通的敬重。在敬重原则的指引下,悲天悯人、珍重生命就成为儒家的重要思想。尽性原则,即万物各尽其性分。它要求发挥人作为人以及物作为物的特殊作用,使天地正常运转,万物健康发育。和谐原则,即人要顺从自然以达到天、地、人之间的和谐。其目的在于造就一种万物繁庶、社会太平、宇宙和谐的良好局面。儒家这种发端于生生的"和谐",尽万物之性的和谐,蕴涵了现代西方"大地伦理学"、"生态整体主义"的一些基本要素,但更有现代西方生态伦理所不能及的高明之处。西方非人类中心主义过分强调尊重自然和敬畏生命,强调人与万物的绝对平等,否定人的主观能动性,因而在实践上陷入困境。而儒家"人贵于物"、"人为天地立心"的理念为儒家在实践中体现的"爱有等差"思想提供了内在价值尺度和理论依据。儒家生生之和谐观,在讲究"三才之道"即人是天地万物的一部分,天地人相互作用、相对依赖、和谐一体的同时,肯定有"性命"之理、"仁义"之性的人是促进这自然整体和谐发展的积极力量。"生生"所要表达的是一种和谐共荣的人与自然状态,是一种连续性的模式,这种模式既是人的延续,也是自然的延续。这也不同于西方传统的生态伦理学思想对人或自然某一方面的过分关注,这种整体性正是西方二分法所形成的价值观所不具有的。② 这样一种以贵生厚德为价值取向的生命伦理观也是中国传统祖先崇拜伦理观的重要内容。在当前弘扬优秀传统文化、提升文化软实力的背景下,祖先崇拜伦理观是当代社会伦理及文化的重要资源,并将在补足社会规范伦理、引导调适个体生存、完善海峡两岸关系中彰显其独特价值。③

除了儒家,佛教也有以"戒、定、慧"三学为核心的生命伦理观及其实践德目即纪律、功夫、智慧的完整生命伦理体系,④这也具有重要的参考价值。老子为了解决当时人民的生存状态,从根本上思考了生命伦理问题,从人的生命价值、生命修养方法和生命追求等方面提出了自己的真知灼见,形成了具有东方特色的生命伦理

① 张周志. 德性对于规范的滋养——论中国传统德性伦理对于彰显生命崇高价值的意义[J]. 上海大学学报(社会科学版),2014(3)
② 吴奎彬. 论儒家"生生"理念及其衍生的生命伦理原则[J]. 山东青年政治学院学报,2014(2)
③ 赖萱萱. 祖先崇拜伦理观及其当代价值[J]. 湖北民族学院学报(哲学社会科学版),2014(3)
④ 郭小飞. 佛教生命伦理思想及其当代价值研究[D]. 南京林业大学,2014

思想。"道"是老子生命伦理思想的核心,在老子看来,道既是万物之母,又是万物发展变化的依据。老子提出了四大的思想,把人与道、天、地相提并论,充分肯定了人的生命价值,并从见素抱朴、少私寡欲、贵柔守弱、知足不争等方面,谈论了人的生命修养方法。"道法自然"和"无为而无不为"作为老子生命伦理思想的两个主要践行方法,提倡让生命个体重新回归本体,依照规律的自然发展,在自然而然中去作为,见素抱朴、宠辱不惊,使身心得到健康发展。老子的生命伦理思想对改变个人的心态,缓解个人心理压力,减少物欲带来的焦虑有举足轻重的作用。① 进入学者视野的还有墨子的生命伦理思想。墨子生命伦理思想是墨子思想的重要组成部分,它以墨子人性论为前提,其"生生"的生命伦理精神博大高远,"兼爱"的生命伦理原则特色鲜明,"利民"的生命伦理实践方式切实有效。胡兵认为,探讨墨子生命伦理思想的精神、原则及其实践方式,对于凝练当代生命伦理的精神、原则与实践方式,构建中国生命伦理学,解决现实生活中的各种具体生命伦理问题,具有积极的借鉴意义。②

中国生命伦理学的构建,离不开对西方资源的引进与借鉴,但应该注意西方"文化殖民"的陷阱。一方面,中国人权理论背景与人权意识相对薄弱,人们更关注如何促进与保障国民健康;另一方面,中国文化的思维是整体主义的,而非个体主义。在传统向现代、熟人社会向陌生人社会的变迁中,我们在注重西方生命伦理原则主义模式的同时,更需要结合中国传统文化与现实语境,寻找我们的文化之根。以儒家为依托,构建符合中国社会历史情境的生命伦理学,不仅是中国传承文化的现实需要,更是建立理论自信与文化自信的彰显,是对中国文化未来思考的必然结果。③ 事实上,中国传统哲学的德性伦理思维,特别是儒家的心性之学和义理之教,就其通过个性自觉而实现公共理性,从而追求德性伦理的超越道德价值而言,本身就具有高于以个人理性和自然理性为基础的西方现代规范伦理的超越意义。④ 儒家传统伦理并非是需要排除的障碍,相反,其所蕴含的丰富道德伦理资源可以替代西方个人主义取向的伦理原则,成为中国生命伦理实践的基石。⑤

---

① 张楠. 老子生命伦理思想研究[D]. 曲阜师范大学,2014
② 胡兵. 论墨子的生命伦理思想[J]. 老区建设,2014(14)
③ 陈化、任俊华. 生命伦理原则主义的中国式困境、成因及出路[J]. 长安大学学报(社会科学版),2014(4)
④ 张周志. 德性对于规范的滋养——论中国传统德性伦理对于彰显生命崇高价值的意义[J]. 上海大学学报(社会科学版),2014(3)
⑤ 杨雅宁、张丹. 儒家伦理与预前指示[J]. 卫生法学与生命伦理国际研讨会论文集,2014(10)

社会道德建设

党的十八大提出了 24 个字的社会主义核心价值观的基本内容,即倡导富强、民主、文明、和谐,倡导自由、平等、公正、法治,倡导爱国、敬业、诚信、友善,要求从国家层面的价值目标、社会层面的价值取向和公民个人层面的价值准则等三个方面培育和践行社会主义核心价值观。这是党和国家在社会主义革命和建设总结的宝贵思想,对我们民族和国家发展将会产生最持久、最深层的推动力。2014 年度,我国各地各部门在社会道德建设中以核心价值观为本,夯实思想道德的根基;以榜样力量为引领,点亮思想道德的明灯;以知行合一为重点,丰富道德实践的活动。积极推进公民道德建设,引导人们坚定理想信念,培育正确的道德情感、道德判断和道德责任,提高道德实践能力,推动全社会形成共同价值追求的良好氛围。

2014 年度,我国在道德建设的理论和实践方面都取得了深入的进展。本文主要根据社会道德建设的报道和相关学术论文的收录情况,首先考察社会公德,其次考察职业道德建设和家庭美德建设的研究情况,然后探索社会道德建设在城市文明和农村文明发展中的创新,最后概括性地探讨道德建设如何在社会主义核心价值观的引领下得到更好的发展。

一、社会公德

社会公德是人们在公共生活与公共领域中应当遵循的道德规范,涵盖了人与人、人与社会、人与自然之间的关系。在人与人的关系层面上,社会公德主要体现为文明礼貌、乐于助人;在人与社会的关系层面上,社会公德主要体现为爱护公物、遵纪守法;在人与自然的关系层面上,主要体现为尊重自然、爱护环境。随着我国经济的飞速发展,公共生活的扩大与人际交往的频繁,公共领域之中的矛盾也越发的凸显出来,社会公德就显示其更多、更广的作用。2014 年,对社会公德的研究,主要涉及公德概念、公德与私德的论争,公德缺失的成因分析以及对策研究。

1. 公德概念的发展

公德最通常的理解是社会公德。国内学者对公德的理解主要包含四个方面:

一是把公德理解为社会生活的道德;二是把公德理解为与公共利益相关的道德;三是把公德理解为有利于他人的道德;四是把公德理解为公共场所的道德。这些解释对我们理解和认识公德无疑是具有积极意义的。但是严格意义上,目前伦理学界对公德还没有一个比较科学的概念。

关于公德的内涵,有学者认为公德为全体社会成员所遵守的道德准则和个人德行相对的公共生活准则。他认为,公德之公,即指公民,不同于奴隶不同于私人,是生活在群体中的人;德指道德规范。公共道德的标准不是一个人确立的,而是在社会生活中,由社会的全体成员建立的。因此,社会公德是在公共生活中应当遵守的最起码、最简单的道德准则和规范,是由社会全体成员普遍认同、遵守的道德准则。①

此外,也有学者认为公德是公权的道德义务。伦理学或道德哲学对于公德的概括对我们理解和认识公德无疑具有积极意义,但在民主法治时代不够全面。公德所涉及的行为规范并不单纯是一种内在的感受或如康德所述是一种道德律的问题。在民主法治时代,公德的许多内容离开法学就无法解释清楚。这是为什么,迄今为止伦理学或道德哲学界始终没有一个较具公信力之公德概念的原因。而伦理学界现有的公德理解不仅在实践中多有矛盾,互相混淆,而且在公德的内容上也过于狭窄,主要是一种社会人际道德,明显缺少了国家公职人员的道德。即使对于公民的道德,也私德和公德不分,未有效地突出公民的社会道德和政治道德,即公民对社会对国家的责任。从权利和义务来透视,公德是公权的道德。公权的存在有三种基本形式,相应地有三种形态的公德:国家权力的道德、社会权力的道德及公民政治权力的道德。②

关于公德的本质特征,有学者从公德与舆论的内在融通的角度,对公德的特征进行了深入的挖掘与分析。他认为,公德和舆论,都是社会公共生活的产物,因此,公共性是二者固有的本质属性。首先,舆论具有蕴涵"社会公器"之公共价值,舆论往往作为法律之外的社会评价与制裁机制而发挥"公器"之功效;而公德亦具有"道德底线"之公共力量,公德作为调整公共生活领域的基本道德规范和普泛道德价值,相较于私德具有可普遍化、易于评价的特点,对公共生活的运转提供最坚实的道义保障。其次,公德和舆论,都属于社会价值形态。公德本身就代表着最广泛的道德价值要求和最基本的价值尺度。舆论本身也是具有"道义"力量的价值评价,其背后潜藏着公众对社会价值尺度和运行方向的内在要求。公德和舆论所蕴含的基本价值内涵在很多时候是重合的,是共通的,故二者具有某些共同的价值目

① 张杰. 我国公德建设的理性思考[J]. 佳木斯职业学院学报,2014(10)
② 蒋德海. 公德是公权的道德义务[J]. 学术月刊,2014(9)

标。最后,公德和舆论,基于公共性这一共有属性,共同担当着公共使命,共同聚焦于公共价值,具备了相互融通的内在基础。①

2. 公德与私德的论争

自梁启超写下的《论公德》和《论私德》肇始,公德与私德观念开始进入国人伦理视域。可以说,学界几乎形成了如下共识:"公德""私德"之分由中国改良启蒙思想家梁启超首倡,且他的"公德私德说"是相互冲突具内在矛盾的;经过刘师培、章太炎、梁漱溟等人的解读,"公德""私德"的概念内涵呈现出多元发展趋势;随着中国的现代化进程,目前对社会公德的思考仍然是社会热点。

有学者否认这个观点,认为康有为可能比梁启超更早地提到了"公德"与"私德"问题,并对梁启超的道德启蒙思想产生过影响,但康有为没有展开分析。康有为着眼点主要在"公德",认为唯有此才能构建"大同世界"。梁启超的"道德启蒙思想"主要包括"道德革命论""公德私德论"与"道德改良论",他既提倡"公德",又主张养成"私德",但需注意他的"公德"与"私德"的具体内涵的发展变化。李泽厚延续梁启超"公德"与"私德"的划分,主张从儒学中分解出"社会性道德"与"宗教性道德",然后再分别进行建构工作,即在中国的现代化进程中,一方面要构建建立在现代物质生活基础上的社会性公德,另一方面要培育多元化、个体性的宗教性私德。②

有学者认为,梁启超提出的"公德"和"私德"不仅对近代社会的发展有积极的推动作用,对于当今社会公民道德体系的建立,特别是官员道德体系建设也具有相当的指导意义。中国传统文化关于公德的论述比较少,而关于私德有许多精辟之论,如"温良恭俭让""克己复礼""忠信笃敬""知止慎独""存心养性"等对于培养私德以及增进私德的方法,古代圣贤阐释得极为完备,"几无余蕴"。而在梁启超看来"私德居十之九,而公德不及其一焉。""我国民所最缺者公德其一端也"。③

也有学者认为,就"公德"、"私德"中的"德"而言,其基本的含义还是品德、品行;就人的品德、品行而言,自然讲的就是"私德"。道德从根本上说是个人的事,道德的最高境界,自然是自觉的自我支配,即所谓的"自律"。然而,我们都承认个体心灵(内)是由群体社会(外)所塑造的;或者说,"私德"的完善其实有赖于"公德"的深入人心。这时候的"私德"或"自律"在逻辑上就应该服从于"公德"或"他律"。因此,我们需要重新思考"公德"与"私德""外在"与"内在""群体"与"个人"

---

① 康镇麟. 论公德与舆论的内在融通[J]. 伦理学研究,2014 (11)

② 赵景阳. 自由主义改良派论"公德"与"私德"——以康有为、梁启超、李泽厚为线索[J]. 河北师范大学学报,2014 (3)

③ 孟晓妍. 梁启超论"公德"与"私德"[J]. 前线,2014(2)

间的关系。①

3. 社会公德缺失的成因分析

随着现代化的发展,社会公德已经成为衡量一个国家社会文明程度的重要尺度。我国现阶段正处于社会转型的时期,传统道德与现代社会的不适应日趋明显,道德失范的现象层出不穷。当前我国社会公德在总体上存在一些问题,主要表现为:人们社会交往中文明礼貌的缺乏与待人冷漠现象的泛滥;公共生活中破坏公物与公共秩序行为的猖獗;对待自然环保意识淡漠以及肆意破坏生态平衡;社会公德缺失导致道德滑坡论盛行。

有学者认为,社会公德缺失的原因有三方面:其一,有着深刻的历史根源。封建专制的政治体制、小农经济结构、家族制度、封建传统文化都对公德的发展产生了消极影响。其二,新中国成立以来的历次运动也对社会公德造成了不小的负面影响,特别是大跃进和"文化大革命"对社会公德造成了巨大破坏。其三,计划经济和市场经济都对社会公德有一定的影响。社会公德教育的内容、形式、方法不完善,社会公德行为外在监管不严格。②

有学者则认为,我国面临社会公德缺失现象的本质原因在于社会存在已经发生根本性的改变,而新的道德却没有完全建立起来。在宏大的现代化背景下,我国已经由传统农业社会过渡到工业化甚至信息化社会,社会公共生活领域空前繁荣;传统道德在新的社会领域作用并不明显,社会公共生活所需要的道德却没有同步建立起来。其一,"公民"的缺位使社会公德建设缺少必要的主体。对于当代中国而言,"公民"概念是一个既熟悉又陌生的词汇。我们的社会发生重大变化,文化传统出现断层,教育也没有很好地完成塑造新社会新公民的责任。其二,不完善的公共生活环境是社会公德缺失的客观原因。道德环境对公民道德的形成具有双向作用,良好的道德环境对社会道德的培育具有正面意义,恶劣的道德环境则产生相反的效果。其三,单纯的道德调节机制使社会公德建设缺乏力度。在公共生活领域,很多行为我们本身就很难去区分它究竟属于道德范畴或法律范畴。单纯地运用道德的调节机制往往使得社会公德建设显得无力。③

此外,有学者对当代大学生社会公德的缺失,如公共意识淡薄、乐于助人行为的缺失、保护环境观念缺乏、诚信缺失问题严重等,分析了造成这些状况的原因:有社会不良思潮与社会环境的影响,有学校教育与家庭教育的偏差,不容忽视的还有

---

① 陈家琪. 再谈公德与私德[J]. 人民教育,2014(4)
② 王辉. 当前我国社会公德缺失问题与对策研究[D]. 曲阜师范大学,2014
③ 邢斌. 关于我国社会公德缺失原因的研究综述[J]. 学理论,2014(6)

大学生自身内在动力的欠缺。根据上述分析探讨了大学生社会公德养成的有效路径,包括确立正确的指导思想,充分发挥社会、学校、家庭的培养作用,兴利除弊,相互配合,建立大学生社会公德养成纵横交错的网络,促进大学生社会公德养成,大学生社会公德最终能否养成还有赖于大学生积极提高自身的社会公德修养,最终完成社会公德的养成。①

4. 社会公德的培育路径

"蓬生麻中,不扶自直;白沙在涅,与之俱黑。"人是在一定的社会环境中成长的,社会公德建设与每个人的生存息息相关。社会公德作为一种基础道德准则,是每一个人都应该具备的道德品质,有利于社会主义精神文明建设,是社会稳定发展和道德繁荣的基础,更是我国构建和谐社会的必然要求。

有学者认为,针对当前社会公德建设存在的问题,结合新中国成立以来社会公德建设的理论与实践,需从两方面加强社会公德建设:一是切实增强社会公德建设的动力,二是实现由教育为主向教育与管理相结合的转变,这将给我国现阶段加强公德建设提供更有益思考。②

也有学者认为,首先应加强社会公德教育就要重视家庭教育,争取家庭教育和学校教育相结合。教师要起到表率作用,引导学生通过社会实践的方式体验生活,感受社会公德的迷人魅力,帮助学生形成良好的社会公德观念。其次,营造良好的社会公德环境首先,营造良好的经济环境。加强经济体制改革,在分配制度上,要在效率优先的同时,注重分配公平。最后,营造良好的文化环境。文化的核心就是价值观,社会公德观属于价值观的范畴,营造积极、健康、向上的文化环境,对社会公德的形成具有一定的激励作用。③

关于对大学生社会公德培育路径。有学者提出要优化社会环境,营造积极健康的社会公德氛围;搞好校园文化建设,加强大学生社会公德教育;提高大学生社会公德修养和自身道德素质。④

另有学者从"扶不扶"的社会争论出发,探讨了大学生社会公德的养成对策。现行公德教育存在以下不足:固定化的思维方式,抹杀了学生的自主性和独立性;脱离社会实践的公德教育,抹杀了学生的自我保护意识;以自我为标尺的公德权威教育,抹杀了学生对问题的探索意识。我们应当从以下方面来重构社会公德教育:以市场为导向构建探索式公德教育机制;将教育机构推向市场,深化公德教育体制

① 辛静. 当代大学生社会公德养成问题研究[D]. 沈阳师范大学,2014
② 陈郅荣. 现阶段加强社会公德建设的路径选择[J]. 传承,2014(3)
③ 蔡舒欣. 浅谈核心价值观视域下的社会公德思想[J]. 文学教育,2014(1)
④ 张伟. 哲学视域下大学生社会公德教育的困境的研究[J]. 探索,2014(7)

改革;以培养学生创新能力为核心,深化公德教学体制改革。①

二、职业道德

职业道德必须有利于维护社会利益团体的发展,对于促进社会的和谐安定具有极其重要的意义。每一个从业人员都应该了解自己的职业在社会中的地位,指导自己如何掌握职业技能和树立正确的职业理想。在市场经济条件下,依法就业、竞争上岗已经成为时代要求的观念。尚未工作的青年人要学会依据社会发展、职业需求和个人特点进行职业生涯设计的方法,增强提高自身全面素质、自主择业、独立创业的自觉性。在工作岗位上的从业人员要认识到中华民族是自强不息、厚德载物的民族,每个人心底都蕴藏着善良的道德情感,自己在工作中应该遵纪守法,常做善举。

1. 媒体职业道德建设

"网络改变生活"已经变成了现实。我国互联网在整体环境、互联网应用普及和热点行业发展方面每年都在取得长足进步。然而,随着网络媒体、手机媒体等新兴大众传媒方式的兴起,网络新闻媒体用其独特的传播方式改变了新闻传播格局,新闻媒体从业者面临着严峻的道德考验。2014年,学者们从新闻记者的职业道德、新闻摄影图片中的伦理道德、网络媒体职业道德等方面对新闻媒体职业道德问题进行了广泛的探讨。

关于新闻记者的职业道德,学者们分了其失范的原因及对策。有学者认为,由于新闻记者道德而导致的新闻事件报道失真的现象对社会造成了严重的影响,所以加强对新闻记者的职业道德建设显得尤为重要。新闻记者职业道德失范的表现,如报道失真、有偿新闻等,并分析了新闻记者道德示范的原因,结合我国新闻事业的发展现状,讨论了加强新时期新闻记者职业道德建设的措施。②

也有学者重点分析了新闻敲诈的现象。有偿新闻、有偿不闻属于新闻职业道德问题,但是量变会发生质变,而且有些边界比较模糊,一不小心就有可能被判定新闻敲诈,从道德问题滑向法律的陷阱。因此,在新的形势下,对新闻人道德操守的约束变得越来越重要。有偿新闻、有偿不闻与新闻敲诈三者有联系,都与金钱有关,但性质、程度、危害有所不同。③

---

① 贾宝金. 社会公德教育探略[J]. 教育评论,2014(9)
② 罗远观. 新闻记者职业道德失范及对策[J]. 西部广播电视,2014(1)
③ 范以锦. 道德缺失会滑向法律的陷阱——浅谈新闻敲诈[J]. 传媒,2014(10)

关于新媒体时代的职业道德,学者们进一步分析了网络时代媒体职业道德失范的原因及对策。新媒体时代以其鲜明的特征,对新闻道德产生强烈冲击,有的新闻工作者表现出宗旨淡漠,逐利增强,真实性下降,引导性乏力等职业道德失范现象。新闻工作者需要加强职业道德建设,明确为人民服务的宗旨,提升思想境界,胸怀大局、着眼大事,加强马克思主义新闻观的学习,追求报道的真实性,坚守新闻工作的道德底线,承担起时代所赋予的历史责任,为推动传统媒体和新兴媒体融合发展发力,为全面建设小康社会贡献力量。①

有学者重点分析了新闻摄影图片中的伦理道德问题。他认为,随着互联网等新媒体的兴起,新闻炒作现象逐渐渗入新闻图片摄影中,一些新闻工作者为了眼前利益而放弃了起码的社会伦理道德与职业道德,导致诸多虚假图片出现,成为新闻炒作的"形象化"帮凶。只有提高新闻摄影工作者的道德修养,健全法律法规,建立合理的新闻摄影图片监管制度才能提高新闻媒体的职业道德。②

关于媒体报道的自由,有学者从"媒体审判"的角度探讨了这一道德问题。作为舶来品的"媒体审判"概念,原本是指新闻媒体报道正在审理中的案件超越法律规定影响审判独立和公正,侵犯人权的现象。这种现象多数发生在刑事案件报道中,主要表现为在案件审理前或判决前就在新闻报道中抢先对案件进行确定式报道,对涉案人员做出定性、定罪、量刑等结论。凡是有这种行为的新闻媒体,因其滥用新闻自由而应当受到职业道德层面的批评,甚至受到法律的规训。但是经过一段"跨文化旅行"不远万里来到中国之后,"媒体审判"却有可能变成一个似是而非的现象。其主要症结在于:新闻媒体被指责有"媒体审判"行为,这种行为的主体必须是独立自主的。在中国,一方面新闻媒体对舆论的影响日益增强,所以应当避免新闻报道和评论对司法的干扰;另一方面中国各级法院"依法独立行使审判权"的目标尚未实现,法院在审理大案要案之前和审理过程中可能受到公权力的干预。这就可能形成背离"媒体审判"原意的伪"媒体审判"。这就使得"媒体审判"成为一个中国式媒体伦理或道德问题。③

2. 公共服务业道德建设

关于行政伦理的道德建设,有学者认为,在后工业社会,其治理形态表现为服务型社会治理模式,其基本特征为信任与合作机制,其根本目的是把公共服务提供给社会,把整合治理社会作为重点。实现公益至上的公平正义,勇于承担道德责

① 都业虹. 论新媒体时代我国新闻工作者职业道德建设[J]. 社会观察,2014(7)

② 毛现辉. 浅议新闻摄影图片中的伦理道德问题[J]. 淮海工学院学报(人文社会科学版),2014(7)

③ 李兵、展江."媒体审判"真伪辨[J]. 中国地质大学学报(社会科学版),2014(5)

任,以达到合作与信任的最广泛程度等,就是该模式的行政伦理要求。为了在服务型社会治理模式下,实现对行政伦理的有效建设,应把突破点放在内部与外部控制上,注重行政伦理立法,强化行政伦理监督,积极宣传行政伦理,重视行政伦理教育,加强职业道德培训,促进公共行政文化向伦理性发展,建立道德激励机制。[1]

也有学者认为,公共行政伦理责任是行政主体在依法行使行政权力、从事公共事务管理时必须承担的道德意义上的责任。它主要是通过行政主体在增强工作责任心和提高职业道德水平的基础上对其责任的自觉认识和行为上的主动选择表现出来的,是行政主体内在的一种约束机制。在行政实践中行政伦理主体常常身处困境和在困境中做出"悲剧性抉择",是当今公共行政的主要特征之一,行政伦理责任的确立与实现是解决所有伦理问题的关键。伦理责任的社会构建为行政管理者在组织的客观责任和自己应该如何行动的主观责任之间搭建了一座桥梁,通过对话、参与、共享等能使他们与其他人一起讨论自己的道德焦虑,从而做出合乎道德的选择。[2]

关于医疗行业的职业道德建设,白岩松认为,医生的职业要具备五重价值,即生命价值、社会抚慰价值、情绪价值、信心价值和科普价值。他认为,医生要有仁心,因为"医生这个行当介于上帝、佛与普通职业之间。大家到医生这儿来,往往是带着苦痛、带着绝望。归根到底,与其说是到医生那儿来看病,不如说是到医生那儿来寻找希望。我们常说,医生是治病救人。其实治病就够了,为什么还要说救人?治病只是治疗病状,但是救人是一个综合的概念。我们面对这个行当的时候,过多地强调生命的因素,而忽略了心灵的因素。这也是社会上很多的需求跟这个行当发生摩擦的诱导因素。"[3]现在社会上医患纠纷不断增加,医患关系日益紧张,医患纠纷已成为日益突出的社会问题。有研究表明,湖南省平均每天发生 11 件医患纠纷。[4]正常情况下,医患关系应该是彼此信任、相互配合的关系,现在的医患纠纷甚至变成了剑拔弩张、你死我活的问题。该研究认为,医疗资源的不平衡,医疗机构医生少、病人多,国家实行的基本药物制度、药品招投标制度不能有效地遏制"以药养医"的现象,医生业务量与薪酬没成正比等都是客观现实。但更重要的是,医生服务态度生、冷、硬,少沟通、少温情服务;医德医风不良,存在收受红包、回扣的现象;一些医务人员医疗技术差,一些医疗机构动辄开大处方、大检查、乱收费,为创收而未履行医疗风险告知义务,这不得不让患者反感,是引起医疗纠纷的直接原因。

---

[1] 朱锐博. 服务型社会治理模式下的行政伦理建设[J]. 长江大学学报(社科版),2014(7)
[2] 杨冬艳. 论公共行政伦理责任及其社会建构[J]. 行政科学论坛,2014(8)
[3] 白岩松. 医生的五重价值[N]. 解放日报,2014(10)
[4] 蒋海洋. 医患纠纷,重疴须下猛药[J]. 法治社会,2014(7)

其他社会服务机构也应该如此,推进国家治理体系和治理能力现代化的实践,必须依靠各行各业的共同努力。有研究认为,"伦理身份既是一种社会产物,也是一种社会过程。确立、识别和维护一定社会共同体中的伦理身份系统,是为了使部分分散的人群比其余的人群获得比较个性的地位、身份及由此派生和规定的使命,并赋予不同的权利——义务资源和行为规范,从而在复杂的社会网络系统中形成某种社会秩序。"①企业家的伦理身份确实应该是某种财富英雄,企业家们不仅常年活跃在企业经营的前沿,思考着企业发展与变革的诸多重要命题。但是,企业和企业家还要承担相应的社会责任和政治责任,如亚里士多德意义上的人是社会的动物和政治的动物。发轫于欧美国家现代化过程中的"企业公民"具有值得我们借鉴的意义,特别是把企业视为社会的公民,社会期待企业在为社会创造价值财富的同时,要向社会主动履行他们所承担的社会道义上责任,既要对自身的发展负责,也要对社会有所贡献。

3. 教师职业道德建设

师德是构成教师职业素质的核心要素,也是托起教师社会形象的基石。因此,师德的养成与提升便一直被视为教育改革与发展的重点。特别是当前我国社会正处于转型时期,现代意义上的教师职业道德与传统师德无论是在内容、形式,还是在要求的程度上都有所不同,提升教师职业道德的也因而显得尤为迫切。2014 年,学者们对如何提升当代教师职业道德的问题进行了深入的探讨和分析。

有学者认为教师职业道德的提升需要在教师的生活实践和教育实践中进行,需要建立多主体、多维度、多层次、多途径的实践机制。这一实践机制的建立既要遵循一般道德养成的规律,考虑维系道德的一般动力因素,又要充分兼顾教师职业的独特性。有鉴于此,教师职业道德提升的实践机制应包括宏观层面上社会道德引领的个体内化、中观层面上学校文化精神的潜移默化和微观层面上教师专业发展促成的行为转化。②

有学者则具体分析了教师礼仪与教师职业道德之间的关系。教师礼仪是教师职业道德的外在表现。教师职业道德是教师礼仪的重要依托。要以教师职业道德内化为依托夯实教师礼仪教育的基础。为使教师礼仪教育建立重要依托,一方面需要从内外部因素入手构建教师职业道德内化的促进机制,另一方面教师礼仪教育也要注重实现与教师职业道德的结合。③

① 李兰芬、单杰. 企业的公民性再造与企业家的伦理身份[J]. 苏州大学学报(哲学社会科学版),2013(6)
② 靳玉军. 教师职业道德提升的实践机制[J]. 高等教育研究,2014(9)
③ 戴彩虹. 教师礼仪教育的重要依托——教师职业道德的内化 [J]. 大学教育,2014(7)

也有学者从道德规范的角度,考察了教师职业道德的建设。认为,相对于法律和纪律来说,道德是一种"软规范"。相应地,作为职业道德的一种特殊形式的教师职业道德,其规范也是一种"软规范"。我国先后四次修订和修改《中小学教师职业道德规范》,全面反映了现时代我国对中小学教师的基本职业精神和道德要求,对教师开展工作、履行职责、寻求专业发展起到了积极的引导作用。从"软规范"的视角出发,要有效地实施该规范,提高广大中小学教师的职业道德水平,全社会应营造一个尊师重教的良好氛围;学校应制定相应的制度,对教师提出合理的要求,用"硬规则"为"软规范"保驾护航;广大教师应认真学习,进行自我约束、自我教育。①

此外,还有学者从心理学角度考察了教师职业道德建设。高校职业道德建设是打造高素质教师团队的重要措施。当前,教师心理契约与职业道德建构的关系,伴随人本精神的提出备受人们的关注。根据高校教师心理契约的内在特征,以及高校教师团队对职业道德标准的高层次要求,加强心理契约这种精神需求与职业道德建构的关系,剖析心理契约对职业道德的影响力,从而揭示健康平衡的心理契约对教师职业道德建构的价值真谛。②

4. 网络道德建设

随着互联网在我国的日益普及和飞速发展,网络已经成为人类生活和工作中不可或缺的组成部分。由于网络世界并不是一个纯技术空间,从其产生之日起就对人们的社会生活带来了一系列的冲击,并随之产生了诸多道德问题。网络道德问题已成为伦理研究的热点问题。学者们从各自的视角和立场出发,对网络道德及其相关问题进行了探讨和研究。

关于网络道德的内涵,有学者认为,网络道德是基于虚拟社会形成和网络技术条件支撑下,通常以善恶为评价标准,通过网络形成的虚拟社会舆论、网络主体内心信念和现实社会的传统行为习惯来评价人们的网络行为,以调节网络社会中人与人之间以及个人与社会之间关系的利益与行为规范总和。由于网络自身的特殊性,相对于现实社会道德和网络法律来说,网络道德具有自主性、开放性、隐匿性、多元性和虚拟性的本质特征。网络道德不是脱离现实社会全新的概念,是属于理性的精神追求和对世界的认知与评判行为,是根植在传统社会中并需要不断灌输、教育与培养的基础上形成的。③

---

① 范寅虎. 教师职业道德是一种"软规范"[J]. 教育理论与实践,2014(28)
② 靳宏、杨峰. 论高校教师心理契约对职业道德建构之影响[J]. 首都师范大学学报(社会科学版),2014(4)
③ 丘小维、韦吉锋. 网络道德失范与网络德育发展的理路分析[J]. 广西教育学院学报,2014(5)

关于网络道德与网络伦理的关系问题,有学者认为,网络伦理和网络道德的共通点在于二者形成和实践的基础,目的都是网络自由与网络秩序的统一。网络道德侧重网络个体行为的向善和自律,网络伦理侧重网络伦理关系的秩序和运行,虽然网络道德与网络伦理侧重不同,但二者在其现实性上却密切相关。一方面,网络伦理的形成和实现必须以网络道德作为其调控手段。网络伦理秩序除了依靠法律、制度等调控手段,最根本的还需要网络道德主体把网络伦理规范内化为自身的东西,发挥道德的调节作用。另一方面,网络道德的形成和实现必须结合对网络伦理关系的反思。网络道德的形成和实现必须结合网络伦理秩序的要求和现状,网络道德理论是在尊重网络伦理规范的基础上,个别的、具体的、孤立的道德经验上升为普遍指导意义的网络道德价值和规范。①

关于网络道德的发生,有学者通过网络道德的发生条件、结构和机制进行观念性分析来解释网络道德为何发生、如何发生的问题。从文化发生学角度考察网络道德的发生,对其发生条件、结构和机制进行观念性推理而非发生时间的实证。网络道德的发生离不开网络、道德以及主体三个前提,其标志是一些包括静态的和动态的新的道德结构的形成以网络实践为基础的内外机制共同作用,促使新的网络道德结构生成。分析网络道德为何发生以及如何发生对于深化网络道德理论,解决网络道德问题有重要意义。②

此外,还有学者探讨了大学生网络道德教育的问题。随着网络对人类社会影响的日益深化,网络道德问题正越来越受到社会各界的广泛关注。大学生是社会主义事业的接班人和我国网民的重要组成部分,加强和改进大学生网络道德教育,提升其网络道德素质,具有十分重要的理论和实践意义。为此,必须明确大学生网络道德教育目标、拓展教育主体、整合教育内容、创新教育方法、优化网络环境,进而探索出一条大学生网络道德教育的新路径。③

三、家庭美德

家庭美德建设需要与时俱进,不断创新其形式和内容,才能具有生命力和感染力。学者们主要强调新孝道、新家规、新型亲子关系三个方面,论证这三个方面在实现家庭幸福以及和谐社会中的意义。

---

① 关洁. 论网络道德与网络伦理[J]. 湖南大学学报(社会科学版),2014(5)
② 关洁. 论网络道德的发生[J].学理论,2014(34)
③ 赵惜群、黄蓉. 加强和改进大学生网络道德教育路径初探[J]. 思想理论教育导刊,2014(4)

1. 新孝道

善待父母为孝。按照儒家传统，孝敬父母不仅仅是在物质上进行赡养，还要在精神上尊敬和关怀。孔子曾说："今之孝者，是谓能养，至于犬马，皆能有养，不敬，何以别乎？"《礼记》认为："孝子之有深爱者必有愉色，有愉色者必有和气，有和气者必有婉容。"一个人日常生活中对父母和颜悦色就是孝，这有时候很难做到。孔子把家庭美德的"孝悌"作为衡量仁爱品质的重要标准，孟子甚至提出"老吾老以及人之老"的道德理想。从汉代开始，历代统治者几乎都强调"以孝治天下"，"求忠臣于孝子之门"。孝敬父母、尊老敬长，是中华民族的传统美德，在今天仍然具有强大的生命力。

孝道的本质是维护家庭共同体的发展。当前人们在孝亲问题上的道德觉悟是令人欣慰的，但是因为许多家庭已经不是两三代人共同生活的家庭，所以在如何孝敬父母以及处理父母子女两代人关系的问题上，依然存在很多困难。孝敬父母首先应做到的是赡养老人，保证的老人衣食住行。我国的大多数城镇家庭的经济状况要比农村好，能做到这一点。可是在沉重的经济压力下，有些子女力不从心。这已经是严肃的社会问题，国家应该有相应的保障老年人生计的政策和措施。

2. 新家规

家庭亲情非常重要，但是不能忽视家庭生活里的行为规则。家规是中国传统家庭生活和教育的必要内容。孔子曾经庭训儿子孔鲤，三国魏嵇康、东晋陶渊明、北齐颜之推、唐太宗、清康熙都留下了宝贵的家训资料。颜之推的家训易于普及，特别是他的勤学、自立和务实的思想。他认为古代的明王圣帝，都需要勤学，何况普通人。无论工、农、商、学都应勤学，以求进步；青年要学习一技之长，以自立为本，"积财千万，不如薄技在身"；读书的唯一目的就是"利行"，要用来解决实际问题。各地把家庭教育和社会责任教育相结合，鼓励青少年争做"小小志愿者"活动，引导学生通过实践挖掘中华经典的参与意识、责任意识，培养节俭意识和奉献社会的意识。

"子不教，父之过。"古人非常重视以修身为主的家庭教育和家庭治理（齐家）。有人主张让礼仪回归家教，认为人们常常把中国称作"礼仪之邦"，但中国更是"礼义之邦"，即中国传统文明不只是讲究形式上的礼仪，更注重"礼"以及与之相联系的"义"，更强调礼所依据和蕴含的道德之义理，因为这是礼之所以成立的伦理基础；只有从礼仪着手，才能让礼之义理入耳入脑；中国传统的家庭礼仪教育正是建

立在这样的认识基础上的,即礼仪教育是为了培养具有美好德性的君子。①俗话说,
"国有国法,家有家规"。家规的形成和延续无疑是依赖于家教的,各家的家规会有
不同,但它们都以普遍性的"礼"为基础。忠恕之道是优良道德传统的体现,要求
"己欲立而立人,已欲达而达人"、"己所不欲,勿施于人"。"礼"就反映了这种意
境,礼是恭敬人的善行,是不妨碍他人的美德。《弟子规》要求入则孝、出则悌,尊敬
父母兄弟姐妹。"诗礼传家"的礼就是各种规则。儒家思想被称作"礼教",其中的
重要含义就是以礼为教,通过礼制实现教化的价值。

今天的家规当然需要与时俱进,要有新的内容。《中庸》认为:"喜怒哀乐之未
发谓之中,发而皆中节谓之和。"《孝经》认为"圣人因严以教敬,因亲以教爱,圣人
之教不肃而成。"人有七情六欲,礼是要我们的情感有所节制,不能无限度地发展。
今天我们的物质生活不断富裕,"俭而有度"应该成为新家规的内容。按照古希腊
亚里士多德的理论,节俭作为一种美德,是处于奢侈和吝啬之间的一种中道,这和
我国的传统思想也是相同的。《周易·节卦》曰:"节,亨,苦节,不可贞。"也就是
说,发扬节俭、节制而又适度的美德,人的生存和发展才能通达、顺利。但如果以节
俭为苦,或者说过分的节俭、节制则是不可取的。今天提倡的俭德,并不是的苦行
僧式的生活,而是主张在生活中节制过度的欲望和浪费,节约资源,让家庭、国家和
人类的地球家园能够更好地可持续发展。

新家规还把家庭生活和邻里社区联系起来。通过开展"弘扬好家风,践行好家
训"主题的活动,大力弘扬社会公德和家庭美德,让社会充满正能量,让百姓展现精
气神。

3. 新型亲子关系

未成年人思想道德建设是我国道德建设的重要组成部分,也应该成为家庭生
活和亲子教育关注的内容。2014 年 2 月 18 日,中央文明委在北京召开全国未成年
人思想道德建设工作电视电话会议。中共中央政治局委员、中宣部部长、中央文明
委副主任刘奇葆出席会议并讲话,强调要全面贯彻党的教育方针,把立德树人作为
根本任务,把培育和践行社会主义核心价值观贯穿工作全过程和各方面,坚持教育
引导与做好服务相结合,坚持满足需求与提高素养相结合,培育中国特色社会主义
事业的合格建设者和可靠接班人。刘奇葆指出,加强和改进未成年人思想道德建
设,事关国家前途、民族命运,事关家庭幸福、社会和谐。要广泛开展"我的中国梦"
主题教育实践活动,引导未成年人树立远大志向;要加强社会主义核心价值观教育

① 陈卫平. 让礼仪回归家教[N]. 解放日报,2014(215)

实践,让孩子们熟读并记住 24 个字,抓好友善、孝敬、诚信等中华传统美德教育,重视家庭教育,引导未成年人树立正确的道德价值,在核心价值观的沐浴下健康成;要广泛开展爱学习、爱劳动、爱祖国活动,增强孩子们的社会责任感、创新精神和实践能力;要努力提供好的文化产品和文化服务,严厉打击网上淫秽色情,开展少儿出版市场专项治理,营造未成年人健康成长的社会文化环境。我们要完善学校、家庭、社会"三结合"的教育网络,形成党政各部门、社会各方面携手育人的良好局面。

然而,我们必须看到家庭道德建设和亲子关系问题的其他方面。在当前社会转型期,家庭关系出现某程度的不稳定发展趋势,离婚家庭、单亲家庭、再婚家庭都有所增加。亲子关系是未成年人经历的亲密关系,对未成年人的发展具有重要的影响。过分亲昵、放任自流、家庭暴力、严苛管教都会对未成年人的成长产生负面影响。在家庭之内,还产生了父亲奸淫女儿或义女、父母或子女遭受各种虐待等犯罪问题。在家庭之外,未成年人遭遇潜在危险也给家长带了许多思想负担。

亲子关系不是简单的家庭教育所能改善的,需要良好的社会正气和法律政策的支持。培育核心价值观,必须坚持从小抓起、从学校抓起,因为青少年阶段是价值观的形成阶段,是可塑性最强的时期,抓好了青少年思想道德教育,也就抓住了未来。我们要把青少年价值观教育摆在突出位置,坚持育人为本、德育为先,融入国民教育的全过程,贯穿到学校教育、家庭教育、社会教育的各个环节和各个方面。在具体落实上,以德治国和依法治国都不可缺少。《礼记》早就认为"夫礼之于正国也,犹衡之于轻重也,绳墨之于曲直也,规矩之于方圆也。"礼作为社会规则,内正性情、外守规矩,在社会主义道德建设和法制建设中应该得到合理的继承与发展。老年人的权益需要保护,未成年人的权益需要保护,家庭的社会权益需要保护,这些都是涉及政治、经济、文化、社会等领域的现实问题,对于提高人们的幸福生活、对于构建和发展和谐稳定社会关系都具有重要的意义。

四、个人品德建设

我国的道德建设必须由社会主义核心价值观来引领,其关键词可以概括为立德树人。立德树人强调以德立人、树人以德。立德是树人的前提和基础,树人是立德的目标和追求。立德树人所立的"德",不仅仅是指道德品质和道德能力,还包括理想信念、人生价值追求和法律素养等,它是一个人思想政治素质的综合体现,是一个人世界观、人生观、价值观、道德观、法制观的集中反映。学者们主要关注了个人品德的概念发展,个人品德建设的途径和个人品德建设的意义问题。

1. 个人品德概念的发展

讨论个人品德建设,首先要界定个人品德概念的内涵。这就需要在同一概念域中对与之相近相关的概念进行辨析。唐凯麟先生曾撰文指出,"所谓个体道德,是指在一定社会生活中起一定社会作用的个人,为自我实现、自我完善而具备的,并适应一定社会利益关系客观要求的道德素质和指导自身行为选择的内心道德准则的总和。"①高国希先生则认为,"品德是个体道德境界的标志,与个性、个体心理、人格发展密切相关"。②

有学者从个人品德与个体道德,个人品德与私德的区别出发,对个人品德的概念进行界定。其一,"个人"与"个体"在适用于人类时,可视为同义,个人品德与个体道德也就大致同义,但又有差别,道德的侧重点是个人的道德表现,品德的侧重点是个人的道德层次;其二,个人品德与群体品德、集体品德、社会品德、社会公德(与社会品德几近同义)相对,是一个概念域,是社会公德、职业道德、家庭美德的基础,无所谓公德、私德,在公共领域的表现就是公德,在私人领域的表现就是私德。由此认为,个人品德是个人的道德表现及其所处的层次。这里,品德主要是一种状态、一种境界,一个人能够达到的层次或高度。也就是黑格尔所说的"一个人做了这样或那样一件合乎伦理的事,这不能说他是有德的;只有当这种行为方式成为他性格中的固定要素时,他才可以说是有德的"。③

此外,还有学者从具体美德出发,对个人的公正美德的内涵进行了辨析。个人的公正美德是个人道德修养的一种重要表现形式。个人道德修养是指他的道德涵养。它是指个人能够深刻认识和充分肯定"道德"作为社会规范存在的价值,能够在情感态度上赞成和支持人类的道德价值追求,能够在意志上维护道德的尊严,并能够在行为上践行道德的内在要求,从而在道德观念、道德情感、道德意志和道德行为上达到全面贯通和高度统一的状态。道德修养是人之为人的一种本质规定性,它不仅是人类区别于其他动物的一个重要标志,而且贯穿于人类社会生活的方方面面。在社会资源分配领域,个人道德修养集中表现为他的公正美德。完满的个人公正美德也应该体现"知德"、"情德"、"意德"和"行德"的完全贯通和高度统一。④

---

① 唐凯麟. 论个体道德[J]. 哲学研究,1992(4)
② 高国希. 论个人品德[J]. 探索与争鸣,2009(11)
③ 周武军. 个人品德建设的若干理论思考[J]. 河南科技大学学报(社会科学版),2014(12)
④ 向玉乔. 试析个人的公正美德[J]. 哲学研究,2014(10)

2. 个人品德建设的途径研究

个人品德建设是道德建设的重要内容,是道德建设的基础。2014年,学者们对个人品德建设的进行了分析,同时也对大学生个人品德建设,城管人员个人品德建设等问题提出了对策。

有学者认为,个人品德建设与其他三德建设有相通之处,譬如都要通过家庭、学校、机关、企事业单位和社会各方面的共同努力;都要通过榜样的示范引领倡导,特别是领导干部的率先垂范,以身作则;都要重视电视、刊物等大众媒体和计算机互联网的作用。针对个人品德自身的特点与目前的现实情况,个人品德建设的方法途径,一是个人要加强品德修养;二要以纪律、法律做保证;三是社会各层次、各方面要认真履行职责,做好正面宣传,严格执纪执法;四要旗帜鲜明地弘扬主流道德观念和言行准则。[①]

有学者则考察了大学生个人品德建设的途径。大学生是实现中国梦的重要力量,加强大学生个人品德建设,对社会的发展、个人的进步有着重要意义。大学生个人品德建设是社会、学校、家庭和个人的多维度的重要任务。社会道德维度上,注重社会主义核心价值观的引领作用、强化社会道德模范人物的示范作用、发挥媒体的引导和教育功能;学校维度上,转变观念、传承中华民族传统美德、构建机制保障;家庭教育维度上,树立观念、端正家长的道德认知和道德行为、注重学校教育和家庭教育的结合;个人维度上,养成良好的行为习惯、省察自身不良品德、加强个人道德修养。[②]

此外,还有学者对城管人员个人品德建设提出了建议。近年来城管执法乱象时有发生,根源是多因所致。指责将矛盾的焦点仅指向城管的定位功能,并认为要取消城管的观点是有所偏差的。在我国快速城市化的过程中,加强城市执法人员的个人品德建设刻不容缓。要端正执法态度,转变法观念,增强服务意识,扮演好人民的公仆和城市勤务员的社会角色,才能得到社会大众对城管人员的信任与支持,才能促进社会公平正义的实现,促进和谐社会的发展。[③]

3. 个人品德建设的价值研究

有学者指出,个人品德建设的提出有十分重要的意义。它完善了道德建设体系,突显了个人品德建设的重要性,为明确"四德"建设之间的相互关系打开了新的

---

① 周武军. 个人品德建设的若干理论思考[J]. 河南科技大学学报(社会科学版),2014(12)
② 李晓兰、刘雨姝、车丹. 论大学生个人品德建设的四个维度[J]. 思想政治教育研究,2014(8)
③ 刘慧、朱忠祥. 对城管人员个人品德建设的思考[J]. 全国商情理论研究, 2014(23)

理论和实践空间。个人品德是个人的道德表现及其所处的层次。个人品德建设就是在社会(国家)、组织(单位)、家庭和个人的协同努力下,个人道德品质持续不断提升的系统实践过程。个人品德修养、个人品德建设的原则底线应该是不损害相对一方当事者的利益。推而广之,利他应是社会主义道德及其建设的原则。①

有学者认为,道德修养是道德活动的重要形式。人们道德品质的形成,关键在于进行认真的自我修养。加强道德修养的重要性主要体现在四个方面:一是社会道德内化为个人的道德品质需要道德修养;二是树立正确的世界观、人生观和价值观需要道德修养;三是改革开放和现代化需要道德修养;四是发展科学技术需要道德修养。②

此外,还有学者重点分析了党员的"个人品德教育",认为它既是对构建社会主义核心价值体系基础性工作做出的科学决策,又是对党员干部牢固树立宗旨意识和马克思主义群众观点,践行群众路线的基本要求。主要体现在三个方面:其一,个人品德建设是加强党风建设的重要内容;其二,良好个人品德是党员干部得到人民信赖的要素;其三,个人品德教育是强化干部队伍的迫切要求。③

五、城市道德建设

城镇化的核心意义是合理引导人口流动,有序推进农业转移人口市民化,稳步推进城镇基本公共服务常住人口全覆盖,不断提高人口素质,促进人的全面发展和社会公平正义,使全体居民共享现代化建设成果。促进居民参与城市文明建设的一个关键词,是社会认同。显然,不能把城市理解成一个只是人口众多的居民区,而要把城市理解成一个区域中的"首善之区"。城市文明也不只是城管的工作,还有更深层次意义上的义务教育、就业服务、基本养老、基本医疗卫生、保障性住房等城镇基本公共服务的完善,还有便利的出行和消费环境、易于身心健康的生态环境等,要真正让人民有幸福感。这个庞大的文化培育工程,要围绕培育和践行社会主义核心价值观开展,要落实在明礼知耻、崇德向善的个人品德上。城市文明建设需要长效机制,具体的创建项目要层层有人抓、事事有人管、项项有指标、限时必达标,真正实现各部门的齐抓共管。

1. 城市道德建设的现状

在城市生活愈加便利的同时,人际关系的冷漠现象愈加凸显,"路怒症"、空巢

---

① 周武军.个人品德建设的若干理论思考[J].河南科技大学学报(社会科学版),2014(12)
② 白长华 加强道德修养的重要性[J].经济研究导刊,2014(31)
③ 胡政军.加强个人品德教育是践行群众路线的要求[J].先锋队,2014(9)

老人起居困难、流动人员子女上学问题、失独家庭的情感问题、残疾人的就业问题不断成为社会关注的焦点。

汽车的发明改变了人们的生产和生活方式,加快了社会的发展,给人们带来巨大方便的同时也为人们带来了种种麻烦,交通拥挤、尾气污染、交通事故等等都给人类带来了惨痛的代价。随着社会节奏的加快,人们的生活压力越来越大,而这种压力慢慢也延伸到了道路交通方面,伴随而来的最典型的就是路怒症。路怒症是由现代的道路驾驶压力所导致的驾驶者失控的攻击性驾驶行为,其中伴随着愤怒的情绪行为会指向其他的驾驶者、乘客或者是无辜的行人。西方研究者将引发路怒症的情境因素分成六种:第一种是无礼,第二种是敌意的手势,第三种是交通阻碍,第四种是慢行,第五种是招致警察出现,第六种包括违法驾驶、弯道行驶、闯红灯及违反闯停车标志等等。①路怒族所表现的冲动性人格在驾车时会伴随攻击性行为,在冲动行为受阻或受到批评时,突发愤怒和暴力倾向,并不能自控。开车时,通过对机械的操作能满足人们的心理成就感,但这种掌控一旦遭到破坏,比如遇到红灯或堵车,就会引起另一种本能,即攻击心理。路怒症越来越成为道路交通重要的不安全因素,司机自己违反了交通规则却归咎于环境条件,如路况较差、交通拥堵、赶时间等等。解决路怒症不仅是解决个人的心理问题,也是改善社会风气和社会文明程度的问题。

农村生活是熟人社会,而城市生活则往往是陌生人社会。陌生人社会的伦理风险是指因他人价值认知与行为选择的不确定性而带来的潜在的危险或伤害。如何消除在城镇化过程中出现的人际关系冷漠问题,有学者提出了三个途径。第一个途径是依托超越性的伦理理念,规避陌生人社会的伦理风险,这需要人们树立对现代社会制度的信任。当人们的行为都受到制度约束的时候,行动就是可预期的,就会降低伦理风险,让制度成为支撑陌生人社会中人们互动和合作的基本力量。第二个途径是通过"包容"和"允许"获得对陌生人行为的合理性理解和道德权威,陌生人社会是一个价值多元化的社会,包容既是对陌生人主体地位的尊重,也是对不同价值标准的合理理解;允许则意味着人们从彼此合作的赞同中得到共同认可的道德权威。第三个途径则是重构责任理念,唤起陌生人之间的道德热情,使个体道德空间向社会和他人敞开,责任既是对自我主体身份与权利地位的确认,也包含了对他人和社会的义务的担当与奉献,从而使陌生人个体构成他们所认可的道德共同体和相互信任。②

社会不能让好人流血又流泪。为在全社会形成尊崇道德的价值导向,各地开

---

① 章洁、吕鹏飞. 路怒现象的心理学解读[J]. 青年科学,2014(7)
② 龚长宇. 陌生人社会的伦理风险及其化解机制[J]. 哲学动态,2014(7)

展了多种形式的宣传教育,用当地人们喜闻乐见的戏曲歌颂好人好事,使道德故事入耳入心;以市文明委名义专门下发向道德模范学习的决定,号召广大干部群众深入学习道德模范先进事迹活动;专门筹集道德模范帮扶专项经费,慰问讲文明、守诚信、乐于助人的道德模范。实践证明,这些措施有助于促进社会交流,引导人们遵守法律法规和践行公民道德规范,发挥好人的正能量作用,使好人盆景变风景,带动更多的人崇德向善。

2. 城市道德建设路径研究

城市生活需要人们不断积极学习,才能实现向城市生活的转型。首先要完善公共规则,助推公共文明。有人对市民文明行为的调查研究表明,人们对城市公共设施的人性化、科学化设置有着很高的期待,许多民众常常将不文明现象归因为公共设施设置不科学、不合理;在行为干预实验中,有 22% 的不文明行为者将自己的不文明现象归因为设施不合理,诸如没有垃圾箱、红绿灯时间分配不合理,人行道设置不合理、没有红绿灯等。而在询问如何提高民众的文明行为时,有 11% 的人提出了依靠完善设施。可见,完善各种公共设置,使公共设置更加科学化、人性化,有助于市民对公共秩序的遵守,促成公共文明水平的整体性提升。[①]该研究认为,在我们的行为干预实验研究中发现,92% 的北京民众将城市公共文明建设引导监督的责任赋予他者,即依靠外界"他律"来约束监督人的行为,只有 8% 的民众期待自觉、自律实现行为文明。如此高的比例数字,说明民众对政府的城市公共文明建设与管理的高期待,也说明强化他律仍然是当下公共文明建设的主要路径与手段。

无论是城市的物质设施还是具体的行为规则,都需要人们学习和实践。有人观察到,在德国的普通公路一般限速在每小时 100 公里,高速则不限速、不收费,但德国车祸的发生率并不比限速的国家高,原因是德国人具有极强的规则意识,该快则快、该慢则慢,即便路遇几十公里的大堵车,也没有一辆社会车辆从应急车道抢道。这不是说德国司机的素质有多高,而是说德国的交通监管非常严苛!在有限速的立交桥、弯道和修路地段,交通监视探头密集,违规者一个也逃不掉。交规重要,守交规更重要!这才是强化司机交通安全意识和规矩意识的关键因素。

在社会道德建设中,还要彰显模范示范作用,鼓励人们见贤思齐。有些城市在道德建设中坚持以"好人"带动志愿服务,让"好人"品质和志愿精神相融合,与群众的美德和共识相契合,进一步引发群众共鸣,激发"共生效应"。这些"好人"大多数是个体,如有人十年间自办发行社区"夕阳红"手抄报 298 期近百万字、甘当社

---

① 廖菲. 对公共文明建设与管理的思考:基于北京市民公共行为文明现场观察的研究[J]. 江西青年职业学院学报,2014(1)

区义务宣传员,有人十几年给来往路人免费提供茶水和休息场所、却分文不收;这些"好人"也可以是志愿服务队,带动身边群众共同参与志愿服务活动。他们是群众看得见、学得到的道德榜样,是有血有肉的价值观。这就使得城市志愿服务的参与面越来越广,群众基础越来越扎实,"有时间当志愿者,有困难找志愿者"的现象蔚然成风。

有组织的道德创建活动是我国推进社会主义精神文明的重要保证。各地结合自己实际情况做出来很多成绩,如奉贤把人文精神融入社会主义核心价值观道德实践中,以"我推荐、我评议身边好人""道德模范"推荐评选和宣传推广为载体,树贤人典型、讲贤人故事、扬贤人风气,创设市民参与道德实践的平台;漳州通过分发社会主义核心价值观宣传彩页、观众互动问答、核心价值观广告展示和核心价值观邮件进家入户等活动,大力宣传中国梦,推进社会主义核心价值体系建设;无锡紧扣"落细落小落实"的要求,建立需求对接、注册登记、志愿者培训、服务记录、嘉许和回馈等制度,开展"注册志愿者人数占城镇人口比例"指标监测统计,加大志愿者招募注册力度,推进学雷锋志愿服务制度化;邯郸、晋城、铁岭、孝义、绍兴、莱芜等地突出抓好诚信体系建设,建立"红黑榜"发布制度,引导人们形成"讲社会责任、讲社会效益、讲守法经营、讲公平竞争、讲诚信守约"的导向机制和社会环境;温州进一步深化"节俭养德""文明出行""文明旅游""文明上网"等系列活动,精心设计活动载体,突出重点群体,不断把培育和践行社会主义核心价值观引向深入。

3. 社区道德建设的维度

社区是精神文明落地生根的重要土壤,社区建设是改善群众生活环境和提高群众生活质量的有效途径。精神文明建设是一项群众性的事业,全心全意为人民服务,为群众办实事是精神文明建设多年来一直坚持的重要原则,建设文明社区就是为群众办好事办实事。建设一批环境整洁优美、社会秩序安定、社区服务全面、邻里关系和睦、文化生活丰富的文明社区,既提高了居民的生活质量、改善了居民生活环境,又对城区文明乃至城市文明起到积极的促进作用。这里有三条经验:

首先,创建文明社区是创建文明城市的一项基础性工作。实践证明,文明城市创建只有从基层抓起,才能取得成效。社区就是城市的基层,它是城市的细胞。创建文明城市,应该从提高城市文明程度的总目标和文明社区、文明城区、文明城市的系统工程出发,进行全面规划和设计,确立整体的创建思路。在解决具体问题上,各地相关部门都要采取措施集中治理环境脏乱点、查处无照经营等各类环境违法行为,建立每月"环境整治周""城市清洁日"等工作制度,重点解决小区环境、街巷环境、市场环境、餐饮店环境以及公路、铁路、海岸沿线存在的"脏乱差"问题。同时,开展加强生态文明建设、整治黄赌毒、规范交通秩序等专项行动。通过扎扎实实的创建活动,努力提高居民的素质,提高社区建设的管理水平,提高社区政治、经济、文化、社会和生态"五位一体"建设水平,进而为加强文明社区建设夯实基础,有力推动文明城市创建。

其次,抓好文明社区建设有利于促进社会的和谐稳定。当前,我国已经进入全面建设小康社会、加速推进社会主义现代化新的发展阶段,改革进入攻坚阶段,发展处在关键时期,稳定面临许多新情况、新问题。部分国有企业生产经营困难,还有相当部分下岗和失业人员面临就业压力,一些群众生活困难,一些干部贪污腐化,一些干部群众中存在种种思想认识问题,这些问题的存在影响社会稳定。要维护社会稳定,首先城市要稳定,城市稳定的基础是社区稳定。各地开展了"邻里价值观"教育实践活动,增强"邻里和谐、守望相助"的价值认同。许多地方设立道德讲堂,结合党的群众路线教育实践活动,举办全市"先辈先进"事迹报告会,到各县市区巡回宣讲已覆盖机关、企业、行业、学校、村镇、社区,受众达百万人次。这有效增进了邻里间的沟通和感情,促进了和谐社会建设。

第三,抓好文明社区建设是改革发展的需要。计划经济条件下,我们是企业办社会、学校办社会、机关办社会。人们不仅工作中碰到问题找单位,社会生活和家庭生活中的许多问题也找单位。单位无所不包,无所不管。实行社会主义市场经济新体制,单位办社会的现象得到了根本的改变。而且随着改革的深化,一些与人们生活息息相关的问题,会逐步从工作单位游离出来,由社会来解决。人们遇到的一些生活问题,如自觉排队上车的文明行为、行人横穿马路的教育、车辆停放的引导、出店经营的问题、流浪狗和宠物狗的管理、杜绝铺张浪费的教育、食品药品的安全问题,都可以在社区工作中通过集思广益制定措施解决,这是注重长效和全民参与的可行之道。

六、乡村道德建设

美丽乡村建设是农村文明发展的一个重要举措。在物质建设的同时,我们还是要加大道德建设,满足人们的精神诉求。"没有道德,就没有乡土中国;留得住道德,才能留得住乡愁。打造美丽乡村是美丽中国建设的主战场,道德建设在其中起着凝魂聚气的作用。然而,现实生活中,中国乡村在拥抱现代化的过程中,乡村道德在剧烈变化的大时代里面临转型。根植于深厚农耕文明土壤的乡村道德大树,将在现代文明、市场经济的洗礼中接纳新元素,嫁接新枝条,结出新果实。在新乡村文明的大背景下,新乡村道德正呼之欲出。"①

1. 乡村道德建设的现状

农村精神文明建设是社会主义精神文明建设的重要组成部分,是社会主义新农村建设的重要内容,没有农村文明程度的提高,就没有整个社会文明程度的提高。

当前农村精神文明建设中存在的问题主要涉及五个方面。其一,精神文明建设发展程度不均衡。由于镇与镇之间经济发展不平衡,村与村之间自然条件、经济条件、认识程度不一致等原因,造成抓精神文明建设的力度不一样。有些经济基础好的农村,精神文明的重视程度要好,村民的文化生活相对丰富,软硬件设施明显较强。反之,有些经济基础差的农村对精神文明的重视程度不够、村民的文化生活及文化设施等相对较弱,一定程度上影响了精神文明建设工作的开展。

其二,部分镇、村干部对精神文明的重视程度不够,一些农村干部对农村精神文明建设的长期性、艰巨性、重要性认识不足,存在"一手硬、一手软"的现象,任期内注重短期效应,认为精神文明建设是软任务,做起来难度大、见效慢,不能立竿见影,不如抓物质文明摸得着、看得见。

其三,农民文化生活单一,文化设施落后。有的镇特别是自然村,由于受经济条件制约,硬件建设投入少且设施老化,无法发挥作用,一些乡村的文化活动场所形同虚设,没有开展正常的文化活动。逐步富裕起来的农民,对物质文化生活的需求日益提高,在无处可去、可乐的情况下,一些不健康的东西乘虚而入,侵蚀人们的思想。有些封建迷信活动也打着弘扬民俗文化的幌子借机敛财、贻害百姓。

其四,农民的整体素质亟待提高,而提高农民整体素质缺乏必要的规划、措施和手段。一方面,部分农民的不良生活习惯如随地吐痰、便溺、乱倒垃圾、不遵守交通规则等与现代文明要求形成鲜明的反差;另一方面,教育引导农民养成良好卫生习惯、提高整体素质缺乏必要的措施和手段。

最后,一些镇、村的社会风气有待进一步改善。个别镇、村婚丧嫁娶大操、大办,"薄养厚葬"现象等有所抬头,丧葬复古现象也很严重,有请阴阳道士念经超度的、有邀流行乐队或地方戏班演出的,弄得烟熏火燎,吵得四邻不安。个别子女为赡养费斤斤计较,为照顾老人互相推诿,闹得兄弟反目、妯娌失和、老人寒心。②

---

① 王学涛、李松、王政、张莺、蒋芳. 田园将芜,乡愁何归? 中国的乡村道德路在何方?[J]. 半月谈,2014(410)
② 任蒴. 当前保定市农村精神文明建设现状及对策研究[J]. 才智,2014(14)

2. 乡村道德建设路径研究

乡村道德建设主要涉及两个方面：其一，把生产和生活品质转换为道德要求；其二，在乡村道德建设中重视精神文明建设，崇尚心灵美。

首先，最重要的是着力转变农村经济发展方式。加快推进农业科技进步和农作制度创新，不断优化畜禽养殖布局、结构、规模和方式，大幅减少农业面源污染。大力发展养生经济、运动经济、文创经济、物业经济、商贸经济以及劳务经济，做好农村经济生态化和生态经济化"两篇文章"，注意乡土味道，体现农村特点，保留乡村风貌，坚持传承文化，发展有历史记忆、地域特色、民族特点的美丽村镇。镇、村与护林员签订目标责任书，从制度上约束村民行为，做到绿化责任全覆盖，绿化目标有落实。

二是着力转变农民生活方式。我们坚持一手抓各种设施和服务的完善，一手抓对农民的教育培训和宣传引导，增强农民维护农村环境卫生的自觉性和责任感，促进农民思想观念、行为方式、生活方式的变化。农民群众迫切要求改变农村风气，唤醒良知回归，鞭挞缺德闹剧，整治失信行为。有的地方制定了保洁员工作制度和卫生检查评比标准，对保洁员定期检查评比考核，根据考核结果兑现补贴待遇，确保了垃圾日产、日清、日运；按照定标、低价、显效的原则，将部分路段、社区面向社会公开招标购买卫生保洁、绿化养护与公共管理服务等。

三是着力转变农村建设方式。坚决拆除农村违章建筑，大力推进美丽宜居村镇建设和农村危旧住房改造，加快推行传统建筑现代化、现代建筑本土化和居住条件人性化，促进农村风貌、乡土建筑与自然山水相协调。根据农民群众对美好生活向往，各级政府加快农村道路硬化工程，便利村民出行；努力把广大农村建设成更有古道乡愁、更加和谐稳定、更富人文情怀的美丽乡村。

美丽乡村的心灵之美一般表现为家庭和睦、民风淳朴、文明有礼、移风易俗、崇德向善、守望相助，形成讲道德、尊道德、守道德的村风民俗。

在农村精神文明建设中，"一约四会"在参与民间事务的调解、监督与服务上，在遏制陈规陋习、倡树文明新风等方面发挥着重要作用。"一约四会"是村民议事会、道德评议会、禁赌禁毒会、红白理事会。这是农民群众自我管理、自我教育的有效形式。

在具体工作中，各地以农村社区为基本平台，广泛开展"邻里守望"志愿服务，把关爱留守儿童、留守妇女、留守老人，关爱因病、因残、因祸导致的残缺家庭、单亲家庭子女作为重点，亲帮亲、邻帮邻、互帮互爱、守望相助，营造良好的社会风尚。一方面，要突出典型示范性。要善于发现群众身边的先进典型，精心打造"最美品牌"，广泛开展好媳妇、好儿女、好公婆评选表彰，开展寻找最美乡村教师、最美乡村医生、最美村官、最美少年、最美家庭等活动，通过善行义举榜、道德榜、功德录等方式，进一步激发农民群众的道德热情，培育和传播乡贤文化，凝聚起向上向善的强大正能量。

另一方面，要严厉整治社会不良现象，对黄赌毒始终保持高压态势，及时查处内容恐怖残忍、低俗下流、淫荡奸恶、诱发青少年违法犯罪的出版物，继续整治校园周边环境，清理违规网吧、娱乐场所、露天文艺演出，为人们特别是青少年健康成长创造良好文化环境。一些农民的思想意识、价值取向、道德观念错位，崇尚科技文化知识的氛围不浓，农民学习文化科技知识的热情不高，封建迷信开始抬头、办酒风盛行泛滥、赌博风越刮越烈。这与农村公共文化产品和服务供应严重不足和精神文明建设工作的积极性下降有关。所以，各地要紧抓住社会主义核心价值观这个根本，大力倡导崇德向善之风，把道德建设作为形成良好民风的基础性工作。

总的来讲，我国是农业大国，农村的文化底蕴深厚，耕读传家、以文化人，充满乡土气息，富于时代精神，应该使农民群众享有健康的精神世界，把农村建设成各具特色的精神家园，使农村安定祥和，使农民安居乐业。我们建设美丽乡村的最终目的，就是要让农民群众养成美的德行、得到美的享受、过上美的生活，让城乡之间、乡村之间各美其美、美美与共，用无数的美丽乡村共筑美丽中国。

3. 乡贤文化建设对策

在美丽乡村的精神文明建设中，要注意道德素质的发展性，实施分层教育。一是党风带民风。在党员干部层面，结合群众路线教育活动，深入学习贯彻习近平总书记系列讲话精神，贯彻中央"八项规定"、县委"九个一律"等作风规定，开展"四风"突出问题专项整治和加强制度建设，带头厉行节约、反对浪费、移风易俗，以优良的党风政风引领社会道德风尚。二是开展"传统文化进校园"活动。在学生层面，以"传统文化进校园"活动为总载体，举办"学习传统美德，争做阳光少年"、"亲子道德行"、"道德少年评选"等活动，加强学生思想道德教育和实践活动，促进学校和家庭道德文明建设。三是开展"五提倡五反对"活动。在农村群众层面，开展"五提倡五反对"专项教育活动，提倡崇尚科学、反对封建迷信；提倡健康娱乐、反对聚众赌博；提倡文明出殡、反对大操大办；提倡村邻和睦、反对宗族纠纷；提倡艰苦创业、反对铺张浪费。倡导各行政村制定《村规民约》，通过族群"头人"会议、"一事一议"等进行充分酝酿讨论、表决通过，并设置在村文化礼堂等显要位置，加强村民共守自律。①

在一个较高的层次上是培育乡贤文化。乡贤文化是一个地域的文化标记,是联系故土、维系乡情的精神纽带,对于完善农村治理、引领道德风尚、涵育社会主义核心价值观具有重要作用。要积极培育弘扬乡贤文化,给美丽乡村增添一抹新的亮色。要对各地农村历代名贤积淀下来的思想观念、文化传统、文史典籍进行挖掘整理,延续传统乡村文脉,培育富于地方特色和时代精神的乡贤文化,增强农村的文化吸引力和凝聚力。要鼓励各界成功人士回乡支持农村建设,以自己所学所长反哺桑梓,以自己的嘉言懿行垂范乡里、教化村民。要充分利用民族民间文化资源,开发具有民族传统和地域特色的民间工艺项目、民间艺术和民俗表演项目,培育一批乡土文化能人、民族民间文化传承人,彰显农村文化的特色和魅力。

---

① 周小敏. 关于净化社会风气的调查和思考[J]. 精神文明导刊,2014(10)

社会道德事件

一、中央关注的问题

1. 全国未成年人思想道德建设

2014 年 2 月 18 日,中央文明委在北京召开全国未成年人思想道德建设工作电视电话会议。中共中央政治局委员、中宣部部长、中央文明委副主任刘奇葆出席会议并讲话,强调要全面贯彻党的教育方针,把立德树人作为根本任务,把培育和践行社会主义核心价值观贯穿工作全过程和各方面,坚持教育引导与做好服务相结合,坚持满足需求与提高素养相结合,培育中国特色社会主义事业的合格建设者和可靠接班人。

刘奇葆指出,加强和改进未成年人思想道德建设,事关国家前途、民族命运,事关家庭幸福、社会和谐。要广泛开展"我的中国梦"主题教育实践活动,引导未成年人树立远大志向。要加强社会主义核心价值观教育实践,让孩子们熟读并记住 24个字,抓好友善、孝敬、诚信等中华传统美德教育,重视家庭教育,引导未成年人树立正确的道德价值,在核心价值观的沐浴下健康成长。要广泛开展爱学习、爱劳动、爱祖国活动,增强孩子们的社会责任感、创新精神和实践能力。要努力提供好的文化产品和文化服务,严厉打击网上淫秽色情,开展少儿出版市场专项治理,营造未成年人健康成长的社会文化环境。要完善学校、家庭、社会"三结合"教育网络,形成党政各部门、社会各方面携手育人的良好局面。

为贯彻落实 2014 年全国未成年人思想道德建设工作电视电话会议精神,扎实推进未成年人思想道德建设工作,各地都积极响应,开展活动,提出未成年人思想道德建设的具体实施方案。

未成年人是祖国未来的建设者,是中国特色社会主义事业的接班人。他们的思想道德状况如何直接关系到中华民族的整体素质,关系到国家前途和民族命运。高度重视对下一代的教育培养,努力提高未成年人思想道德素质,对社会的长远发展有着积极的意义。深入进行爱国主义、集体主义、社会主义和中华民族精神教育,大力加强公民道德教育,切实改进学校德育工作,广泛开展精神文明创建活动和形式多样的社会实践、道德实践活动,积极营造有利于未成年人健康成长的良好舆论氛围和社会环境,广大未成年人的综合素质不断提高才能在未来肩负起建设社会主义的重担,才能成为新一代的中流砥柱。

2. 东莞扫黄

2014 年 2 月 9 日上午,央视对东莞市部分酒店经营色情业的情况进行了报道。节目曝光后,9 日下午,东莞市委市政府召开会议,统一部署全市查处行动。12 家涉黄娱乐场所已被查封,中堂镇公安分局局长和涉黄酒店所在地的派出所所长停职调查。对拨打 110 举报后无人出警情况,当天负责接处警的派出所领导和民警共 8 人被停止执行职务。事件发生后,有关"东莞扫黄"的相关新闻一天内已达到 93900 篇,媒体对此关注度非常高。

2014 年 2 月 10 日,广东东莞部分娱乐服务场所存在卖淫嫖娼等问题被媒体曝光后,公安部立即召开专题会,要求迅速采取果断措施,严肃追究当地公安机关领导责任,坚决打击卖淫嫖娼活动的组织者、经营者及幕后"保护伞"。随后,各地也纷纷开展扫黄打非行动,力度比往年要强得多。公安部派出由治安管理局局长带队、监察和督察等部门参加的督导组赶赴广东,对案件查处、问题整治和责任追究工作指导督办。

"黄"是严重危害社会秩序风气的公害,一直以来国家都严厉查处涉"黄"事件,而 2014 年伊始的扫黄行动,可谓是近年来力度最强的一次行动,以东莞为起始,迅速扩展成全国性的扫黄行动,无疑对社会风气是有极大推进的。随着扫黄行动的不断发展,"扫黄"意识在城乡各界逐步得到统一和加强,形成了较有利的社会氛围。同时,我们绝不能低估"扫黄打非"斗争的艰巨性和长期性,必须让全社会认清这是一场文明战胜腐朽的长期斗争,进一步认清"黄毒"的危害,共同筑起抵御"黄毒"的铜墙铁壁。

3. 净网行动

为依法严厉打击利用互联网制作传播淫秽色情信息行为,全国"扫黄打非"工作小组办公室、国家互联网信息办公室、工业和信息化部、公安部自 2014 年 4 月中旬至 11 月,在全国范围内统一开展打击网上淫秽色情信息"扫黄打非·净网 2014"专项行动并发布公告,对非法网站,一律依法予以关闭或取消联网资格。对制作传播淫秽电子信息涉嫌构成犯罪的,依法追究刑事责任。对为淫秽色情信息传播提供条件的电信运营服务、网络接入服务、广告服务、代收费服务等经营者,依法追究相关刑事行政责任。如发现有关人员失职渎职问题将严肃查处。公告要求各互联网站、基础电信运营企业、网络接入服务企业立即开展自查自纠,并欢迎群众投诉和举报。按照有关举报奖励办法,对举报人予以奖励,并依法保护举报人的个人信息及安全。

2014年4月17日出版的人民日报发表评论《荡涤污泥浊水,还网络清朗空间》。评论指出,网络淫秽色情信息严重毒害社会风气、严重危害青少年身心健康,人民群众意见很大、反映强烈。网络不是法外之地,互联网企业必须树立正确的经营理念,遵守国家法律法规,干干净净办网、依法合规赚钱。绝不能利欲熏心而放任淫秽色情信息泛滥,决不能为博人眼球、赚取点击率而大打色情擦边球。为一己之私而牺牲社会公众的福祉,为眼前小利而损害国家民族长远利益,这样的企业必将受到舆论的谴责,也为法律所不容。打击网络传播淫秽色情信息事关青少年的身心健康,事关社会主义核心价值观的培育弘扬,是一件顺民意、得民心的好事。在广大人民群众的支持下,"扫黄打非·净网2014"专项行动取得突出战果,使网络空间真正清朗起来。

淫秽、暴力、色情等内容,严重地破坏了网络空间环境,误导了青少年和部分成年人的思想,诱导他们沉浸于淫秽内容之中,甚至诱发犯罪等。所以,坚决杜绝传播淫秽、色情和非法信息,使网络空间清朗起来,净化社会文化环境,是大众媒体的庄严使命和神圣责任。

4. 师德建设

为深入贯彻习近平总书记2014年9月9日在北京师范大学师生代表座谈会上的重要讲话精神,积极引导广大高校教师做有理想信念、有道德情操、有扎实学识、有仁爱之心的党和人民满意的好老师,大力加强和改进师德建设,努力培养造就一支师德高尚、业务精湛、结构合理、充满活力的高素质专业化高校教师队伍,教育部印发了《关于建立健全高校师德建设长效机制的意见》。

《意见》对于落实习近平总书记在北师大师生座谈会上重要讲话提出的做"四有"好老师,非常重要、非常及时。说它非常重要,是因为高校教师是社会最高层次的知识分子,是青年的导师、社会风尚的引领者。高校教师的职业道德不仅关系到青年学生的成长、高校的人才培养质量,而且影响到整个社会的道德风尚。说它非常及时,是因为当前我们的教育正在遭遇到多元文化、多元价值观的挑战。社会各种思潮通过各种信息媒体向学校奔涌而来。高校不是社会的真空,同样受到社会消极风气的影响。极少数高校教师理想信念模糊、育人意识淡薄、教学敷衍、学风浮躁,甚至学术不端、言行失范、道德败坏等,严重损害了高校教师的社会形象和职业声誉。因此,有必要在高校建立健全师德建设的有效长效机制,树立正气、抑制邪气。

"师"自古就是很受重视和尊敬的职业,荀子讲"天地君亲师",可见对"师"这个职业的重视。如果说父母孕育了人的肉体,那么"师"就培育了人的心灵。"师"不仅仅是传授文化知识的教师,而且也是人的精神心灵的导师,所以师德显得尤为重要。近年来,很多关于教师失德的事件层出不穷,暴露了教师行业的一个弊端,部分教师不具备相应的师德,既不能教导学生以德治学,更难以以德律己,做出不少败坏"师"这一神圣身份的事情。全社会应该重视师德建设,进而推动全社会的道德文明水平。

5. 封杀劣迹艺人

在当下社会环境综合整治的大背景下,行业协会乃至国家主管部门的出手越来越重,也越来越有针对性。继16家影视制作单位联合声明拒用"黄、赌、毒"明星艺人、北京市演出行业承诺不录用、不组织涉毒和道德败坏艺人参加演艺活动后,广电总局正式出手封杀"劣迹艺人"。2014年9月29日下发2014(100)号文件,凡有"吸毒"、"嫖娼"等违法犯罪行为的艺人,各大卫视不得邀请制作节目,"违法犯罪艺人"作为主创人员参与制作的电影、电视剧、各类广播电视节目以及代言的广告节目都暂停在电视播出,电影院线也要暂停放映有吸毒、嫖娼等违法犯罪行为者作为主创人员参与制作的电影。

国家新闻出版广电总局下发正式通知中的五条主要内容,都是针对有吸毒、嫖娼劣迹艺人的。通知明确要求,不得邀请有吸毒、嫖娼劣迹的艺人参与制作广播电视节目,暂停有吸毒、嫖娼劣迹艺人主创的电影、电视、网络剧等节目。

总局高悬的达摩利剑终于斩下,虽然姗姗来迟,但终究没有缺席,也算大快人心。在娱乐圈的艺人们越来越缺乏底线,不断拉低人伦道德、社会公德、带头破坏社会秩序的时候,这样的高压通知,是对此前不作为的拨乱反正。

自古演艺界都讲"艺德",德艺双馨是对演艺人士的最高评价。在现代多种不良风气影响下,明星开始出现很多失德问题,同时,作为公众人物,他们的失德行为带来的影响较之普通人更为恶劣。不论作为明星还是普通百姓,都应该做到自律,应当以遵守法纪法规为基本要求,不管出于何种理由,做出了违法的事都应该受到严厉惩处,而封杀也能很好的避免这些失德明星在危机公关后,马上出现在荧幕之上,弱化法制对民众的约束。封杀令出台,使民众认识到法律的不可违背和庄严性,也让明星能真正反思自己,在以后的生活里约束自己。

6. 民族团结

2014年9月28日,国务院决定授予678个集体"全国民族团结进步模范集体"荣誉称号,授予818人"全国民族团结进步模范个人"荣誉称号,以彰显他们的先进思想、模范事迹和崇高品质,促进我国民族团结进步事业的不断发展。

党的十八大以来,以习近平同志为总书记的党中央深刻洞察国际风云变幻,深入研究党和国家事业发展对民族工作提出的时代命题,深邃思考新形势下加快少数民族和民族地区发展的根本大计,做出一系列重大决策部署,引领民族团结进步事业健康发展。新中国成立以来,特别是改革开放以来,是少数民族和民族地区在经济、政治、文化、社会和生态文明建设等方面发展最好最快的时期,和睦相处、和衷共济、和谐发展成为我国民族关系图景中鲜明的主色调。

近年来,民族工作的国内国际环境日趋复杂。在国内,随着工业化、城镇化、信息化和农业现代化的加速推进,随着民族间的交往交流频繁而深入,民族的分布格局发生了较大变化;恐怖主义、分裂主义、极端主义抬头,民族问题日益成为影响和平与发展的一个关键问题。

以习近平同志为总书记的党中央,高度重视民族工作。从世界屋脊到黄土高原,从西南山寨到天山南北,从北国边疆到南海椰林,党的十八大以来,中共中央政治局常委同志深入民族8省区以及一些省份的少数民族自治县,对少数民族和民族地区的发展情况进行深入调研;召开两次中央政治局会议、5次中央政治局常委会议深入研究民族工作;召开4次国务院常务会议对加快民族地区发展做出具体安排;召开第四次全国对口支援新疆工作会议、第二次中央新疆工作座谈会、对口支援西藏工作20周年电视电话会议;中央政治局常委同志就各民族共同团结奋斗、共同繁荣发展的重大问题做出重要批示、指示近百次。2014年5月,第二次中央新疆工作座谈会在北京举行,总书记反复强调了民族团结的重要性:"各族干部群众都要像爱护自己的眼睛一样爱护民族团结、像珍视自己的生命一样珍视民族团结。""民族团结是各族人民的生命线……各民族要相互了解、相互尊重、相互包容、相互欣赏、相互学习、相互帮助,像石榴籽那样紧紧抱在一起。"民族团结是社会主义民族关系的基本特征和核心内容之一,既是各个朝代和国家稳定的根源,也是各个国家所追求的目标。中华民族生生不息,靠的是各民族团结友爱。一个家庭不团结,可能亲人反目;一个民族不团结,可能一盘散沙;一个国家不团结,可能分崩离析。习总书记强调民族团结,就是为了国家的长治久安和稳定发展。

二、全国道德模范

为充分展示社会主义思想道德建设丰硕成果,充分展现我国人民昂扬向上的精神风貌,进一步凝聚全国各族人民团结奋进的力量,由中央文明办、全国总工会、共青团中央、全国妇联共同主办的全国道德模范评选,在 2014 年 9 月 20 日"公民道德日"隆重揭晓,获奖人物全是由民众投票选出,评选内容分为"助人为乐""见义勇为""诚实守信""敬业奉献""孝老爱亲"5 个类型。现从 5 大类中各自节选两人事迹展示。

1. 助人为乐

（1）师者仁心

龚全珍,女,1923 年 12 月出生,山东烟台人,西北大学教育系毕业。她是开国将军甘祖昌的夫人,1957 年随甘祖昌回到江西省莲花县,在乡村教师的平凡岗位上几十年如一日,兢兢业业、教书育人。离休后,积极开展革命传统教育和理想信念教育,倾力捐资助学、扶贫济困,开办"龚全珍工作室",服务社区、服务群众,从青春岁月到耄耋之年,为广大群众做了大量的实事好事,受到当地干部群众的尊敬和爱戴。

离休后,龚全珍生活上很节俭,从不乱花一分钱,却尽己所能帮助他人。家境贫寒的社区党员刘青松体弱多病,龚全珍主动与其结对帮扶,并多次上门看望,捐款捐物,让他感受到党组织的关怀和温暖。社区里的一个困难家庭中就读中学的女孩面临辍学,并不宽裕的龚全珍毅然资助其 2000 元,使得这名学生顺利完成初中学业。老人还告诫女儿甘公荣要向她父亲好好学习,为老百姓做好事。

龚全珍同志的先进事迹,充分展示了信仰的力量、精神的力量、道德的力量,她用自己的实际行动,传承了中华民族的传统美德,弘扬了我们党的优良作风,践行了为民务实清廉的价值追求,不愧为"最可爱的人"、"最美的中国人",值得每一个人向她学习、向她看齐。

（2）最美女孩

何玥,女,壮族,2000 年 7 月出生,生前系广西壮族自治区桂林市阳朔县金宝乡中心小学六年级学生。

年仅 12 岁的何玥因患脑瘤去世,她生前做出无偿捐献器官的决定,使得三名患者的生命得以延续。她的无私与大爱诠释了生命的意义与价值。她被称为"最美女孩",她的遗愿被称为"最美遗愿"。

何玥生前是一位品学兼优、心地善良、助人为乐的可爱女孩。她是家人和学校的骄傲,学习成绩在班上总是名列前茅,年年都被评为三好学生。她和同学们关系融洽,常常主动帮助解答作业难题,打扫教室卫生。她生活上很节俭,平时都是一毛、两毛地省下、攒着,几年时间竟积攒了一笔数目不小的零花钱;但有一次,她在参加慈善活动时,却毫不犹豫地捐了出去。

然而,就是这样一位优秀少年,却遭受了重大不幸。2012年4月,小何玥被查出患有高度恶性小脑胶质瘤,生命危险。第一次手术后,何玥病情有所缓解。她所在的学校获知后,师生们迅速展开爱心捐款,共募捐了2000元。当她得知父亲收下这笔捐款后,一再坚持要把钱捐献出去,她对父亲说:"还有人比我更需要这笔钱,应该用来帮助更困难的人。"9月初,何玥的病情突然加重,医生发现她小脑里的肿瘤已扩散到其他脑组织,生命垂危,最多能活三个月。11月初,当听说有个18岁的藏族小伙子因患有慢性肾衰竭来桂林求医,只有找到合适的肾源做移植手术才能挽救生命。何玥对父亲说:"爸爸,如果我死了,你就把我的肾捐给这个哥哥。"父亲一下愣住了,马上表示不同意。但何玥捐献肾脏的决心已定,反复向父母亲提起这件事,希望尽自己所能给别人生的希望……慢慢的,父母亲勉强接受了。11月16日上午,经紧急抢救无效,何玥被医院诊断为脑死亡。满怀悲痛的父母含泪签署了《无偿自愿捐献器官申请书》,帮助女儿完成最后的心愿。随后,何玥无偿自愿捐献的两个肾被移植到藏族小伙子和桂林一位患者体内,肝脏则被立即送往上海,移植给一名重症肝病患者。小何玥的生命虽然消逝了,但她用自己的大爱使三位素不相识的病患者生命得以延续。

根据国家相关政策,对于器官捐献者,红十字会将给予家属一定治疗费和丧葬费救助。医院也提出给予何家一定的经济援助。尽管何玥的医药费花费10多万元,但其父母都婉言拒绝了。因为他们认为只有彻彻底底地做到无偿捐献,才是真正为女儿完成了心愿,才是何玥助人为乐精神的最高体现。

2. 见义勇为

(1)火海救人

苏日娜,女,蒙古族,1979年2月出生,内蒙古自治区兴安盟科右前旗乌兰毛都苏木萨仁台嘎查牧民。

当一场火灾突如其来,苏日娜毫不犹豫地先救出邻居家的两个孩子,当她返身再去救自己儿子时,无情的烈火却吞噬了房屋、夺走了孩子生命,将她也烧成重伤。

2008年9月6日中午,苏日娜4岁的儿子好日华与邻居家5岁的文哲、3岁的文智一起在外屋玩耍。突然间,苏日娜听到了孩子们的哭喊声,她跑到外屋一看就惊呆了:放在外屋的一个汽油桶倾倒在地,汽油洒了一地,并且淌到了灶炕口被引燃。当时,3岁的文智身上已经着火,5岁的文哲就站在旁边,而4岁的好日华正扶倒在地上的油桶。在这种情况下,人的本能都是先救自己的孩子,而她却一边对儿子大声喊"别动油桶",一边果断地用双手拉住邻居的两个孩子冲了出去。当她转过身准备再去救儿子时,整个房子已经着了起来。她不顾一切扑向了火海,刚到门口便被大火包围,全身烧了起来。邻居闻声赶来,一把把她拖出火海,刚一放手,她又返身冲了回去。当邻居又一次把她又救出时,邻居身上也着起了火苗。邻居连拉带拽把她硬按进了门口一处积着雨水的水洼,并扑灭了她身上、头上的火,而她心爱的儿子,却永远离开了妈妈。

从火海中被救出的苏日娜全身衣服被烧烂,头发被烧焦,面部和颈部被烧黑,双手外皮脱落,前胸后背以下双脚以上全被烧成重伤。在医务人员的全力抢救和特殊监控下,这位年轻的母亲走出了死亡线。她不惧死亡,舍己救人的英雄壮举感动了每一个人。短短几个月里,社会各界为她筹集捐助十几万元善款,内蒙古军区253医院先后五次为她做了植皮手术,当地党委政府为她家购置了价值10多万元的新房和全部生活用品,自治区、兴安盟文明办捐助2万元帮她发展生产。党和政府的关怀、全社会的善举,温暖着这位英雄母亲的心,使她鼓起了重新生活的勇气。2010年,她盖起了1间住房和8间暖棚的新牧点,准备扩大生产。去年3月份,苏日娜又一次做了母亲。女儿很可爱,苏日娜给她取名叫"海日"(汉语"爱")。苏日娜说,烧伤很疼,但没有失去儿子的心疼。社会有爱,没有那些好心人就没有她。给女儿取这个名字,就是希望她能记住这份爱,并把这份爱永远传递下去。

(2)见义勇为三兄弟

张涵,男,汉族,1992年11月出生;张辉,男,汉族,1990年11月出生,系张涵的哥哥;刘元飞,男,汉族,1992年12月出生,系张涵的表弟。三人均为福建省莆田市秀屿区埭头镇汀岐村村民。

同是"90后"的张涵三兄弟,面对陌生人被抢时,不顾个人安危,挺身而出,追击歹徒,被砍成重伤,以英勇行动彰显了人性的光辉,彰显了人间正义。

2011年6月24日22时许,23岁的姑娘小凌在厦门忠仑公园附近被歹徒团伙抢走挎包。张涵三兄弟刚好路过,危急关头,三兄弟迅速朝抢匪逃跑的方向追去。追赶中,刘元飞截住一名男子,并将其按倒在地,这时张辉也冲过来帮忙。很快,张涵和小凌也赶过来。就在这时,一名陌生男子凑过来打听,小凌请他帮忙报警,他推说手机坏了。正当张涵帮哥哥按倒抢匪时,这名陌生男子突然露出狰狞面目,拔刀朝张涵腰部刺去,又挥刀扎向刘元飞,随后又向张辉手臂狠砍三刀。

倒在血泊中的张辉,挣扎着向路人求助报警。夜色中,歹徒们趁乱逃走。不久民警赶到现场,受伤的三兄弟被送进医院抢救。经诊断,张涵胸椎开放性骨折,双下肢瘫痪;张辉两臂手筋均被砍断;刘元飞手臂被捅穿,手筋也被砍断。小凌哭着告诉民警,尽管三兄弟受了重伤,可张涵醒来的第一句话却是询问被抢的包拿回了没有。

三兄弟均为莆田来厦务工青年,他们见义勇为的英雄事迹传开后,多批媒体记者赴其莆田老家采访,目睹三兄弟家老屋破败,联想到他们临危不惧、置个人生死于不顾的义举,许多记者不禁潸然泪下,感慨不已。社会各界人士纷纷到厦门医院看望"英雄三兄弟",短短两个月间,社会为三兄弟捐款超过220万元。经过一年多的救治,张辉和刘元飞伤愈出院,伤势最重的张涵仍在北京接受进一步康复治疗。

张涵三兄弟打小就好打抱不平,以"热心肠"闻名乡里。念小学时,三兄弟看到一名小同学被两个不良社会青年欺负,挺身而出,合力制止了侵害行为。三兄弟还是乡亲们眼中孝顺的好孩子。张涵、张辉的父亲瘫痪在床,母亲外出打工,兄弟俩一起承担起照顾父亲的重任。刘元飞为给奶奶治病,初中毕业后就外出打工赚钱。

3. 诚实守信

(1)诚信油条哥

刘洪安,男,汉族,1980年11月生,河北省保定市"油条哥"餐饮管理有限公司经理。

刘洪安从保定市财贸学校毕业后,毅然选择了自主创业之路。他在保定市高开区银杏路开了一间早点铺,使用一级大豆色拉油炸油条,坚持每天一换。因为坚守诚信,他的油条被消费者称为"良心油条",他被许多人亲切地称为"诚信油条哥"。

2008年,由于长期租住在阴暗潮湿的宿舍里,刘洪安患上了强直性脊柱炎,每日遭受病痛的折磨,生活举步维艰。偏偏此时,他的母亲突发动脉瘤破裂,生命垂危,这一刻他真正体会到了生命脆弱。2010年,病好些后,他和爱人开始经营早餐生意,卖油条和豆腐脑。刚开始炸油条的时候,也重复用油,虽然知道隔夜重炸的油不好,但不知道危害到底有多大。后来,他通过媒体了解到,食用油反复加温会产生大量有害物质,会对人体造成很大危害。由于家人和自己得过重病,深知生命健康的价值,从2010年初开始,他便使用一级大豆色拉油炸油条,而且坚持每天一换。刘洪安的早餐店"刘家豆腐脑"的招牌上,醒目的写着"己所不欲、勿施于人"、"安全用油、杜绝复炸"标语。同时,为向顾客证明自己是用新油,特意贴出鉴别复炸油的方法,并放了一把"验油勺",供顾客随时检验。自此,刘洪安的"良心油条"生意门庭若市,在保定市引发了一股"做良心餐饮"的热潮。2012年5月11日,

《保定晚报》刊登《大学生自谋职业吆喝卖"良心油条"》消息,见报后更多市民前来排队购买良心油条。

"油条哥"的视频播发到网络后,引起了多家媒体关注。中央与河北近百家媒体先后进行了报道。刘洪安得到社会各界广泛关注和群众好评,引起了广大网民"热捧",被网民亲切地称为"油条哥"。

（2）恪守承诺

陈俊贵,男,汉族,1959 年 1 月出生,中共党员,新疆维吾尔自治区尼勒克县乔尔玛筑路解放军指战员烈士陵园管理员。

在暴风雪围困的危急时刻,班长舍己为人,把生还的希望留给陈俊贵。此后 30 多年里,陈俊贵坚持扎根天山,为牺牲的战友护陵守墓,用一生书写感天动地的战友情。

1980 年 4 月 8 日,年轻的陈俊贵随部队来到新疆天山深处参加修筑独库公路大会战。因施工部队被暴风雪围困,班长郑林书奉命带领陈俊贵等 3 名战士向驻守在山下的部队送信。不料被大雪围困。生死关头,班长郑林书将最后一个馒头给了陈俊贵,说:"你年轻,坚持住,如果有机会,请你到我老家看望一下我父母。"

班长牺牲后,陈俊贵和战友被牧民救起。因严重冻伤,陈俊贵接受 4 年治疗,1984 年复员回到辽宁老家娶妻生子,但他始终没有忘记班长临终嘱托。因为和班长仅相处一月,陈俊贵不知道班长家庭地址和父母姓名,而原部队已编入武警序列。在多方打听无果的情况下,1985 年冬天,陈俊贵做出了改变一辈子命运的决定,带着妻子和刚刚出生的儿子,来到班长和战友牺牲的新疆天山脚下,为自己战友守墓。为了养活全家人,陈俊贵在大山里开荒种地,过着近乎原始的生活。20 多年里,他每天都要到墓地转转,陪班长和战友度过一个个春夏秋冬。20 多年里,他从未停止对班长父母的寻找。一名老战友来新疆为老班长扫墓,陈俊贵终于得到班长在湖北省罗田县白莲乡的地址。2005 年 10 月,陈俊贵赶赴湖北省罗田县,寻找班长家人。得知班长父亲母亲都已去世。陈俊贵跪在班长父母坟前说:"对不起,我来晚了,你们不要牵挂,今生今世我都将守在郑林书坟前,让他永不寂寞!"

陈俊贵今年已经 54 岁,很多人劝说他开春再上山守墓,冬天下雪就回来。但是,陈俊贵和妻子孙丽琴都认为,这片墓地就像村子一样,牺牲的战友就像邻居,我们走了,谁来陪他们?儿子陈晓洪过去不理解父亲,总觉得父亲含辛茹苦在天山深处守墓对不起家人,自从他成为军人后,便彻底理解了父亲。目前,陈俊贵已将班长和副班长的遗骨,从新源县移到新扩建的尼勒克县乔尔玛筑路解放军烈士陵园安葬,还担任了这里的管理员。陈俊贵说:"我不仅可以和班长在一起,还可以守护为修筑天山独库公路牺牲的战友们了!"

4. 敬业奉献

（1）航空报国

罗阳,辽宁沈阳人,研究员级高级工程师,沈阳飞机工业(集团)有限公司董事长、总经理、党委副书记。2012年11月25日12时48分执行任务时,突发急性心肌梗死、心源性猝死,经抢救无效,在工作岗位上殉职,终年51岁。

他投身祖国航空事业30年来,秉持航空报国的志向,坚持敬业诚信、创新超越的理念,兢兢业业,攻坚克难,长年超负荷工作,带领工程技术人员完成了多个重点型号研制,直至生命的最后一刻,为我国航空事业发展做出了突出贡献。中国航空工业集团公司决定授予罗阳"航空报国英模"称号,并在全集团深入开展向罗阳学习活动。

罗阳同志的一生是航空报国的一生,他将自己30多年的全部精力和智慧都奉献在祖国航空事业的发展上,直至生命最后一刻,用身躯践行了航空报国的伟大宗旨。罗阳同志以敬业诚信、鞠躬尽瘁、死而后已的拼搏奋斗精神,组织实现了多项国家重点工程快速研制成功的杰出成果;他以追求卓越的治企理念,实现了管理创新的升华,改变了沈飞的面貌。罗阳同志辉煌的一生,用鲜血祭旗,为沈飞人和中航工业员工树立了楷模。

（2）缝兜大夫

贾立群,男,汉族,1953年11月出生,中共党员,北京儿童医院超声科主任。

贾立群从医36年来,始终秉持"医者仁心"理念,以精湛医术、高尚医德夜以继日地超负荷工作,确诊7万余例患儿疑难疾病,挽救2000多位急危重症患儿的生命,为无数身处绝境的患儿家庭重新点燃美好生活的希望。

贾立群经常白天进手术室观察手术过程,夜晚上网查阅国际超声期刊,不断探索、反复试验,发现了小器官探头的优势,并推广应用到临床上,提高了儿童疾病诊断准确率和检出率,使北京儿童医院超声技术达到了国内领先水平,在某些领域已经超过了国际水平,被国内同行誉为"B超神探"。在面对疑难重症患儿时,他总能凭借精湛的技术、勇于担当的精神,让难题迎刃而解。

贾立群对病人许下了"24小时服务、随叫随到"的承诺。他家住在医院旁边,最多的一天夜里被叫起来19次。为了少让孩子因为B超检查挨饿,他就挤出吃午饭的时间连续工作,时间久了,也就养成了不吃午饭的习惯,这个习惯至今已有二十多年。一次,他阑尾穿孔,疼得直不起腰,他一手捂着肚子,一手拿探头,直到诊断完所有的孩子才去医院就诊。

有的家长为了感谢贾立群,就往他兜里塞红包。他躲,来回撕扯,白大衣的兜都给撕坏了。后来他索性把白大衣上的衣兜缝上。"缝兜大夫"从此在患者之间传开了。

5. 孝老爱亲

（1）兄弟争孝

古云："身体发肤，受之父母，不敢毁伤，孝之始也"。黄陂一对80后兄弟，为救重度烧伤的父亲，不顾生命危险，争相割皮救父，被誉为"中国好兄弟"。他们就是同为"80后"的海天教育武汉分校职工刘培和武昌机务段火车司机刘洋。为了挽救重度烧伤、生命垂危的父亲，兄弟俩争相割皮救父，用自己的行动诠释了"血浓于水，手足情深"的真谛。

刘培、刘洋的父亲刘盛均在襄阳一家汽配厂工作。2013年6月18日凌晨4时，刘盛均在作业时不慎被高温蒸汽烧伤，全身96%的皮肤烧伤，生命垂危，被转至武汉市三医院抢救。其间，医院从刘盛均自体取皮做了一次皮肤移植，但效果不佳。为了挽救生命，医院提出若能从直系亲属身上取皮，是让刘盛均尽快脱离危险的最佳选择。虽然知道大面积取皮，存在风险，但刘培、刘洋兄弟俩都试图说服对方，用自己的皮肤去挽救父亲。为此，兄弟两个多次"争吵"，甚至"打架"，都认为父亲供养自己读书多年劳累，一定要舍身救父，不然会一辈子遭受良心的谴责。为了不让弟弟受到伤害，哥哥刘培趁弟弟上班，偷偷签下了手术单，用自己的头部和背部的皮肤移植到父亲的四肢及腹部，使父亲的恶化病情得到控制。得知消息后，弟弟刘洋失声痛哭、懊悔不已，于8月10日也接受了取皮手术。

刘盛均家庭并不富裕，妻子戴亚兰体弱多病，治疗已先后花费80余万元，绝大部分钱都是借来的。为了替父亲筹集巨额手术费，弟弟刘洋不顾家人的反对，毅然将交完首付几个月的一套新房变卖，所剩20余万元全部用于治疗。为了节约医疗费用，哥哥刘培在接受切皮手术一个星期后，就搬出了医院。

（2）母爱如山

罗长姐，女，土家族，1928年9月出生，她在鄂西南绵延不绝的大山深处，一位英雄母亲坚持不懈30多年，用母爱延续着一名退伍军人的生命，用泪水和鲜血擦亮了军功章。

1978年，宜昌市五峰土家族自治县湾潭镇九门村村民罗长姐的儿子，在部队执行特殊任务时不幸患上乙型脑膜炎，严重智残，失去生活自理能力，按政策应由政府抚养，她坚持把儿子接回家，37年如一日悉心照料儿子。罗长姐的脸无数次被儿子抓破，胳膊和手被咬伤，全身被打得青一块紫一块。一次，她帮儿子洗澡，儿子突然一拳挥来，把她的右眼珠打了出来，她永远失去了右眼。她曾将家里的口粮卖掉一半,领着其他孩子拔野菜、挖葛根填肚子,攒下的钱买儿子喜欢吃的大米。曾有医生预言,罗长姐的儿子活不过 40 岁,是她的母爱创造了奇迹。2013 年罗长姐 87 岁,60 多岁的儿子身子骨依然硬朗。73 岁那年,罗长姐又送孙子参军。

2013 年 11 月 8 日,受中央领导同志委托,中央文明办志愿服务工作局局长陈瑞峰一行,专程来到五峰土家族自治县湾潭镇九门村看望第四届全国道德模范罗长姐,转达了中央领导的亲切关怀和慰问,送去了 12 万元的帮扶资金。罗奶奶赶紧和家人商议,决定从 12 万元帮扶金中拿出一笔钱来资助五峰的贫困大学生。罗奶奶说:"我们现在用不着这笔钱,国家每年对祁才政的补助有 4 万多块钱,生活没有问题。县里又给我办了社保,每个月有 400 多块钱,够花了!"罗长姐的想法已得到儿子和孙儿的一致赞同。

三、社会不道德事件

1. 明星吸毒

自从 2014 年 3 月 17 日歌手李代沫吸毒被抓后,几乎每月都有明星因涉毒被查。李代沫、张元、宁财神、张耀扬、何盛东、张默、高虎、柯震东、房祖名、胡东、王婧、尹相杰共 12 位明星相继因吸毒被警方逮捕拘留,从明星变毒星。

从国内外那些和毒品扯上关系的大小名人明星的经历来看,毒品给他们带来的伤害几乎是致命的,它不同于飙车、酒驾、耍大牌以及其他绯闻,一旦和毒品沾上边,就意味着个人形象与声誉的毁灭。以上面这份名单上的涉毒明星来看,他们在涉毒以后,是不是很快从万众瞩目变得声名狼藉,甚至彻底从娱乐圈和公众的视野中消失?

既然后果如此严重,为什么还是有人不吸取前车之鉴?在笔者看来,这既和他们的个人文化水平、综合素质有着很大的关系,同时又和他们所从事职业的特点密不可分。尤其是对于李代沫这些通过各种选秀活动一夜成名的年轻明星们来说,他们在成名之前,绝大多数属于各种艺术院校的所谓"艺术生",对文化素质上的要求比普通的中学生和大学生要求低得多,这就导致他们在文化水平和综合素质上的欠缺,面对毒品等不良事物的诱惑时抵抗力也相对较弱。

另一方面,不管成名之前还是成名之后,他们工作生活的圈子总是比普通人更加丰富多彩,换句话说就是各种诱惑更多,接触的人物三教九流,很容易受到其他人一些不良生活习性的影响。尤其是在一夜爆红、赢得巨大名声之后,很容易被从天而降的成功冲昏头脑,这种个人身份、地位、财富上的巨变,往往会导致一个人失去自我,变得不把一切放在眼里。

与此同时,国内娱乐圈表面看上去一片欣欣向荣的局面,实际上还有很多不成熟的地方,各种急功近利的做法层出不穷。就以艺人和演艺公司的关系来看,一旦某个明星和一家公司签约,公司更多的是把其当作一棵摇钱树、一件赚钱的工具,而不是一个人来看待。只要公司的艺人能够通过参加各种活动,唱歌演戏给自己挣钱就行,至于他们的私生活,公司根本不愿意过问。这样的管理模式,会给艺人带来巨大的工作压力,客观上促使他们通过不健康的生活方式来缓解压力。

明星要远离毒品,除了需要提高个人文化水平和综合素质之外,同时也需要国内娱乐圈对当前艺人的生存状态、艺人与公司之间的关系、公司对艺人的管理等做全方位的反思。说到底,艺人涉毒伤害到的不仅仅是自己,还有他的粉丝,还有他背后的演艺公司,甚至整个娱乐圈。

2. 走形的祭奠

2014年清明节前后,新华社记者在湖北、河南、河北等地走访发现,一些本该追思先人的祭奠活动,却变成了摆谱比阔的"名利场"。"洗衣机""冰箱""彩电",个个不少,"名表""豪车""别墅"样样都有,豫鄂鲁等地的祭扫现场中,一件件外观精美的纸质祭品化为灰烬。

在淘宝网上,一家售卖"别墅"的祭祀用品店标出的单价为2298元。店主介绍,这套"别墅"中含4房3厅1厨2卫,配有两辆"豪华车",并配有"钢琴""台球室"等,价格较高是因为"采用了进口的牛皮纸、特种纸、环保胶水"等,是"纯手工制作"。另一家销售"豪车"的店主告诉记者,如果采购的量大,可以适当给予优惠。他介绍,除了网店之外,还有实体店。"这几天买家很多,要买得提前下订单。"为了招揽顾客,一些祭祀用品商家,还仿照iPhone、iPad的样式制作各种纸糊的电子产品,还有"无线路由器"、"高清电视盒子"等,被放置在店铺显眼的位置。一些传统祭品改头换面,价格飙升。面值八千亿的"冥币",薄薄一沓,售价20元;一些纸糊的"信用卡",号称可以无限透支。

清明祭祀,本是为了缅怀先人的优秀品德,寄托对他们的思念。然而,一些祭祀活动中的烧"仆人"、烧"美女"等行为,与现代社会崇尚的理念相左,带有明显的低俗化倾向。

除此之外,各地也都出现一些"代祭"、"代扫"的现象,很多地方的公墓管理单位,都有为祭祀者提供"代祭"、"代扫"的服务。

河南省新郑市龙湖镇福寿园工作人员介绍,提供代客祭扫服务的流程包括:墓碑擦拭、呈上贡品、上香、3鞠躬、献9枝菊花、烧金元宝一袋等。整个过程由两人完成,用时 30 分钟,收费 200 元。网络上也有很多提供"代祭"服务的网店,收费从数百元到数千元不等。为了打消顾客的疑虑,店家可以全程拍摄祭祀过程,并提供图片和视频;还有的网店可以提供"代叩头""代痛哭"等业务,单人跪下叩头三个,售价一百元。这些明码标价的"尽孝"明显背离了传统本意,完全是形式主义。原本清明祭祀是为了缅怀亲人,烧纸钱、纸人也是一种寄托,但是如果把这些当作了任务或者是负担,宁可花钱找人代祭,也不愿自己亲自缅怀,那清明节还有什么意义。人们采取种种方式缅怀先人的做法可以理解,但任由负面、低俗的不良风气传播,可能会导致价值观的混乱。弘扬孝道不妨提倡"厚养薄葬",孝敬老人要从一点一滴做起,比如常回家看看,多陪老人说说话。特别是在老人病榻前尽义务,是检验子女孝心的重要标志。

3. 恶搞风气

2014 年 12 月 13 日,两个年轻人在"南京大屠杀纪念馆"前的"恶搞"照片,被放在网上:面对一座俯身向前的逃难老者雕像,一名身穿条纹 T 恤的小伙一边笑着,一边将脚踩在了雕塑底座上;另一绿衣小伙则站在水边,用手摸着雕像的头。还有一个少年背着被炸死的奶奶逃难的雕像,令很多人心酸,可照片中,这位绿衣小伙一脚蹬在雕塑背后,似乎准备把雕塑中的两人踹倒……他们的"恶搞"很快引起公众群起攻之,甚至有人提出要对他们"人肉搜索",因为他们轻慢了中国人刻骨铭心的历史,冒犯了国人共有的情感。

这样的情形早已有之,河北保定清苑县一座烈士陵园内,就曾经有一名少年在英雄纪念碑前做出不雅动作,还踢倒一块墓碑……之所以如此胆大妄为,一个重要原因是他们对这段历史的无知,更缺乏对这段历史的情感,想必在他们自己亲人的墓地上,他们断然不会如此。这种以无知为基础的标新立异,归根结底是因为他们心中缺少必要的敬畏,无论是对历史还是对艺术,乃至生活中的很多事。

北京人艺的经典话剧《雷雨》,经常会重排后为学生们公益演出,但常常会遇到"哄堂大笑贯穿全剧"的尴尬,出演周朴园一角的杨立新对此曾表示:"这样的'公益场'不演也罢"。文化经典遭笑场,确实有"文化语境失衡"等原因存在,但年轻观众文化素养的失落,对经典缺乏尊重,更是不争的事实。和前面那两个"恶搞"的年轻人一样,受现代"娱乐至上""娱乐至死"的影响,他们在面对历史、艺术时,才胆敢以娱乐代替敬畏。

事实上,一个成熟的文明、一个优秀的民族,永远需要有敬畏意识。敬畏是对生命、对自然、对智慧、对规律的一种遵循,是文明秩序的基础,也是理想情感的源泉,一如孔子所说:"君子有三畏:畏天命,畏大人,畏圣人之言。"

网络的出现,不仅加快了信息交流,也使得人格更加平等,人性得到最好释放,但这绝对不意味着敬畏的消失,因为只有敬畏历史、敬畏文化、敬畏伟人,才可能净化情感,升华思想,才可能使人格不因为无知而膨胀,社会的秩序才得以维护,用娱乐冲淡乃至代替敬畏,只能使整个时代的气质变得轻浮浅薄。

4. 不文明乘机

随着国人生活水平的提高,越来越多的人加入了旅游者的队伍,更多人通过乘坐飞机出游。然而,中国游客在航班或机场的不文明行为却不断被曝光,这不得不引发国人对文明旅游、文明乘机的思考。一名乘客的举止是否文明不仅仅代表其个人,往往还会被认为是其国家文明程度的缩影,其不文明行为还有可能会危及航空安全。

媒体曾总结了 2014 年 10 起不文明乘机现象,有国内航班,也有国外航班;有的是乘客之间,也有的是乘客对机组人员无礼。这些不文明行为里,利益受损者并非仅限于冲突双方,而是关系到航班上的所有旅客。在万米高空之中,如果因为旅客大打出手,而导致飞机配载失衡,后果不堪设想。这几场闹剧的"主角",不但不顾自己的生命安全,更是将同机数百名旅客的生命财产安全置于危险境地。

事实上,除了以上这些不文明行为外,个别旅客在乘机出行过程中还存在着一些看似是小事但会造成不良后果的举动。如登机时抢占行李架和不及时就座让道,飞机起降和飞行途中拒绝关闭手机,在机舱内大声说话,使用卫生间后不冲水,起降时不系安全带,飞机落地仍在滑行时就打开手机接打电话,飞机没停稳就起身打开行李箱取行李等等。飞机这种交通工具有很高的安全标准,旅客的种种不文明行为不仅违背了社会公德,也是一种对自己和其他乘客生命财产安全极不负责任的表现,更有损中国和中国人的形象。

这些乘客为什么敢在飞机上如此任性?

首先是部分游客文明素质没有跟上。随着中国的飞速发展,不少人的钱袋子是鼓了起来,出国旅游的机会也越来越多。但让人遗憾的是,不少游客没有意识到出门在外,自己的一言一行都代表有着 5000 年文明历史的祖国,陋习频出,对其他国家的法律和风俗习惯缺乏足够的尊重,丢了自己的人格更损害了国格。

其次是部分游客对公共安全没有敬畏之心。要知道在飞机上,除了当事人之外,还有众多乘客,个人的肆意妄为是置公共利益、安全于不顾。

还有一个关键的因素是违法成本相对较低。飞机上闹事的新闻频出,一个重要原因是当事人"不怕罚"。纵观近两年的系列"机闹"事件,当事人基本都是罚款了事。而有专家称,在欧美国家,要是发生类似的事件,当事人可能要负刑责。

不文明乘机反映的不仅仅是一个人的脾气品性,也是一个国家的国民素质,杜绝这类不文明现象,有助提高中国在国际上的形象。这种改变需要我们共同努力,不仅要严格要求自己,更要监督别人,提醒身边人时刻注意。

5. 食品安全

食品安全法自 2009 年颁布实施以来,食品安全形势总体稳中向好。但食品安全事件依然时有发生。2014 年让我们印象深刻的食品安全问题也是层出不穷,我们也在此呼吁未来商家可以联合政府,尽快推行源品追溯系统,从源头追溯食品安全,真正杜绝不法行为,还国内食品业纯净市场。

"顶新"黑心油事件、"福喜"腐肉事件、"家乐福"散装菜干二氧化硫超标、昆明致癌毒米线流入市场、三无产品"吸血鬼饮料"被叫停、毒豆芽、汉丽轩"口水肉"、粪水臭豆腐、毒凉皮等问题,都引起社会广泛关注,

近 10 年来,由于海参养殖的暴利,辽宁、天津、山东、河北等省市的近岸湿地几乎都被海参养殖基地占据。整个渤海湾从辽东半岛到山东半岛海参圈连成一片,一个村就有 8000 多亩,大的圈甚至达几万公顷。高密度、大规模的近海养殖,必然导致病害多发,大量投放抗生素和各种农药也成为必需的选择。因此海参的食品安全问题,与毒凤爪、美白猪蹄等个案不同,却和"三聚氰胺奶粉"类似,是整个行业、产业的畸形发展导致的。

在这样的产业背景下,即使不存在利益关联与腐败现象,也难免有地方保护思维作祟。产业与地方往往是一荣俱荣、一损俱损。平时监管部门对养殖户敲敲打打可以,一旦真出了问题,反而第一时间帮他们捂着、盖着、遮着——这个篓子谁也捅不起。当然,央视要来曝光那是没办法,属于"天灾",怪不到谁的头上来。于是,三聚氰胺与抗生素成了"行规",成了公开的、却不能说的秘密。不仅监管部门失语,地方媒体也普遍沉默。

抛开人为主观因素,相关立法与监管机制也严重缺失。以围海养殖为例,个体经营者与村里签订集体承包合同即可,很多手续都是后来才在当地海洋渔业部门补办的,养殖户现在每年都要向渔业部门缴纳海域使用金。但实际上该由哪个部门负责管理,养殖户根本不清楚。农业部颁布的几部法规,虽对养殖业中抗生素的使用做出限制,但却面对无人执行的尴尬。曾有专家指出,中国缺乏相关的制度设计和专业机构。"没病的时候,海洋、水产、技术推广和兽医站谁都管;一旦发生疫情,谁也不管,都没有责任。"

食品安全是关乎民生的大问题,但是却不断出现新问题,应该引起我们的重视,对食品安全的报道不能仅靠媒体曝光等,还要依靠政府部门的严查严惩和民众

的监督举报,是全社会应该共同重视的大问题。

6. "不扶"的跑客

2014 年 8 月 9 日,一男性外籍乘客在列车将进入金科路站时突然缓缓倒向右侧,头几乎贴到身旁中年女乘客的肩膀。随后几秒内,他先是躺倒在座位上,又因列车刹车减速而翻落在地,似乎没了知觉。见状,对面座位上的 5 位乘客猛地起身逃离。不到 10 秒,该车厢已空荡荡的,只剩晕倒在地的老外。地铁晕倒车厢空,这样的社会滑稽原本不应出现在我们中国这一"礼仪之邦",如此的冷漠还要到何时才能回暖?其实,冷漠的看客心理的根源大多数时候应该在于我们自己,如果任冷漠的看客升级至"跑客",那下一个"晕倒车厢空"的,也许就是我们自己。

在这次事件中,就众多乘客本身而言,无一例外想到的是:多一事不如少一事。言下之意就是,这些都是闲事,况且还是老外的闲事。但是,我们对外国友人晕倒后熟视无睹、四处逃窜,对民族本身的影响不说,谁又能保证今后自己不会遇到这种情况,或出门遇到突发事件和疾病不能自救时,或者自己及家人在国外遇到类似的情况时,不遭受同样的命运呢?

无处不在、无时不有的冷漠与麻木是需要我们制止的。当不害人但也不见义勇为、事不关己高高挂起的社会道德成为风气;当乐于看别人的笑话,而同情心只留给自己的社会良知再度沦陷;当悲悯、同情的阳光越来越弱……我们可曾想过整个社会的道德大厦将会被自己亲手摧毁,可曾想过当一次"跑客"为每个人的生活埋下了多少不确定的隐患。

然而,社会冷漠的根源和解决方法,全都在于我们自己。当人们心存悲悯和同情,才是人心本真、人性本善的真实写照。只有唤醒全社会每一个人悲悯之心,少一些冷漠、多一些热心与尊重,才能有普遍的温暖和宽容,才能让"跑客"降至"看客"再成为"扶客",才能让我们真正感受社会的美好,体会生活的幸福。

附　录

一、国家社科基金项目

1. 重大项目

[1]文化产业伦理研究,金元浦,上海交通大学,14ZDB169

2. 重点项目

[1]社会主义核心价值观的深度凝练与传播、认同对策研究,陈延斌,江苏师范大学,14AKS018

[2]中国传统道德本体建构研究,张怀承,湖南师范大学,14AZX016

[3]中国传统士德研究,陈继红,河海大学,14AZX017

[4]角色伦理视域下创新社会治理模式研究,田秀云,河北师范大学,14AZX018

[5]中国价值安全与社会主义核心价值体系建设研究,廖小平,中南林业科技大学,14AZX019

[6]康德实践哲学的义理系统及其道德趋归研究,詹世友,上饶师范学院,14AZX020

[7]生态文明建设中的伦理问题研究,卢风,清华大学,14AZX021

[8]"五位一体"视域下的生态文明制度体系研究,赵成,渤海大学,14AKS012

[9]绿色技术范式与生态文明制度研究,赵建军,中央党校,14AZX007

[10]生态学整体论——还原论争论及其解决路径研究,肖显静,中国社会科学院 14AZX008

3. 一般项目

[1]网络反腐制度构建的伦理问题研究,李晓红,华东交通大学,14BDJ057

[2]生态文明视野下蒙古族生态文化的传承与创新实践研究,乌峰,内蒙古工

业大学,14BZX030

　　[3]中西伦理学比较视阈中的儒家责任伦理思想研究,涂可国,山东社会科学院,14BZX046

　　[4]传统孝文化的家庭养老模式在当代社会的可持续性研究,肖波,湖北工程学院,14BZX080

　　[5]中国传统孝道养老伦理思想及其当代启示研究,潘剑锋,湖南科技学院,14BZX081

　　[6]中国近代道德革命研究,郭清香,中国人民大学,14BZX082

　　[7]中国优秀传统文化及其大众化研究,叶凌,江苏省委党校,14BZX083

　　[8]城市外来务工人员道德引导机制研究,易永卿,湖南城市学院,14BZX084

　　[9]从个体到民族、从产业到社会的当代中国死亡伦理研究,姚站军,江苏师范大学,14BZX085

　　[10]当代中国"伦理生态"建设及协同治理研究,祖国华,吉林师范大学,14BZX086

　　[11]基于"碰瓷"现象的公民道德研究,李万县,河北经贸大学,14BZX087

　　[12]建构中华民族伟大复兴中国梦的伦理秩序研究,郭良婧,南京大学14BZX088

　　[13]西北回族道德选择研究,顾世群,宁夏大学,14BZX089

　　[14]中国—东盟那文化交往范式研究,翟鹏玉,广西民族大学14BZX090

　　[15]道德记忆研究,向玉乔,湖南师范大学,14BZX091

　　[16]规范伦理与德性伦理的关系与作用研究,聂文军,汕头大学,14BZX092

　　[17]《万国公报》与近代中西伦理思想的交流与冲突研究,武占江,河北经贸大学,14BZX093

　　[18]胡塞尔现象学伦理学研究,曾云,河南大学,14BZX094

　　[19]全球正义视域下的道德距离问题研究,刘曙辉,天津社会科学院,14BZX095

　　[20]世界主义全球正义研究,杨通进,中国社会科学院,14BZX096

　　[21]草原牧俗与道德生活研究,斯仁,内蒙古师范大学,14BZX097

　　[22]环境美德研究,姚晓娜,华东师范大学,14BZX098

　　[23]生态女性主义文化批判理论及其现实意义研究,陈英,湖南省社科院,14BZX099

　　[24]生态文明建设中的气候伦理研究,唐代兴,四川师范大学,14BZX100

　　[25]慈善伦理的文化血脉与价值导向研究,周中之,上海师范大学,14BZX101

[26]独生子女时代老龄社会伦理风险的实证研究,周琛,东南大学 14BZX102

[27]工程风险的分配正义研究,张铃,洛阳师范学院,14BZX103

[28]核威慑的正义考量,罗成翼,南华大学,14BZX104

[29]马克思恩格斯关于资本主义生态批判理论研究,解保军,哈尔滨工业大学,14BKS001

[30]马克思恩格斯资本主义生态批判理论及其当代价值研究,刘希刚,江苏省妇女研究所,14BKS007

[31]生态文明视域下的消费危机与消费转型研究 陈文斌,东北林业大学,14BKS032

[32]国外治理气候灾害的经验与启示研究,崔艳红,广东外语外贸大学,14BKS051

[33]民间环保组织促进生态文明建设的机制研究,李永杰,福建省委党校,14BKS052

[34]现代生态意识的培育与践行研究,于冰,哈尔滨师范大学,14BKS055

[35]中国共产党生态文明建设思想的演进、实践要求与实现美丽中国梦路径研究,秦书生,东北大学,14BKS056

4. 青年项目

[1]我国养老保障制度的价值基础研究,王珏,华中科技大学,14CZX045

[2]现代化转型期的价值冲突与社会主义核心价值观建设研究,张溢木,北京建筑大学,14CZX046

[3]优化与退化——土家族伦理文化现代变迁研究,周忠华,吉首大学,14CZX047

[4]卢梭平等观在清末民初思想界的引入和诠释研究(1895—1919),文雅,中央财经大学,14CZX048

[5]罗尔斯与桑德尔之争及其中国当代语境研究,朱慧玲,首都师范大学,14CZX049

[6]亚里士多德德性类型及其统一性研究,陈庆超,华侨大学,14CZX050

[7]当代中国食品安全的道德治理研究,王伟,南昌工程学院,14CZX051

[8]现代技术风险伦理学前沿问题追踪研究,牛俊美,中国矿业大学,14CZX059

5. 西部项目

[1]荀子"心"论及其现代价值研究,吴祖刚,西南石油大学

［2］中国西部少数民族道德生活研究,邢建民,青海大学

［3］我国西部民族地区公民思想道德建设研究,杨宁,青海师范大学

［4］道德实践的动力机制问题研究,邵明,宜宾学院

［5］藏族传统社会道德生活研究,余仕麟,西南民族大学

［6］藏区生态文明建设中的伦理问题研究,丹曲,甘肃省藏学研究所

6. 后期资助项目

［1］科学与伦理,李醒民,中国科学院大学

［2］《老子》之道及其当代诠释,林光华,中国人民大学

［3］荀子的个体道德认识论及其当代价值研究,陈默,桂林医学院

［4］德性主义的公德探析,曲蓉,宁波大学

二、教育部人文社科规划项目

1. 规划基金项目

［1］患者道德权利与和谐医患关系的建构,王晓波,滨州医学院,14YJA720007

［2］马里坦完整人道主义研究,徐瑾,湖北大学,14YJA720010

［3］先秦道家礼学思想研究,张海英,湖南大学,14YJA720014

［4］西斯蒙第人本主义经济伦理思想与我国企业伦理构建研究,李故新,湖南涉外经济学院,14YJA720003

2. 青年基金项目

［1］高科技时代的消费伦理研究,朱晓虹,丽水学院,14YJC720034

［2］地球工程的伦理研究,柳琴,南京信息工程大学,14YJC720020

［3］"道德异乡人"的哲学溯源及其在当下西方生命伦理学中的理论形态研究,郭玉宇,南京医科大学,14YJC720009

［4］身体发肤能否毁伤:儒家伦理与器官捐献,方耀,温州医科大学,14YJC720006

［5］多学科背景下的道德责任研究, 刘晓飞,厦门大学,14YJC720018

［6］世界主义国际伦理批判,张永义,湛江师范学院,14YJC720031

［7］儒家"孝"伦理的精神哲学研究,王健崭,中国药科大学,14YJC720027

［8］中后期中世纪哲学与亚里士多德主义关系研究,王成军,中南财经政法大

学,14YJC720025

[9]马克思生态休闲思想及其当代价值,石磊,常州大学,14YJC710034

[10]生态伦理大众认同与践行机制研究,宫丽艳,黑龙江科技大学,14YJC710012

3. 重点研究基地重大项目

[1]道德建设视域中城市文明交通指数的建构与应用研究,周仲秋,湖南师范大学道德文化研究中心,14JJD720002

[2]美丽中国建设评价指标体系研究,谢炳庚,湖南师范大学道德文化研究中心,14JJD720016

[3]学校道德教育与新农村文化建设研究,薛晓阳、吕丽艳,南京师范大学道德教育研究所,14JJD880012

[4]当代生命伦理学研究,邱仁宗,中国人民大学伦理学与道德建设研究中心,14JJD720008

[5]中国特色的政治伦理研究,戴木才,中国人民大学伦理学与道德建设研究中心,14JJD720026

三、博士论文题目

[1]"经济学帝国主义"之伦理反思,赵昆,中国人民大学

[2]论卢梭的自由观——卢梭政治哲学研究,尹强,中国人民大学

[3]现代西方自主理论研究,闫林霞,中国人民大学

[4]当代中国社会转型期道德知行问题研究,白燕妮,中国人民大学

[5]康德道德原则的实践性研究,姚云,中国人民大学

[6]服饰伦理研究,费丹丹,中国人民大学

[7]先秦儒家忧乐观研究,赵芳,中国人民大学

[8]论赫斯特豪斯的规范美德伦理学思想,周玉梅,复旦大学

[9]独立学院管理伦理研究,苗玉宁,山西大学

[10]胡锦涛政治伦理思想研究,肖思寒,中南大学

[11]论道德态度,谢文凤,中南大学

[12]论志愿者精神,肖彦,中南大学

[13]爱默生思想的伦理审视,高青龙,湖南师范大学

[14]现代旅游伦理建构的传统伦理资源研究,谢春江,湖南师范大学

［15］论中国抗战音乐的伦理价值,曹玲玉,湖南师范大学

［16］诺贝尔文学奖美国获奖作家作品之环境伦理思想研究,陈学谦,湖南师范大学

［17］当代中国出版问题的伦理审视,蒋志臻,湖南师范大学

［18］气候变化伦理——从利益冲突走向气候公正,徐保风,湖南师范大学

［19］当代中国城市化进程中外来务工人员道德观念的嬗变及其引导,易永卿,湖南师范大学

［20］当代中国社会养老保险伦理研究,张静,湖南师范大学

［21］缺德的消解与超越之研究,王超,湖南师范大学

［22］权力与道德——以制度伦理为视角的权力道德研究,吕鹏,吉林大学

［23］博彩的伦理探究——以澳门为例,严鸿基,中国社会科学院研究生院

［24］政府公共决策的伦理问题研究,刘霞,湖南师范大学

［25］萨缪尔森经济伦理思想研究,裴圣军,中共中央党校

［26］公民正义品质培养机制研究,刘晓璐,中共中央党校

［27］唐君毅道德人格思想研究,孙海霞,南京师范大学

［28］信息管理的伦理向度,石共文,中南大学

［29］道德承续论,冯丕红,中南大学

［30］冲突法的正义问题研究,张丽珍,华东政法大学

［31］马克思主义实践的生态正义研究,唐鹏,西北大学